I Know Who You Are and I Saw What You Did

我知道你是谁，
我知道你做过什么

隐私在社交网络时代的死亡

［美］洛丽·安德鲁斯（Lori Andrews）◎著
李贵莲◎译

U0318680

中国友谊出版公司

图书在版编目(CIP)数据

我知道你是谁，我知道你做过什么 /（美）安德鲁斯
（Andrews,L.）著；李贵莲译.—北京：中国友谊出版公司, 2015.4

ISBN 978-7-5057-3457-9

Ⅰ.①我… Ⅱ.①安… ②李… Ⅲ.①计算机网络 – 安全技术 – 通俗读物 Ⅳ.①TP393.08-49

中国版本图书馆 CIP 数据核字(2015)第 000537 号

著作权合同登记：01-2014-8483

书名	我知道你是谁,我知道你做过什么：隐私在社交网络时代的死亡
作者	[美]洛丽·安德鲁斯 著,李贵莲 译
出版	中国友谊出版公司
发行	杭州飞阅图书有限公司
经销	新华书店
印刷	杭州钱江彩色印务有限公司
规格	710×1000 毫米 16 开
	20 印张 238 千字
版次	2015 年 4 月第 1 版
印次	2015 年 4 月第 1 次印刷
书号	ISBN 978-7-5057-3457-9
定价	49.00 元
地址	北京市朝阳区西坝河南里 17 号楼
邮编	100028
电话	(010)64668676

献给社交网络国度里的人们——
愿你们分享过的那些信息，永远不会被用来伤害你们。

中文版序

I Know
Who
You Are and
I Saw What
You Did

社交媒体已经改变了我们彼此交流的方式，也同样改变了我们与社会机构、与政府之间的交流方式。此外，我们购物、约会、工作以及进行一切创造性活动的方式也因之改变。社交网络、微博和其他即时通信手段现在已经成为中国人日常生活的重要组成部分。

社交媒体在中国扮演着越来越重要的角色。腾讯QQ是中国最大的社交网络平台，用户可以在里面聊天、上传视频、撰写博客、发送消息并分享照片和音乐等。数据显示，2014年，腾讯QQ每月一共有约6.29亿活跃账户，而另一家社交媒体人人网的用户则有大约2.19亿，微型博客平台新浪微博的用户也超过了1.26亿。

微博在中国得到了广泛使用，人们可以以新的方式找出并报道重要事件，并与政府部门进行交流。中文的特点使得微博的通信交流效果要优于与之对应的西方国家的社交媒体，比如Twitter。因为一个汉字能包含一个完整单词的意思，甚至能完整表达一个想法，所以一条微博消息中的140个字符（不含空格）可以传达一个甚至多个完整信息。微博还在Twitter的基础上进行了改进，增加了一个"长微博"的功能，其字数可以超过140字。此外，用户还可以为他们的微博附上照片，使得他们的微博消息图文并茂。在微博界面上，用户可以对一条微博直接进行评论，而不必转发原始微博，也不必附上各种不同的话题标签，而这些通常都是Twitter上评论一条特定的推文所必须要做的。长微博、自由评论这些功能使得微博传播和讨论地方新闻的速度要比中国传统的新闻媒体要快得多。

微博已成为民众积极帮助政府与腐败现象作斗争的重要工具。在山西省，一辆巴士与装有易燃化学品的卡车相撞，造成36名乘客死亡。当地居民拍摄了照片，并在微博上分享了事故的现场情况。在一张照片中，网友发现当地负责安全事务的一名官员戴着一块手表，而这块手表单凭一名公职人员的工资通常是买不起的。微博发布后在网上疯狂传播，该官员也因此受到了政府的调查，并因其腐败行为被判处受贿罪，处以有期徒刑11年。

同时，政府也在逐渐介入了对某些类型的微博消息的审查之中。最高人民法院宣布，自2014年12月11日起，中国政府可以要求互联网服务提供商和社交媒体平台提供用户的个人信息，以帮助追查相关用户。

另外，中国的社交媒体网站还为所有公民提供了向政府表达其观点的途径。中央政府以及公安局等地方机构也利用社交媒体来提供社会服务，吸引公民参与。例如，在一对夫妇杀害了他们三岁的女儿并逃跑后，福建省公安发了一条微博，掀起了对该夫妇的大搜索。这条包含夫妇照片的微博被转发了10000多次，并收集到了来自公众的3000多条信息。仅仅6天后，该对夫妇就落网了。

中国的社交媒体一方面反映了中国文化，另一方面也可以用来巧妙地引导并改变其文化。萧强教授认为，微博和其他社交媒体网络的广泛使用为中国提供了双边交流的渠道，使得中国正在变成"一个更加透明、更富有流动性、更具多元主义价值的社会"。

洛丽·安德鲁斯

2014年12月

目 录

I Know
Who
You Are and
I Saw What
You Did

第一章

一个叫Facebook的国家

I Know
Who You Are and
I Saw
What You Did

戴维·卡梅伦（David Cameron）成为英国首相时，会晤了另外一位"国家首领"——马克·扎克伯格（Mark Zuckerberg）。没错，就是那位创立了脸书（Facebook）的马克·扎克伯格，身价过亿的天才青年。在唐宁街10号的会面中，卡梅伦首相和"Facebook国总统"扎克伯格展开了讨论，话题是社交网络可以通过哪些方式承接某些政府职能并发布公共决策消息。[1]

　　一个月后，两人又进行了一次补充谈话，谈话视频后来被发布到YouTube上。视频中，穿着西装打着领带的卡梅伦与身着蓝色棉T恤的扎克伯格侃侃而谈。[2] "从根本上说，我们现在面临着一个严重的问题……"卡梅伦向扎克伯格吐槽着英国的财政困境。

　　对此，扎克伯格就如何将Facebook当作一个平台来缩减开支、提高公众政治参与度，做了一个大概的描述："我的意思是，人们都是非常有想法并且富有激情的，我觉得对他们而言，问题在于如何获得一个简单而低成本的渠道，将自己的想法表达出来。"

"好极了。"卡梅伦说。

不到一年时间，扎克伯格便在许多政府领导人的会议中拥有了一席之地。2011年5月，他出席了八国集团首脑会议（G8 Summit）——由法国、美国、英国、德国、日本、意大利、加拿大和俄国八个经济强国参加的国家首脑年度会议。[3]媒体报道，从德国总理安格拉·默克尔（Angela Merkel），到法国总统尼古拉·萨科齐（Nicolas Sarkozy），各国领袖们面对扎克伯格时无不充满敬畏，反倒是扎克伯格在他们面前显得较为轻松。[4]此次会议上，他总结了Facebook在"世界民主运动"中曾发挥的作用，并紧接着将自己的政策议程摆上了台面——强烈要求欧洲国家的政府官员支持他所提议的互联网法规。"人们一边告诉我说'你在阿拉伯之春①里起的作用真是了不起'，另一方面又说'这其实也有点恐怖，因为你让人们的各种信息都能被收集到，并且被分享'。"扎克伯格说。

认为马克·扎克伯格是一位国家元首会不会很离谱？也许会。但是与一个国家相比，Facebook所拥有的力量和影响有过之而无不及。7.5亿人的用户数量使其堪称世界第三大国。它还拥有自己的公民、经济体系、独立的货币、解决争端的机制以及与其他国家和机构间的外交关系。看完卡梅伦与扎克伯格的谈话视频后，我对用国家的概念来看待社交网络产生了极大的兴趣。我开始思索，统治Facebook的是一个什么样的政府呢？它践行什么样的政治理念？还有，既然被比作一个国家，它是不是还应该有一部"宪法"？

Facebook吸引人们，就如任何新建立的国家吸引早期定居者一样，人们在这里寻求自由。社交网络拓宽了人们的机会范围，一个普通人就可以成为

---

① 被西方媒体称为"阿拉伯之春"的运动是指自2010年年底在北非和西亚的阿拉伯国家和其他地区的一些国家发生的一系列以"民主"和"经济"等为主题的反政府暴力运动。——译者注

一名记者，他可以呼吁全世界都来关注某场自然灾害或是某个政治危机的新闻快讯；或者他可以是一名调查员，帮助警察侦破一宗案件。电影制片人和音乐家们则可以在事业起步时通过社交网络找到一大批追随者。

在社交网络上，人的力量被重新利用。随着乐队和小说家们将未完成的作品上传到网上，通过众包①集思广益，更改旋律、歌词或故事情节，"艺术"这个词似乎也有了新的意义。任何人也都可以是科学家，参与众包的研究项目。Galaxy Zoo项目②就是由公众志愿者对从100万个星系中获得的数据进行分类，并最终将结果发布在科学期刊上而完成的。另外，Facebook本身也通过众包途径让自己的网页被译成外文。

社交网络还是一种人们用来与政府进行沟通的新渠道。白宫曾邀请其推特（Twitter）上的粉丝对一条税法发表评论。⁵当时，国家经济委员会（National Economic Council）的一位官员发布了一篇博客，里面链接了Twitter粉丝们提出的各种各样的问题，由此发起了关于税收政策方向的讨论。2011年，旧金山推出了一款手机应用程序，市民可以用他们的手机拍下街道上的坑洞或其他任何需要维修的场面，然后直接将照片上传到相关的市政部门通知维修。也是通过同样的网络，具备心肺复苏技能的人能够以志愿者的身份加入到紧急事件中去参与救援。比如说，有人在高尔夫球场上7号洞位置突发心脏病，智能手机上的应用程序就可以通过全球定位系统（GPS）在本区域内搜寻志愿者，并请他们火速奔赴7号洞施救。

当人们感到政府太过分，忍无可忍时，他们可以通过Facebook、Twitter、YouTube来鼓动其他人和他们一起上街示威游行。在此之前，各种形式的政治游行都需要由一个有魅力的领袖起头，而这样的一位领袖常常会被杀害，不然就是根据地被捣毁。而如今，组建这支反对力量的"Facebook国"

---

① 众包指的是一个公司或机构把过去由员工执行的工作任务，以自由自愿的形式外包给非特定的（而且通常是大型的）大众网络的做法。——译者注
② Galaxy Zoo是一个邀请大众参与，帮助分类超过100万个星系的在线天文学项目。——译者注

公民散居各处，政府如要对他们进行迫害，难度就大多了。若是网络上也燃起熊熊的革命之火，灭掉它是难上加难。

关于社交网络的好处，以上所描述的还只是冰山一角。它还可以帮助我们与故友保持联络，并让我们认识一些新的志趣相投的朋友，它创造了一个人们迫切需要的舒适空间。就像哲学家伊恩·博格斯特（Ian Bogost）指出的："虽然近几十年来，公共空间或被毁坏，或被私有化，或被纳入警察的管辖。但因为对绑架、虐待、犯罪及道德沦陷等行为的恐惧日益增加，青少年的公共生活还是遭到了严重的损害。"[6]据博格斯特所说，社交网络就像过去的主要集会街道或电子游戏室一样，成为了青少年的聚会场所。

社交网络已经变得无处不在，成为人们生活中必需甚至成瘾的一部分。它不再只是一种消遣，而是发展成了一种生活方式。不管走到哪里，人们都希望能登录Facebook或聚友网（Myspace）①，或者在Twitter上发表自己的每一个想法。最近，手机和互联网的使用在一些场所受到了禁止，比如法庭上。尽管如此，大部分社会机构和场所都已放开管制，不再禁止人们到Facebook上会朋友或是到Twitter上与其他用户互动。这样一来，便引发了一系列新的话题：法官可能和被告是网络好友；陪审员要通过查看目击证人的Facebook主页来评价他们的可信度；律师可能会把他们和客户之间的秘密交易拿到博客上去说。

然而，军队对互联网的限制还是坚持了很长时间。2009年8月，美国海军陆战队正式禁止陆战队员在其网络上使用Myspace、Facebook和YouTube。[7]军队的顾虑和我们很多人一样，无非是担心网络欺诈、黑客及其他安全漏洞，但他们所面临的风险却要高得多。对于一个普通人而言，黑客攻击PlayStation②获得你的信用卡号码会给你带来一些麻烦，[8]但你还是可以获得一

---

① 全球第二大社交网站，是一个集交友、个人信息分享、即时通信等多种功能于一体的互动平台。——编者注
② 索尼旗下的一款家用电视游戏机。——编者注

张新的信用卡；而换作是军事机密被别国盗取或者秘密作战计划被泄露，后果就会严重得多，可能直接意味着士兵们的死亡。[9]

军队禁止使用社交网络大体上是说得过去的，只是还存在两个问题。招募志愿军入伍本身就不容易；无法到Facebook和Myspace上去与亲人好友互动会更加降低士兵们的士气。另外，武装冲突中的技术问题也会对互联网的使用提出要求。为高效使用某些武器，士兵要用到智能手机的应用程序，比如：用iSnipe和Shooter来预估子弹的轨迹曲线；另外一款应用程序能在实时升级更新的地图上显示友军和敌军的具体位置；[10]甚至还有一款叫Jibbigo的应用程序能直接翻译阿拉伯语中的伊拉克方言；[11]Telehealth Mood Tracker则是一款能测试士兵精神健康状况的应用程序。[12]

2010年2月，美国海军敞开怀抱接纳了社交网络，对互联网布局进行了重新构建，组成了NIPRNET（意为"非机密互联协议路由网"），这是世界上最大的专用网络，可为士兵们提供访问YouTube、Facebook、Myspace、Twitter和谷歌（Google）应用程序的路径。[13]军队开始向每名士兵发放智能手机，检测它们在战斗中和战斗外的效能。[14]战争区域内，现场的运输工具、飞机或是热气球上都安装了无线网络，以使这些应用程序能够顺利运行。[15]

不仅是美国，还有美国在全球的敌国们也都在军队中开放了社交网络。2010年，一份名为《恐怖分子对社交网络的使用：Facebook案例研究》（*Terrorist Use of Social Networking Sites：Facebook Case Study*）的国土安全报告指出，圣战支持者们和圣战者组织（muja-hedeen）们都在越来越多地运用Facebook传送业务情报，其中包括用阿拉伯语、英语、印度尼西亚语、乌尔都语及其他各种语言编写的简易爆炸装置（IED）制作技法。[16]

在Facebook上一个拥有2000名成员的穆斯林极端分子群里，大家互相分享着"战术射击"、"认识你的AK-47"、"如何拆卸检修AK-47"等各种各样的视频。[17]其他穆斯林极端分子群的Facebook页面上还有一些以加沙地带受伤或死亡的巴勒斯坦人为特写的宣传视频，并链接了基地组织上传YouTube

的视频，以及鼓动女性发动自杀式炸弹袭击的视频。所有这些视频都是公开的，公众无需成为该群的"粉丝"，无需"点赞"或加"好友"就能点击观看。

甚至不法分子离了互联网也什么都干不成，他们要通过查阅Facebook上出现"度假"字样的信息来锁定抢劫对象，或者要使用搜索引擎来学习如何谋杀，诸如此类。实际上，有时候单凭犯罪分子的搜索记录就可以理出整个案件的线索。宾夕法尼亚州一名护士谋杀丈夫的案件便是如此，记录显示，在谋杀之前她已事先在Google搜索了"无法察觉的毒药"、"国家枪支法律"、"速效毒药"、"宾夕法尼亚枪支法"、"中毒后胰岛素水平"……"如何进行谋杀"、"如何购买"、"如何在新泽西州购买猎枪"、"神经肌肉阻滞剂"、"水合氯醛"、"三氯乙醛及其副作用"、"沃尔格林①"等一大串相关信息。[18]

Facebook甚至能实况转播正在进行中的犯罪活动，让犯罪分子有渠道获得支援。当犹他州警察正要依法对Norteños犯罪团伙的一分子贾森·瓦尔德斯（Jason Valdez）进行逮捕时，贾森挟持人质维罗妮卡·詹森（Veronica Jensen）躲在汽车旅馆的一个房间里，房间外面及左右房间内都布满了特警。贾森用他的安卓手机在Facebook上发了6条动态，加了15个好友，对大量亲朋好友在他主页上留下的评论作了回复，还上传了一张自己和人质的合照，并附上标题"多可爱的人质，对吧？"之后Facebook上的一位好友在他的主页评论说有一名特警正埋伏在灌木丛里："有枪手在灌木丛里，蹲低。""谢了，哥们儿。"贾森回复道。"小心！"那位网友最后还加了一句。[19]

8小时后，贾森发布了最后一条动态："好吧，我放开这个女孩了，但那些混蛋，我叫他们不要进来，结果还是在企图靠近，所以我又连放了几枪，现在仿佛又回到了原点。"僵持的场面一直到特警炸开了房间前门和连接隔壁房间的一堵墙时才被打破。人质没有受伤，贾森最后进了重症病房。警方正在考虑是否要以妨碍司法公正的罪名来追究那位给贾森通风报

---

① 美国最大的连锁药店。——译者注

信的网友。[20]

　　为什么人们喜欢成群结队地泡在 Facebook 或其他社交网络上？这并不难理解，难的是成为这一新国度的公民以后，你难以预料会遇到什么样的事情。不论是要搬去以色列的集体农场、要去日本教英语，还是要参军，或是搬到乡下农场，你都需要对这些想法及其后果有点概念。而当你加入 Facebook 的时候，你却对网络公民这一身份的衍生结果知之甚少，以至于你不知道你在那里所做出的某个决定可能会带来怎样的影响，以及它将如何改变你及你的生活。Facebook 的管理规则，即服务条例，总是变幻莫测。可能它今天许诺你的好友关系为隐秘，明天又会出尔反尔将它们设为公开。

　　人们可能会认为，Facebook 强化了受到宪法保护的"结社自由"，因为它允许人们组成各种群组，如："1995 届班级重聚委员会"、"我爱贾斯汀·比伯（Justin Bieber）"、"解放孟菲斯三人组"等。但有时人们在 Facebook 上加群结社，却常常反受其害。曾有法官因在 Facebook 上加律师为好友而受到惩戒，尽管在实际生活中法官和律师交朋友完全是再正常不过的事情了。还有，英国一名狱卒在 Facebook 上和囚犯成为好友后，就不幸丢掉了工作。[21]

　　结社自由中很重要的一部分是成员有权利不透露组织信息。举个例子，1958 年，美国最高法院授权非裔美国人民权组织"全国有色人种协进会（NAACP）"可以不对阿拉巴马州政府公开成员名单。全国有色人种协进会认为，强制性公开名单将会"侵害到基层成员为支持他们的共同信仰而参与合法组织的权利"。[22] 在决定取消强制性披露时，最高法院的思考是这样的：人们在某个组织内的成员身份被公开以后，他们可能变得不敢充分行使他们的言论自由权，也惧于参加那些可以增进信仰的集体活动。披露一个人的成员身份可能使他遭受"经济报复、失业、人身恐吓或其他公众敌意行为"。[23]

　　然而，社交网络却将这种人们视为隐私的组织关系暴露在外。2009 年，当 Facebook 在没有任何通知的情况下突然改变政策，使原来由个人自行设置是否可见的好友列表和群组关系变得公开可见时，整个世界一片哗然。伊朗当局质问并拘留了美国批评家们在德黑兰的Facebook好友，有人遭受了鞭打。在伊朗的美国游人也被拘留，并且因拥有Facebook主页而被没收了护照。

Facebook并不像一个民主国家，它单方面重新定义了社会契约——使原来隐私的变为公开的，原来公开的变为隐私的；第三方要获得关于个人的隐秘信息易如反掌。同时，诸如警察局之类的政府公共部门却在暗地里通过社交网络进行着一些原本能受到公众监督的勾当。尽管警察没有凭证不能私自进入民宅，但这不代表他们不能在没有授权的前提下仔细检视大学生们上传到Facebook上的家庭聚会照片。只要看到有伤风败俗的红色塑料杯子，就表示有孩子饮酒，他们就会告发这些父母提供酒精给未成年人。

你可能以为你发的帖子仅家人可见，殊不知只要稍微变一下计算机代码，Facebook上的这些隐私信息就可以被发布到任何地方。不论是无意还是有意，包括Facebook在内的一些社交网络都已把很多个人隐私信息，包括体检结果、信用卡卡号及敏感照片等，泄露到了不法分子手中。

Facebook还不像拉斯韦加斯，事情可以哪里发生哪里止。

社交网络的前身是多人在线游戏，游戏中用户以角色的身份相互交流互动，这些角色和实际生活中的他们常常没有任何相似之处。但如今，人们在社交网络上的活动已无关游戏角色，与输赢、战利品、财富值和积分相比，隐含的社交关系要重要得多。

不同于游戏和之前的社交网络，Facebook要求用户使用真实的姓名和电子邮箱进行注册。Facebook及其他社交网络的这一举措给人们的现实生活带来了影响。比如，有女性因为在Facebook上晒了几张性感照而被公司炒掉；也有全优生因在Myspace上批评教师而被开除；在刑事审判的前一天，一位警察在Myspace上发帖说自己的心情有些"纠结"，被指控为非法持枪的缓刑犯就用这条帖子做文章，诬蔑这名警察，使陪审员相信是警察将枪放在了自己身上。[24]

在 Facebook 和 Myspace 上搜索信息，并将它用作录取或录用某人的参考，也已成了高校和企业单位的惯用手段。有一家叫做社会情报公司（Social Intelligence Corp.）的企业就专门收集Facebook上的照片和那些"对所有人公开"的用户帖子，对它们进行分门别类，以此来提供背景调查服务。[25]该公司会将一个人的文件夹保存7年——所以即便你早把那张穿着印有"释放查尔斯·曼森（Charles Manson）[①]"字样T恤的照片删掉了，你仍然免不了要为找工作吃苦头。

贴在Facebook上的信息常常被断章取义地转来转去，这一点不乏艺术家们现身说法。意大利艺术家保罗·西里奥（Paolo Cirio）和亚历山德罗·卢多维科（Alessandro Ludovico）创立了网站Lovely-Faces.com，这其实是一个从Facebook上获取个人资料的伪相亲网站。[26]他们运用专门的软件从上百万的Facebook个人资料中复制个人姓名、照片和所在位置等信息。[27]该软件截取了250000张人脸，艺术家通过人脸识别算法来评断这些人的脸部特征及表情，并将他们归为六大类——追求更高社会地位的人、容易相处的人、有趣的人、温和的人、狡黠的人、自以为是的人。[28]该项目首次在柏林艺术节上现身时，保罗和亚历山德罗谈到了他们开展这一项目的原动力："接受他人的评判是每个入住社交网络的人所必须付出的代价，这个项目蔑视了5000万用户对这一平台所寄予的信任，提醒他们，和在现实世界一样，在社交网络上公开个人信息及亲密关系也会导致严重的后果。"[29]

我们在网络上的数字身份——电子邮箱、个人主页、社交页面等——开始反映我们的物理身份。我们在网络上工作、聊天、约会（甚至做爱）时，就在无意中形成了我们的数字形象，这一形象重新定义着我们，并有可能回过头来纠缠我们。

Facebook 不仅会公开属于隐私的信息，而且会从公开的信息中寻找隐

---

① 查尔斯·曼森：虐杀多人的杀人犯，邪教组织"曼森家族"的头目。——译者注

私。过去政府官员要获取个人信息时，都需事先获得授权。而如今他们只需监视Facebook的帖子或通过Google搜索，就能轻而易举地寻找到个人的隐秘信息。执法官员会在公共页面闲逛，寻找办案线索或预见紧急状况的发生，就像美国国土安全部（DHS）在社交网络上监察某些词条的使用一样（包括"集团犯罪"、"隔离区"等）。[30]2011年1月，在监察启动之初，国土安全部就列出了350个被监察的词条，其中有"猪肉"、"疫苗"、"海盗"、"人体扫描器"、"枪手"，甚至"社交网络"。

美国公民及移民服务局（USCIS）2008年的一份备忘录甚至还提议通过加移民申请者为好友来监察他们的人际关系，并从中抓住他们的把柄，比如揭发他们不符合法律标准的婚姻关系。[31]欺诈检测和国家安全办公室（FDNS）正是完美地利用了"受虚荣心驱使，人们希望拥有大量'好友'"这一心态，才得以观察到涉嫌欺诈活动的受惠者和移民申请者们的日常生活。该备忘录还列明了一些族裔群体常常访问的网站，其中有拉美裔常去的MiGente.com和穆斯林常登陆的Muxlim.com。[32]

政府甚至还开始了众包调查。通过无处不在的手机摄像头和广泛普及的计算机技术，公民可越过警匪片直接观看到办案现场。英国国会议员开支报告丑闻一经曝光，网上就有45万篇有关费用账单的帖子如雨后春笋般迅速冒出来，并有28000多人参与了对国会议员不法开支行为的数字调查。[33]

得克萨斯州在与墨西哥交界沿途安装了29个监控摄像头（每两个之间相隔约65千米），并授权每一个能连接互联网的人对边界进行监视，让他们能为当局提供有关非法移民和毒品贩子的消息。[34]其网站由社交网络BlueServo提供支持，来自全国各地的人在那里都可以成为"虚拟得克萨斯州议员"。[35]网站在每处摄像头数据入口旁都配有相应的指令，比如"报告有人爬行着穿越管道"、"关注徒步向右行走的人"等。[36]一位来自澳大利亚的虚拟议员坐在小酒馆里望着边界；[37]还有一位来自纽约的妈妈，每天在照顾自己的女婴儿的同时，还会花整整4个小时注视着那些荒凉的景象。[38]俄克拉何马州的一位妇女每天晚上下班后，都会访问BlueServo并在线跟踪那些秃鹰，她还曾得意地说道："我喜欢监视这些秃鹰和非法移民，这是件很有趣的事。"[39]

自2008年11月得州州长办公室拨款200万美元启动该网站后，它在首年度就吸引了13万位虚拟议员。[40]但一年之后，尽管政府又投入了200万美元，整个项目仅收获了26起拘捕——平均每起的代价为153800美元，远没有达到该州预立的1200起拘捕目标。[41]相反，这个项目倒是让各路电子邮件蜂拥而至，每周都将州长办公室电子邮箱塞得满满的。这些电子邮件有的只是在讲"水里的一条犰狳①"，有的则是误报，如"有几个男人在蹚水，他们随身带着一瓶龙舌兰酒，头上戴着一顶大大的帽子"。[42]

尽管支持者们将虚拟议员描述为执法的"又一双眼"，但藏在这双眼睛背后的却可能是对非法移民之危害所抱有的强烈的个人情绪。如得州参议员艾略特·沙普利（Eliot Shapleigh）所言，这些摄像头"将极端分子引入了虚拟的移民追捕当中"。[43]的确，在虚拟议员们提交的报告中，措辞常常带有种族主义色彩，比如"两名湿背人②和一条狗正越过边境"。[44]批评人士担心这些摄像头会助长民团主义（Vigi lantism）③，而非鼓励举报非法移民。美国公民自由联盟（ACLU）的杰伊·斯坦利（Jay Stanley）形容虚拟议员就像是"带着枪支跳进卡车"的人。[45]

BlueServo的实时图像信息流不仅来自于得州和墨西哥的边界处，还来自一般的美国居民社区和街道。该网站还允许人们将自己的摄像机与互联网相连，以此来对所在社区进行巡视。[46]

不像边境那些通常只有动物出没的荒蛮之地，社区内的摄像机常常能捕

---

① 犰狳：又称"铠鼠"，犰狳身上的铠甲由许多小骨片组成，每个骨片上长着一层角质物质，异常坚硬。——译者注
② 湿背人：指为了生活或工作，非法进入美国的墨西哥人或美籍墨西哥人。——译者注
③ 民团主义：大致起源于18世纪60年代，在那个骑马提枪、开疆拓土的时代，许多农业州和边疆州的人民自组武装团体以抵御盗匪。这种民团主义后来继续发展，成为举世皆无，只存在于美国的激进主义。它介于无政府主义和极端自由放任主义之间，它认为人民有武器革命之权，他们要保卫美国立国之初那种乡村本位的自由价值，反对大政府式的联邦主义，也反对和平主义。——编者注

捉到人们进行各种日常活动的画面，如青少年在车里接吻、妈妈在行车道上打孩子屁股等。因为虚拟议员不需要遵守执法规则，他们很可能会选择性地举报某些事情——比如，借机报复大声播放音乐的邻居，或者只针对自己不喜欢的人群。

有些社交网络，如4chan（点击量最大的网站之一），曾使用网络暴力来维持社会治安。当4chan用户发现青少年虐猫的视频后，他们便发誓要找到这个男孩并将他逮捕。这些用户又观看了该男孩在YouTube上发布的其他视频，并将其中一个视频里的背景房间信息与一张发现于另一个社交网络上的照片匹配起来。[47]他们在各种社交网络上人肉搜索这名男孩，最终找到了他的Facebook主页，[48]跟踪他至俄克拉何马州的劳顿市，并将他举报给了当地警察。

有其他事例显示，4chan用户曾亲自"惩罚"过一些被他们认定为"罪犯"的人——暴露他们的地址、攻击他们的电脑、给他们打骚扰电话或发恐吓邮件。莎拉·佩林（Sarah Palin）①因在竞选中用州长电子邮箱征集资金而被指摘违反竞选筹款法案，之后就有4chan用户黑了她的电子邮箱账号，并公布了她的密码，还散播她已发电子邮件的屏幕截图。[49]

社交网络正在转变警察和法官的工作内容，时不时地对深受拥护的民主原则发出挑战。警察横扫社交网络以寻获任何不良行为的蛛丝马迹，并通过假冒身份与帮派分子建立好友关系，监督他们的举动。[50]美国国税局（IRS）会在Facebook和Myspace上搜索个人资料，来查证应纳税的交易，并查找避税人的行踪。[51]为人父母者参加聚会并就此在社交网络上发帖，会被法庭视为疏忽孩子的证据。尽管如此使用互联网可美其名曰加强执法，但却有悖于传统的正当程序，也有悖于公民摆脱经常性检查的权利及原则。

这些趋势带来了一些让人困惑的问题。民主政府的存在是为了保护公

---

① 莎拉·佩林：曾任阿拉斯加州州长。——译者注

民，让他们的权利不受侵害，公共卫生官员及其他政府官员在采集和公布公民数据时都要受到种种制约。同样，警察也需要有合理的理由和授权才能进行采证，宪法对政府行为的制约是行之有效的。但是，如果州和联邦机构绕开这些条例，将采集证据的工作移交给使用社交网络的个体，或从社交网络本身索取人们在照片和帖子中透露的个人信息，结果会变得怎样呢？这样的证据是否也应受制于宪法的约束？

与传统的公共卫生措施相比，Google 所提供的有关流感症状搜索的数据能更好地反映该地区的流感疫情[52]。但这能代表州和联邦的公共卫生官员就有权获得私人的搜索数据吗？如果他们知道了某人正搜索一种可传染疾病的相关信息会怎么做？应该一直跟踪这个人直到把他隔离起来吗？如果由市民冒充的伪警察比真正的警察早一步抓到罪犯，要怎样防止他们私自执法？政府和社交网络之间界限模糊，出了错应该向谁问责？

Facebook 不仅仅是对政府职能的补充，它本身就构成了一个拥有独立经济体系和管理条例的国度。但与民主国家不同的是，它的运作规程不像宪法，倒像一本计算机使用手册。权利的分配都指向一个方向，Facebook 手握王牌，公民可行使的权利很少——除了彻底离开这个平台。事实上，一些着眼于互联网的联邦法律在设立时，甚至没有认真考虑到社交网络，致使这些法律最后成为社交网络的保护伞，使其几乎免于承担一切责任。因为这些法律的存在，社交网络不会因为侵犯隐私、诽谤等犯罪行为而受到起诉。

社交网络将人们的私人信息转变成了源源不断的收入来源。Facebook 的大部分收入都来自广告，[53]它在网页上出售广告空间，并帮助广告商为他们的广告注入个性，定向发送给特定的用户，而 Facebook 之所以能锁定这些用户正是通过查阅他们的个人资料和登录信息。[54]广告商指明关键词和细节——如感情状态、地址、兴趣爱好、常参加的活动、最喜爱的书籍、人口统计数据、就业信息等——Facebook 则根据广告商提供的关键词和细节信息，将广告投放给目标用户。[55]据网络调研公司 eMarketer 估计，Facebook

2010年从广告上赚取的收入高达18.6亿美元。[56]

Facebook拥有超过55万的应用程序，其中包括Mafia Wars和FarmVille等游戏，而提供这些应用程序的公司必须与Facebook分享其收入，这也是Facebook赚钱的方法之一。[57]2011年，Facebook给其所有的游戏开发商下了一则通知：必须以虚拟货币（即Facebook币）的形式向用户收费。[58]这一举动为Facebook带来了非常可观的经济效益，因为它会从中提取30%的佣金，这等于是在年均收入高达5亿美元的应用服务领域这张大饼上狠狠地咬了一口。[59]

Facebook并不是唯一一家将人们公布在网上的个人信息资本化的公司。在斯坦福大学上学的时候，汤京晔就和他的朋友们一起研发出了Spokeo①，这项检索技术能通过社交网络汇集上百万条可识别的网民信息，并将触角伸及互联网的偏远地带。[60]Spokeo不仅收集大量包括房产清单、市场调查报告等在内的在线和离线信息，[61]还能调用体现个人特征的各类信息，比如"自励"、"募捐的原因"、"家有老兵"、"收集运动纪念品"等。只要在Spokeo网站上输入一个人的姓名，就可以免费看到这个人的通信地址、住宅电话（即使没有列明）、年龄组别、性别、民族、宗教信仰、政治面貌、婚姻状况、家庭成员和教育背景。[62]另外，Spokeo还会显示一张指明个人住址的Google地图。

Spokeo这样标榜自己："我可不是你奶奶的白页。"[63]一个月花不到5美元，[64]你就可以广泛查阅各种信息，包括一个人的资产（比如他的房子是否带有游泳池或壁炉）、生活方式、兴趣爱好等信息，另外还有Spokeo对个人财富水平（比如"处于底端的那50%"）和经济状况（比如"中等"或"非常雄厚"）的评估等。月资费5美元的订阅还允许通过个人电子邮箱或用户名进行一定次数的逆向检索。[65]通过这类检索，可以得到某个人在社交网络

---

① Spokeo是一款社交网络聚合工具，可以把社交网络、相片分享、视频分享等内容聚合到一起，以单独的博客形式发布。——译者注

和交友网站上的个人资料、潘多拉（Pandora）①上的播放列表、相册里的照片、上传到YouTube上的视频、博客，以及他在易贝（eBay）等电商网站上发表过的商品评价——如果这些信息没有设置隐私保护的话。[66]Spokeo月资费为79.95美元的"企业"订阅，则可允许每名订阅者每月搜索1000个电子邮箱和1000个用户名。[67]

每天都有100万以上的人检索Spokeo数据库[68]——并根据所检索的信息做出是否雇用某人，是否批准某人信贷，甚至是否与某人发生性关系等种种决定。而这些信息常常是有误的，它们不过是通过不太完美的计算机算法，从错误或过时的信息源中断章取义地截取下来的。

尽管如此，那些隐私受到了侵犯的人们有可能还不知道竟然还有Spokeo这么个东西存在，更别提知道自己已在那里被打上烙印了。约束信用报告机构的法律会要求这些机构删除或纠正不正确或未核实的信息，并对谁可以查看作出限制，[69]但Spokeo不认为自己受制于这一法律。该法案适用于搜寻有关人们信誉、个性、生活方式等方面信息的实体单位，这些信息可为诚信鉴定或就业等提供参考，但Spokeo声明他们的"目的仅限于娱乐"，不是为了帮助公司"判断某人在信贷、保险或就业等方面是否具有资质"。[70]话虽如此，Spokeo却在其宣传中声称他们的数据能为用户提供针对某个人的"宝贵洞察力"，还在其网站上醒目地设计了"人员招聘？点这里"、"不想看看你的应聘者在Myspace和领英（LinkedIn）②上的个人资料吗？"等字样。[71]Spokeo也在其他网站上推广自己，甚至打出了一句宣传口号："是不是骗子？搜搜电子邮箱就知道。"

当我和一个法学院的教授谈到Spokeo时，他特意登录进去看看别人是怎么描述他的。果然，Spokeo上关于他的家庭住址、住宅电话、手机号码等信息都准确无误。但是因为他妻子的名字是杰米（Jamie，男子名），Spokeo就

---

① 潘多拉：一家音乐播放网站。——译者注
② 全球最大的职业社交网站。——编者注

以为杰米是他的儿子；而就因为姓氏相同，Spokeo竟把他30岁的女儿当成了他的妻子而且还把他的年龄砍掉了30岁。这一错误可能会影响到对他信用等级的评定，因为人们理所当然地会认为30岁的人挣的不比60岁的人多，但是你又如何能在Spokeo上把这些错误的信息纠正过来呢？我的一位同事是教授计算机法律的，但是在我向他提起之前，他竟然还没有听说过Spokeo。

托马斯·罗宾斯（Thomas Robins）也在Spokeo上检索了自己，他同样发现该网站上有很多信息是错的，比如Spokeo说他已经50多岁了，已婚，就职于某一专业领域，拥有学士学位，并且有子女若干，还提供了一张被误认为是罗宾斯的照片。据罗宾斯所言，他们对他的"财富水平"也评估有误。

罗宾斯担心这些不准确的信息将会影响到他的信贷、就业及保险办理。[72]于是他起诉了Spokeo。但法庭根据《加利福尼亚反不正当竞争法》（California's Unfair Competition Law）驳回了他的诉状，因为罗宾斯没有说明Spokeo给自己造成的实际伤害。[73]不过，法庭同意依照美国联邦法规中的《公平信用报告法案》（Fair Credit Reporting Act）来推进本案。法庭的说法是，"原告指控被告定期收取金钱交易客户档案，并且档案中含客户经济状况及信誉水平的相关数据和评价，就此可足以推断被告行为属于《公平信用报告法案》的管辖范围"。[74]但随后法庭又改变了想法，声称罗宾斯所谓对其就业前景的危害是"推测性的、微小的、不太可能的"，如果法庭依照《公平信用报告法案》对罗宾斯一案的被告进行裁决，那么"法庭将被网民永无止境的抱怨淹没"。对此，罗宾斯已经向更高一级法院提出了诉讼。

从Spokeo身上，我们可对数据整合这一飞速发展的暴利行业窥见一斑[75]——各种组织正热火朝天地从公共档案、犯罪数据库、社交网络等各种公共空间中挖掘数据。[76]挖掘来的这些信息继而被整理打包成档案，出售给广告公司、企业、政府机构、信用卡公司等其他组织，[77]供它们来实现核查员工背景，开展市场调查，进行安全防范，形成目标邮件列表，决定广告投放位置等目的。[78]

有些营销公司甚至与互联网服务提供商（ISP）进行交易，以此获取人们用私人电脑发出的信息，不论是一份发到Facebook上的私人帖子，还是发给爱人的电子邮件，或是在Google留下的"如何自杀"的搜索记录。不可思议的是，法庭竟然宣称这类商业活动并未违反窃听法。按一位法官的说法，隐私权"已经没有了，就消失在你毫无防备地敲打下键盘的那一刻"。[79]

当一个"国家"的领导人和公民所要遵守的规则不一样时，这种不一致就暗示了这个"国家"将要发生点状况。汤京晔创立了Spokeo来收集并贩卖他人的私人信息，却把自己的信息从数据库中删除，他声明说："那是因为我收到了太多的恐吓邮件。"[80]然而，Spokeo却不经人们允许就提供他们的家庭地址、电话号码及其他隐私信息，完全不去理会这些信息的暴露会给人们带来多大的危险。

尽管Facebook通过将私人信息货币化来与广告商和游戏开发商进行交易，但当用户试图运用电脑程序从自己的Facebook页面上拷贝自己的资料——比如好友列表时，它却将这名用户踢了出去。[81]另外，Facebook也曾对Lovely-Faces项目的艺术家提出法律威胁，并注销了他们的Facebook账号。[82]艺术家辩解道，他们"概念上的艺术挑衅"不过是借用了一些公开的信息，所以是合法的，[83]但他们最终还是不得不妥协于Facebook的淫威之下。他们下线了Lovely-Faces.com，但仍在运营Face-to-Facebook.net，并在那里对这一项目作出解释，包括他们的法律困境。[84]

人们对社交网络趋之若鹜，这是可以理解的。对个人而言，社交网络能够让人们保持联络，其功能相当于早期的电话和信件。但法律会保护我们的电话通话不被窃听，私人信件不被偷看。即便是囚犯，也能不在典狱长的监视下与律师进行私密通信。然而我们在社交网络上所发布的一切，却能由Facebook背后的工程师及其他数据开采者光明正大地查看。

Facebook和其他社交网络正在颠覆我们已有的生活模式——包括我们如

何寻找配偶、如何购物、如何工作、如何与所爱的人保持联络，同时它们也在改变政治进程。当年约翰·F.肯尼迪（John F. Kennedy）和理查德·尼克松（Richard Nixon）在电视上公开辩论时，公众就担忧政治将沦为一场镜头感强者为王的竞赛。电视辩论毕竟是公开的——能被任何人收看，而且联邦通信委员会（Federal Communications Commission）还采取了专门的管理规则，确保辩论双方拥有同等的时间来陈述他们的观点。

但在社交网络这个平台上，能胜出的并非镜头感强的人，而是最会拿数据做文章的人。贝拉克·奥巴马（Barack Obama）能被选为总统，很大一部分原因要归功于他在互联网上的表现。[85]他在社交网络上的竞选活动由Face-book的创始人之一、24岁的克里斯·休斯（Chris Hughes）直接打理。克里斯甚至放下公司的工作，不遗余力地将奥巴马推上总统之位。

共和党人在2010年的竞选中有针对性地利用了社交网络数据，这为奥巴马准备了一个更好、更风云变幻的华盛顿。数据整合商通过社交网络上的数据，诸如人们对圣经的兴趣、曾经有过的政治捐款、选民登记状态、购物记录及房产登记等，来实名识别共和党选民，并将选民信息提供给共和党候选人。然后，候选人直接给这些人发电子邮件，以一种不会暴露于公众的方式向他们允诺种种，而这一切都绕开了对手的监察。

既然被置于危险之中的不仅是个人权益，还有未来的政治格局，那么是时候来好好分析一下社交网络上的公民如何才能受到保护这一问题了。个体应当承担怎样的责任？该有什么样的规则来管束我们在数字身份下的行为？社交网络该如何管理我们的信息？什么样的第三方才有权获取这些信息？网络公民应具有怎样的权利？

在2011年伦敦骚乱①发生以后，这些因社交网络而产生的复杂问题开始

---

① 2011年8月6日在英国伦敦开始的一系列社会骚乱事件，引发骚乱的导火索是一名29岁的黑人男性平民被伦敦警察厅的警务人员枪杀，民众因此上街抗议警察的暴行。——编者注

涌现。当骚乱者们成群结队地聚集在Facebook、Twitter及BlackBerry Messenger（BBM）①上，谈论并相约去抢劫哪一家商店时，以往感觉社交网络社区非常"棒"的英国首相戴维·卡梅伦，这次感觉不太一样了。

"每个看到这些恐怖行动的人都会惊异，他们是如何通过社交媒体组织起来的，"首相这样对下议院说，"所以，我们正在和警方还有智能服务行业合作，看看在我们知道他们在谋划骚乱、犯罪等暴力事件的情况下，是否可以阻止一些人通过互联网沟通。我已询问警方他们是否需要新的授权。"[86]

下议院议员戴维·拉米（David Lammy）指出，骚乱分子曾用BBM相互发送加密信息，而这些信息基本上无法追踪。他强力劝说RIM公司（Research in Motion Ltd.）——即黑莓（BlackBerry）手机的制造商，在街道上的秩序完全恢复正常之前先暂停这一服务。[87]同样首相也请Twitter和Facebook将那些煽动骚乱的信息、图片及视频删除。[88]

公民权利的提倡者们立即对此作出了回应："人们怎么会'知道'什么时候会有人煽动骚乱？"开放权利组织（Open Rights Group）的执行董事吉姆·基洛克（Jim Killock）则问道："这个判断要由谁来进行？"[89]如果社交网络和各网站迫于压力不得不对其会员进行审查，那么那些合法的倡议及理由充分的请愿活动也将被压制。

社交网络给我们带来的裨益让我们叹为观止，但"Facebook国"的国民们似乎只看到了这里好的一面，忽略了其不好的那面。这个国家建立不到10年，还很年轻。其最初的入住者是些大学生，这些年轻人还不曾有过因为发布了某些内容而在职场、情感或信用方面受损的经历。他们也许还没有意识到，他们的数字身份像幽灵一样与生活中的自己如影随形。

人们来到Facebook这个国家，是冲着结社自由、言论自由以及展现自我

---

① 黑莓手机社交平台。黑莓手机用户可以通过该平台与同样装有该平台的黑莓手机用户聊天、组建好友组群、进行数据传输等。——编者注

成长的机会而来。但除非人们的权利受到保护，否则社交网络所起的作用只会是限制而非拓展人们的行为和所能获得的机会。如今，已经有员工因为其在社交网络上完全合法的行为——例如将正在喝酒的照片晒到Facebook上——而遭受被雇主炒掉的结果。离线生活中本来没有的、新的行为规范还将慢慢形成，例如，禁止法官和律师成为"好友"。

在网民没有任何法律保护的情形下，社交网络正承接很多传统的政府职能。社交网络的潜在经济目标——将私人数据货币化——是不为网民所见的，但事实上，它却可能正在像放牧一样将网民们赶往一块他们不愿意居住的土地。

美国联邦宪法诞生时，起草它的政治哲学家们严肃地关注着个人需要什么、社会繁荣需要什么这些形而上的问题。他们相信，建立拥有远大个人理想的社会生活，意味着从解决纷争到鼓励创新，从建立外交关系到保护个人权利的所有事情，都要有章可循。

他们认同保护个人隐私的价值，确保政府行为受到监督；他们要求有关公民与政府间关系的规章条例要事先明确，不能在公民完全不知情且没有参与的情况下变更；他们赞赏政府公开其行为和信仰，就如美国最高法院大法官路易斯·布兰代斯（Louis Brandeis）在一个世纪之后所说："阳光是最好的消毒剂。"此外，他们也认识到了一个人能够重塑自我、从头再来的价值。

但"Facebook国"政策背后的驱动力不是哲学，而是计算机工程和数据采集。越来越多的人对信息越来越多的诉求是刺激"Facebook国"经济发展的主要因素，因为这一服务提供商就是通过售卖信息来赚钱的。社交网络背后的执行官们常常忽视美国联邦宪法珍视的那些价值观。比如，Facebook的创立者们认为隐私已是一种不为时代所需的东西了。在2010年的一次访谈中，马克·扎克伯格曾这样评论Facebook公开某些隐私信息的决定："分享更多不同的信息让人们感到舒适，和更多的人分享信息也会让人们感觉良好。"[90]前Facebook程序员查理·奇弗（Charlie Cheever）说："我觉得马克不太相信隐私，至少，他把隐私当作垫脚石。"[91]

正是社交网络的体系阻止你重塑自己。因为一旦你的信息和照片上传到了互联网，人们就能永远拿它们针对你做文章。

当我们每个人都在Facebook上展开另一种平行生活时，我们是时候得想一想，和任何一个新的国家一样，这个新国度该有怎样的秩序准则。美利坚合众国及其他民主国家得以建立的准则搬到这里来还能适用吗？它们能够为互联网的管理提供指南吗？

倡议制定一部社交网络宪法也许听起来很愚蠢，因为Facebook、Myspace、Google、Twitter、YouTube都是私营个体，而宪法约束的是政府行为，非个人行为。但在其他国家或地区——如德国、爱尔兰、南非、欧盟等，情况却并非如此。[92]在这些国家或地区，宪法所秉持的基本价值观除适用于政府外，还能适用于公司。毕竟，有些公司比政府更强大——毫无疑问，Facebook就是一个例证。

即便是在美国，联邦宪法所秉持的基本价值观也能对私人领域起指导作用。宪法第十四条修正案中所提出的法律平等保护的思想，为国会制定约束企业及个体公民行为的民权法奠定了基础。第十四条修正案中对隐私的保护条例，实际上在启示着法官，要对擅自散播他人个人信息的行为进行惩罚。

我们用不着将社交网络宪法理解为像税收法规那样的一套准则，这样反而会太过限制人们在社交网络上的行为。相反，我们要将其理解为一个检验标准，一个基本价值观的体现，可用来对社交网络及其网民们的行为活动进行评判。这些标准可以用来为有关社交网络的社会辩论提供框架——它们不仅要在"哪些技术应该拒绝使用"这一问题上为公民提供指导，还要能在"应该制定什么样的准则"上为法庭和立法者作出指引。

在很多实例中，准则能帮助法庭对具体的案例下定论，分析当前的法律，并决定是否在审判时准入证据。在立法者思考应该新增什么样的条例来管理社交网络时，这些价值标准也会是有力的参考。

社交网络本身的内涵不断变化着。随着新的技术不断引入，个体用户面对的是日新月异的问题。一套严格、精确的管理规则也许此时有效，但很可能明天当其他旨在保护人们的法律，如窃听法、同意法等，不能保护和满足在线社区的需求时，就不再适用了。不同于税收法规，社交网络宪法应该灵活，并具备不会过时的价值取向；其条例要面向政府机构、社会组织及整个社会的行为。

每一个民主国家都拥有关于公民财产、隐私、生活和自由等权利的管理准则，"Facebook国"的公民应享受到的也一点都不能少。

第二章

当乔治·奥威尔遇见马克·扎克伯格①

I Know
Who You Are and
I Saw
What You Did

一个星期天的上午，我打开我的笔记本电脑，写了份备忘录给我的协理律师，我们正在考虑起诉一家生物技术公司，这是一起公益案件。我将备忘录作为附件贴在电子邮件里发给他，小心翼翼地在主题栏中写下"机密—合法邮件"几个字，并在电子邮件正文中说了几个关键的想法。然后我登录西南航空的网站，输入我的信用卡信息，准备买一张去佛罗里达州的机票。我进入由佛罗里达州鱼类和野生动物保护委员会（Florida Fish and Wildlife Conservation Commission）运营的官方网站，输入社会保险号码以获取一张钓鱼证。我意识到我将不能陪我妹妹过生日，于是打算从亚马逊上给她买几本书。我查看电子邮件，而后点击链接进入了一个列有大学教授岗位空缺的网站。其中一个岗位是在一个我没有听过的小镇上，所以我去Google搜索这个小镇，看它会不会太偏。跟着这个小镇的名字后面又出现了一篇文章的链接，这篇文章的内容是关于一起下毒事件的，于是我把它存到我的硬盘里，想着将来我再写悬疑小说的时候可能会用到。我阅读了一封我的医生写给我的电子邮件，她在电子邮件里告诉我她修改了我的电子处方，新药品已到达附近的便利店，我去取就可以了。出门取药前，我登录Facebook和我在佛罗里达州的朋友联系，告诉他们我将过去；并看了一些资讯，还在那里赞了我前一天晚上看的电影；有人圈了我几年前拍的一张万圣节照片，那时我还在耶鲁上大学。照片里我穿着跳肚皮舞的服装，身边的人穿得则像一瓶纯麦芽苏格兰威士忌。我解除了被圈的状态，因为我可不想在应聘工作时，有人对我说："鲁思·巴德·金斯伯格（Ruth Bader Ginsburg，美国最高法院大法官）是从来不会把肚脐眼露在外面的。"

整体来说，这一上午在互联网上逛荡，安全方面我自己感觉良好。我没有回应任何寡妇富婆们为5000亿美元地产向我申请的法律援助，也没搭理来自朋友的那些处心积虑冒充的电子邮件，电子邮件里的"他们"不是在伦敦丢了钱包就是丢了护照。我也没有把信用卡信息透露给任何人，尽管那些粗陋的外国电子邮件用30美元头一个iPad的好事来诱惑我，更没有打开那封说我电子邮箱已爆满的电子邮件。我只去了我信任的网站。

尽管如此，我的每一个动作都神不知鬼不觉地被记录了下来，并有数据整合商对它们进行分析，然后将整理好的信息卖给一些公司，其中很可能就包括我正想要起诉的那家。对于这一侵犯隐私和安全的行为，我不但被蒙在鼓里，还完全束手无策。

在离线的现实世界中，发生这种事情简直不可思议。我每次输入信息时都特别谨慎，工作时从不将社会保险卡或信用卡放在桌面上或其他可能被人记下来的地方，也不会把这类信息写在明信片上邮寄出去；我更不会向全世界大肆宣扬我的医疗状况，或是我要换工作的想法。然而，我的这些信息却在被一些与数据整合商打交道的公司日常性地买进卖出。

如果是有人闯进我家把我的文件拷贝走了，那么这个人就犯下了私闯民宅和侵犯他人隐私的罪行；如果警察想要窃听我的谈话内容，他也需要获得授权许可。然而，在我们不知情和未同意的情况下，我们在社交网络或其他网站上的每次登录都被人暗地里跟踪和审视。信息同样敏感，危害同样真实，但受到的法律保护却不一样。

隐私信息被嚣张盗取的背后有一股导向力，那就是行为定向广告。秘密收集个人信息已成为一个爆炸式发展的行业，在点燃这颗炸弹的过程中，广告商对喜好、欲望等私人信息的贪求发挥了不可替代的作用。美国联邦贸易委员会（FTC）说："在线行为定向广告追踪客户的在线活动，从而为他们量身定制广告。这种不为客户所见的做法使商业广告更易击中受众的兴趣点。"[1]但是，这样不受管制地收集人们的个人信息已经通过某些方式为人们招致了危害。

2010年，85%的广告公司使用了行为定向广告。[2]这些广告公司之所以对行为定向广告趋之若鹜，是因为它确实行之有效——63%的广告公司表示靠行为定位广告提高了总收入，30%的公司表示行为定向广告让其总收入增加了500万美元甚至更多。2010年，美国互联网广告收入比报纸的广告收入多出了32亿美元。[3]2010年第一季度，美国互联网用户收到的广告总数为1.1万亿个，广告赞助商的成本为27亿美元。[4]

"它就好比一个打了鸡血的数字信息真空吸尘器，是在线广告产业的产物。"数字民主中心（Center for Digital Democracy）的执行董事杰夫·切斯特（Jeff Chester）这样对《纽约时报》（The New York Times）说，"鼠标在网页上的所到之处都在他们的追踪范围内，包括你往购物车里放进了什么物品，不购买什么物品。这是一个非常高科技的商业监控系统。"[5]

Facebook便是通过数据整合来发财致富的，它稳坐聚集了财富的信息山。据测算，Facebook的市值在2012年8月就已经达到了1000亿美元。[6]该公司目前正在通过充当广告商和用户个人信息数据库的中间人角色来创收，它会根据我的个人状况、喜好以及我在发帖中透露的最新旅行计划等信息来更新我的数字档案。当一家航空公司或是一家户外装备公司向 Facebook 付费投放针对成年旅行者的广告时，Facebook 就会用到我的个人信息，把它们的广告投放在我的页面上。将我的私人信息商业化——尽管这些信息我原本只是对朋友公开的——就是 Facebook 在 2010 年能从广告投放上赚到 18.6 亿美元的原因。这笔收入占其总收入的 90%，并且下一年的广告创收有望达到 40.5 亿美元。[7]

Facebook 将其用户的个人基本信息、兴趣爱好、喜好、朋友、经常访问的网站甚至联系方式作为其广告平台的根基。据媒体活动家兼博客网站 Bo-ing-Boing 的合作编辑科里·多克托罗（Cory Doctorow）所说，Facebook 还借助"一个很强大的、类似游戏的公开有奖机制"来鼓励用户公开更多有关自己的信息。[8]多克托罗将 Facebook 的机制比作心理学实验中著名的斯金纳箱①，[9]但箱子里不再是一只小白鼠向前压一下杠杆就被奖励一团食物，而是 Facebook 用户每发布一条信息，就能从朋友和家人那里获得"赞"和关注。

"Facebook 之所以这样做，并不是因为它认为公开信息必然有利于你，"多克托罗说，"而是在践行一种利用我们社会生活的宝贵资料来交易谋利的商业模式。"

尽管如此，Facebook 还没有把收集和营销私人信息这件事的阴险性和盈利性发挥到极致，马克·扎克伯格的这一智慧结晶仅占有行为定向广告市场的 14.6%。与其他广告商的伎俩相比，扎克伯格所做的似乎还是很温和的。那个周日上午，我在互联网上的一举一动都有某个潜在的数据整合商在通过这样或那样的方式进行捕捉。在加利福尼亚州，消费者起诉了 NebuAd 公司。该公司与 26 家互联网服务提供商签署了协议，其中包括 Delaware's Cable One、New York's Bresnan Communications 和 Texas's CenturyTel 等，在未征求

---

① 斯金纳箱：新行为主义心理学的创始人之一斯金纳为研究操作性条件反射而设计的实验设备。该实验发现，动物的学习行为是随着一个起强化作用的刺激而发生的，斯金纳由此提出了操作性条件反射理论。——译者注

网络用户意见的情况下，NebuAd自行将其硬件安装在了这些互联网服务提供商所提供的网络上。[10]借助这个硬件，NebuAd能运用深度包检测（DPI）技术——这是截取和复制网络用户所传送的数据并将其发送到NebuAd总部的一种机制。[11]其他数据整合商的做法也如出一辙。

你发布到社交网络或其他网站上的任何信息都在被人消化、分析和资本化。从本质上说，他们正在从你在互联网上披露的点点滴滴的琐碎信息中创建第二个你——即对你的虚拟解释。很快，这个被歪曲了的形象会决定你越来越多的事情，比如你是否能办按揭，是否可以换肾，是否可以拥有爱人，是否可以找到工作。所有这些事情与其说是根据真实的你来决定，还不如说是由你在数字世界里所表现出来的另一面所决定的。

20世纪60年代晚期，社会学家约翰·麦克奈特（John McKnight）——后来他担任了美国民权委员会（the U.S. Commission on Civil Rights）中西部办公室主任——造了一个词叫"红线标示（redlining）"，[12]用来描述银行、超市、保险公司或其他机构无法为市内居民区提供服务的状态。[13]这一术语来自银行，因为它们会在地图上用红线来标明哪些地方不宜投资。[14]随后这一术语的使用扩展到了各种带有种族歧视的业务中，比如不为非裔美国人提供房屋贷款，不管他们多富有或处于中产阶级。

如今，红线标示的不再是一张地理上的地图，而是你在网络世界的旅行图。我们可以用"网络分隔（weblining）"这个新词，来概括基于所观察到的数字信息而拒绝为人们提供某些机会的行为。有时候"红线标示"和"网络分隔"会相互重叠，比如社交网络或其他网站会根据某人某次在线购物泄漏的邮政编码来限制某人获得某个机会，或向他收取更高的利率。

"所有这些做法都带有一种微妙的反民主意味，"纽约大学社会学家马歇尔·布隆斯基（Marshall Blonsky）说，"如果我被网络分隔为一个无利可图的人，我便永远也无法获得我想要的那些商品和服务——或者说经济机会——而网上的其他人却可以。"[15]

数据整合是个大产业，产业巨兽安客诚（Acxiom）①公司已收集了你从社会保险号码到上网习惯的各种详细信息。[16]该公司的前CEO约翰·迈耶（John Meyer）把它描述为"你所听说过的最大的公司"。[17]还有一家名为Rapleaf的数据整合商，集包括用户名和社交网络在内的在线数据与公共档案中的离线数据于一身。[18]它的竞争对手ChoicePoint合并了70多家小型数据整合商，并将个人信用档案、机动车驾驶记录、警察备案、财产清单、出生或死亡证明、婚姻证明等资料制成文件夹，出售给客户。[19]但ChoicePoint的保密工作做得还不到位。2005年，身份信息窃取者在冒充小型企业向ChoicePoint提交申请后，便得以潜入其数据库，该数据库当时存放了16.3万客户的财务报告。[20]美国联邦贸易委员会将此安全漏洞归因为缺少恰当的安全操作程序，在经过一番协商之后，美国联邦贸易委员会要求ChoicePoint设立综合全面的信息安全程序，支付1000万美元的民事罚款，并对受害客户支付500万美元的赔偿金。[21]同年，律商联讯（LexisNexis，世界著名的数据整合商，后来用41亿美元现金收购了ChoicePoint）集团也遭遇安全漏洞，导致31万客户的个人信息被盗。[22]

"网络分隔"的触角比传统的"红线标示"伸得更远。有时，数据整合商给出的信息会导致人们的信用卡额度被冷不丁地降低，即便持卡人什么也没做。比如，身为公寓业主和商人的凯文·约翰逊（Kevin Johnson）持有一张最高额度为10800美元的美国运通卡。但当他度完蜜月回来后，他发现该信用卡的额度被降到3800美元了。之所以会发生这种变化并不是因为凯文有什么不当行为，而是数据整合商在作祟。他收到了运通公司的一封来信，信中说："在你最近购物的场所里使用运通卡的其他客户有不良还款记录。"[23]

"网络分隔"不仅（通过广告、折扣和信用限额等形式）影响着你的机遇和处境，还会决定你接收到怎样的信息。在你打开雅虎或其他新闻网站

---

① 全球客户数据管理的领导者。——译者注

时，展现在你眼前的会是一系列个性化的文章，而在相同网址下，你的配偶或邻居看到的则又是另外一些个性化的文章。这听起来不错，但从全局来看，吃亏的可能还是你。翻一翻实体版的《纽约时报》，你至少还能从标题上粗略地了解到世界上正在发生什么，即便你只是在寻找影评部分的过程中对其他内容一扫而过。而在互联网上，一旦你流露出了某个兴趣倾向，你的浏览器里可能就只有和这个兴趣有关的内容，新闻资讯完全被挤掉了。自从我上次点开了一个有关皇室婚礼的故事以后，每次登录电子邮箱后收到的邮件话题都离不开名人恋情和时尚，而之前有关国际新闻资讯的邮件话题就不再有了。假如我们大家的阅读面都狭窄且互不交叉，那又如何能一起参与民主事业呢？

"最终，只有在公民的思想能够超越个人兴趣的情况下，民主才能起作用。但要做到这样，我们对所栖身的这个世界需要有一种共同的认识。"伊莱·帕里泽（Eli Pariser）在他的新书《搜索引擎没告诉你的事》（*The Filter Bubble：What the Internet Is Hiding from You*）中写道。帕里泽解释说，互联网最初就像是一个理想的民主工具，但现在，"个性化已经让它变得面目全非：公共领域被种种算法处理和分类，被有意的设计弄得四分五裂，不再适用于对话"。[24]

大多数人都不知道别人从社交网络和其他网站上秘密收集了多少有关自己的信息。在2010年的一次研究中，当被问及行为定向广告时，只有一半的参与者觉得它是一件正常的事情。[25]其中一位回答者说："行为定向广告听起来就像我某个患有偏执症的朋友所做的梦一样，不像是会发生在现实生活中的事情。"

人们总是误信网络会保护他们的隐私。一项消费者调查报告发现，"61%的美国人相信他们在网上的活动是私密的，未经允许不会被分享"，"57%的人错误地相信，公司在获得私密信息前必须先证明自己的身份，并且有义务说明为什么要收集他们的信息，以及是否会透露给其他组织"。[26]

当人们意识到网站和广告公司在广泛收集他们的信息时，很多人想要看到法律作出改变。一项电话调查显示，66%的美国成人反对成为行为定向广告的目标，并被推送行为定向广告的科技所困扰。[27]同样，也有68%的美国人反对上网时被"跟踪"，70%的人觉得应该对未经许可就收集或使用他人数据的公司处以重金罚款。大多数人（92%）认为，在必要的情况下，应该要求网站和广告公司删除已存储的个人信息。

你能否保护自己的数据不被收集，很大程度上取决于公司获得信息的技术。通过某些方法，公司可以使用你自己的电脑来对付你，它们会让你的网页浏览器存下你的电脑硬盘信息，数据整合商由此跟踪你的在线活动，并为你的在线行为建立档案，再通过其他方法在你往网页或电子邮箱发送信息时获得你的信息。（见本章末"表2-1　网络跟踪表"。）

网站和社交网络竭尽所能采集数据：社交网络通常会问你是否要保存密码，亚马逊之类的网站也开始跟踪你在该网站上的购买记录，并据此为你推荐商品，在你日后登录该网站时，还为你提供不用再次输入登录密码或信用卡号码的便捷服务。如今，诸如cookie[①]、Flash cookie[②]、网络信标（web beacon）、DPI、数据抓取（data scraping）、搜索查询（search query）等跟踪技术，使广告商得以通过你在互联网上的所看、所查和所买构建一个你的形象。有时，数据跟踪的触角甚至延伸到了你的线下购物行为及其他活动。

在写这本书之前，我都不知道我的互联网服务提供商美国康卡斯特（Comcast）电信公司已经安装了100多个跟踪工具，[28]Dictionary.com（一个我最喜欢的网站，我访问它的次数比Facebook还要多）竟然没有征得允许就在一个用户的电脑上安装了234个跟踪工具，其中只有11个是来自Dictionary.com本身，其余223个来自于专业跟踪互联网用户的公司。[29]据《华尔街日

---

① cookie：指某些网站为了辨别用户身份、进行进程跟踪而储存在用户本地终端上的数据（通常经过加密）。——译者注
② 记录用户在访问Flash网页时保留的信息。——译者注

报》（*The Wall Street Journal*）的一份报告称，如此数目庞大的工具使得客户无法不被跟踪。Dictionary.com——该报告中排名前50个网站之一，"在暴露及监视用户信息方面位居榜首"。

科学技术越来越发达，也越来越麻烦，它们不断被用来收集有关你的更多信息。不管你是在酒吧、办公室还是在家里，只要你的苹果手机或安卓手机上安装有 Color 和 Shopkick 这两个应用程序，你手机的麦克风和相机就会自动打开，以捕捉环境中的声音和光影图像。通过类似的程序，你还能让你的苹果手机根据几句歌词就识别这首歌的名字。Color 能获取你所在的位置，并向你提示社交网络上还有谁也正在附近活动。Shopkick 则能检测你所进入的商店是否有适合你的折扣。硅谷的博客专栏作家迈克·埃尔甘（Mike El-gan）指出，市场营销者能通过这些手机应用程序收集到你的大量信息，包括"你的性别、你谈话对象的性别、你的年龄范围、与你说话的人的年龄性别、你就寝的时间、你醒来的时间、你看电视和听收音机的时间、你独处的时间、你与他人在一起的时间、你是生活在大城市还是生活在小镇上、你通勤用的交通工具"。[30]

浏览器cookie能被数据整合商用于获取用户的账号信息、喜好、个人特征、购买记录、信誉水平、登录名称、社会保险号、信用卡号码、电话号码和地址。[31]他们是怎样做到的呢？当用户输入一个社交网络或其他网站的网址（即URL），或点击链接进入网站——就像我在亚马逊上买书时一样，浏览器就连接网站服务器，请求生成页面，[32]网站服务器再将被请求的页面发送到浏览器上。网站服务器每从用户那里接收一个请求，都会重新处理，尽管有些请求是重复的——因为网站服务器没有记忆功能。[33]但是，如果网站服务器在你的电脑上安插入寥寥几行字符——即cookie，它就能跟踪你对这个网站的后续访问，并会记录下你在那里进行的活动（如你在亚马逊上所购书的书名，还有那些你浏览过但未购买的书的名字）。[34]这类信息可用来制作针对你的个性化广告，以便在将来向你推销其他商品（例如和你已购书籍同类别的其他书籍）。

cookie还可以被第三方广告商植入用户的硬盘里。截至2001年，数据整合商DoubleClick游说了11000家网站向用户电脑植入cookie。[35]这些网站中有1500家是人们最经常访问的网站，其中包括AltaVista①、《美国新闻与世界报道》（*U.S. News & World Report*）官方网站、《华尔街日报》（*The Wall Street Journal*）、theglobe.com②、美国全国广播公司（NBC）、《读者文摘》（*Reader's Digest*）及彭博（Bloomberg）③。于是DoubleClick的数据库可收集用户在这11000个网站活动时的所有信息。它将所收集的这些信息用于行为定向广告，以使它的客户能为特定的人播放特定的广告语。举两个例子，首先是一个Double-Click 的 cookie： id80000008xxxxxxb doubleclick.net/0 1468938752 31583413 158986260829410552*。[36]还有一个Hotmail通过IE浏览器安装的cookie： HMP1|1|hotmail.msn.com/|0|1715191808|32107852|3511491552|29421613|*|。[37]

网络信标（别名网页臭虫、动作标记、像素标签等）是另一种篡取互联网用户数据的手段。网络信标就是一个图形图像，常常是透明的（因而不为客户所见），清晰度小于1×1像素，常被插在网站或者电子邮件中。[38]当互联网用户访问含有网络信标的网页或打开含有它的电子邮件时，网页或电子邮件的代码就会向电脑发出指令，让电脑连接服务器，将该网络信标下载下来。[39]这一服务器要么是由网站的所有者来经营，要么是由获得网站所有者的许可可以在网站上植入网络信标的第三方来经营。[40]当电脑连接服务器获得小图标时，服务器会同时生成有关用户特性的文件，包括互联网协议地址（发送请求的电脑的唯一地址，即IP地址）、用户正在访问的网页地址、网络信标安装的时间、获取网络信标的浏览器类型等。[41]以下就是DoubleClick埋

---

① 全球最知名的网络搜索引擎公司之一，2003年被雅虎收购。——编者注
② 社交网络平台，创建于1994年。——编者注
③ 全球最大的财经资讯服务提供商。——编者注

藏在Quicken①的超文本标记语言（HTML）②中的一个网络信标：<img src="http：//ad.doubleclick.net/ad/pixel.quicken/NEW" width=1height=1 border=0>。[42]

网络信标和cookie经常会被一起使用，前者可用来将浏览器cookie发送到用户电脑上。[43]通过这种方法，网络信标可以在多个网域和网站中识别浏览器，这样就能让数据整合商捕获用户的网络活动。[44]

网络信标无处不在。2009年加州大学伯克利分校开展的一项研究发现，50个最常访问的网站包含至少一个网络信标，而大部分网站会同时带有多个网络信标，有的甚至安装了上百个。[45]而且某些跟踪公司涉猎面颇广，例如，谷歌及其子公司的100个网站中有92个被植入了网络信标。

数据整合商也会通过Flash cookie来收集信息，Flash cookie被描述为"打了鸡血的浏览器cookie"。[46]Adobe Flash Player是一个用来在各种互联网浏览器上观看视频、动画、网站应用程序、游戏、文本和图片的软件。[47]为了实现这些功能，它拥有自己独立的存储系统，安装有Flash应用的网站能将信息存储于个人电脑的硬盘里，存储的文件名称即为Flash cookie。它可被网站用于跟踪记录用户的个人偏好，如对某个特定Flash应用程序的音量调节。但就像浏览器cookie一样，Flash cookie也被广告网络和数据整合商拉拢，用来采集互联网用户浏览习惯等信息。Flash cookie带给广告商和数据整合商的甚至比普通的cookie还要多，因为它们能存储的信息量高达100KB（千字节），而普通cookie仅能存储4KB，[48]而且Flash cookie也更难清理。通过清除浏览器cookie，清除浏览记录，删掉缓存，将存在浏览器中的个人数据清除或者把浏览器设置为"隐身浏览"等方法，用户可以删除浏览器cookie或使之失效。而对于Flash cookie，这些做法却常常不管用。[49]并且，被删除掉的浏览器cookie还能通过Flash cookie起死回生，变身为"僵尸"cookie。[50]网站服务器

---

① 一款家庭及个人财务管理软件。——编者注
② 构成网页文档的主要语言，包含头部和主体两大部分，其中头部描述浏览器所需的信息，主体包含所要说明的具体内容。——编者注

会将浏览器cookie和Flash cookie一并植入用户电脑中，这样Flash cookie便能存储浏览器cookie特定的cookie账号。当Flash cookie被激活后，它就会检验浏览器cookie是否存在，如果不存在或是被用户删掉了，Flash cookie就会自动生成和安装一个新的。[51]

DPI是数据采集和行为定向广告最强有力也最容易出问题的技术。这项技术使互联网服务提供商或第三方能截取并分析互联网用户在网站上发送的数据。[52]这些数据被分解为数据包，每个数据包仅传送原始数据的一部分，但各个数据包合在一起，就能发现发送者和接收者的IP地址，并能提示该数据包位于整个传送过程的具体位置。这些数据包由一个路由器传到另一个路由器上，直至到达目的地。因为有些路由器可能在某些时段比较繁忙，有时数据包会同时经由几个不同的路径到达终点。

正如一位法官的解释："如果纽约的一台电脑正在往波士顿的一台电脑上发送文件，数据包可能兵分几路。有的直接沿东海岸传送，有的则可能因为东海岸沿途路由器临时拥堵而途径西雅图或丹佛。"[53]

由互联网服务提供商本身提供的DPI有其几种合法用途：探测网络攻击，疏导网络阻塞，对不同互联网服务项目进行收费。[54]但有些行为定向广告公司会与互联网服务提供商合伙串通，监视甚至拷贝用户所发送的信息。[55]数据采集商会在互联网服务提供商的设备里植入一个芯片，这样就可以获取和监视用户发出的所有信息的数据包。这样获得的信息是海量的，包括你发出去的每一封电子邮件、你浏览过的每一个网站、你拨打过的每一通网络电话（如通过Skype拨打的）、所有点对点传输的文件以及你在线玩过的游戏。民主与技术中心（Center for Democracy & Technology）的首席计算机学家阿莉莎·库珀（Alissa Cooper）在其2008年7月对众议院电信与互联网小组委员会（House Subcommittee on Telecommunications and the Internet）的陈词中，[56]做了一个形象的比喻，指出DPI和邮局里的工作人员在信件发出之前将其拆开来阅读是一回事。[57]

数据整合商收到个人发送信息的数据包之后,会对数据包内容进行分析,然后为该用户的在线行为及兴趣建立档案,再将档案和分析结果卖给其他人,包括靠用户个人资料起家的定向广告。

当我周日早晨在社交网络及其他网站上活动时,我压根儿不想让他人偷窥到我写了什么、买了什么、发了什么、看了什么,更别说让他们拿我的个人信息去卖钱。"在某种程度上,因为互联网的发展是基于点对点的规则,于是消费者以为他们的网络交流信息在传输的过程中不会被窥视到,"库珀说,"但DPI在为互联网服务提供商与其搭档提供监视能力的同时,戏剧化地改变着这一格局。所以,DPI可能会与客户长期以来抱有的期望背道而驰。"[58]

甚至你所玩的游戏和你在Facebook上使用的应用程序,都能截取和发送你的私人信息。2007年,Facebook启动了一个让软件开发商在该网站上开发应用程序的平台。截至2011年,该平台已经拥有了55万个应用程序,这些应用程序构成了一个产业,其中最庞大的种类——社交类游戏,所创下的年收入预计为12亿美元。[59]根据Facebook 2010年的报告,70%的用户每个月会使用至少一个应用程序。[60]

《华尔街日报》2010年的调查发现,很多在Facebook上极受欢迎的应用程序都在将用户和用户朋友的身份信息传送给广告商及互联网跟踪公司,这公然违反了Facebook的隐私政策。[61]《华尔街日报》分析了10个最受欢迎的Facebook应用程序,包括拥有5900万名用户的FarmVille和2190万名用户的Mafia Wars(两个游戏均由Zynga出品),结果发现它们都在向数据整合商传送用户的账号信息。当数据整合商拿到一个Facebook账号时,它就能从个人的Facebook网页上获得任何公开信息(这些信息可能包括个人姓名、年龄、住址、职业、照片等)。而Zynga被发现与互联网跟踪公司Rapleaf①共享Facebook用户的账号信息,Rapleaf把这些信息纳入自己的互联网用户数据

---

① 通过网站地址(URL)对用户进行身份认证的身份识别服务商。——编者注

库，以增加行为定向广告的储备资源。[62]

有些数据整合商关注的不是个人与网页之间的互动，而是使用一种叫做"抓取（Scraping）"的方法来提取所有人发布在特定网站上的信息，然后对其进行分析并售卖。网络抓取器能通过特殊编码的软件从网站上复制信息，[63]这些软件程序也被称为网站机器人、爬虫、网络蜘蛛或屏幕抓取器。HTML是构成网页文档的主要语言，抓取器就是用来搜索HTML，从中提取所需的信息。如果某个网站里有一个新妈妈讨论组或是一个购车讨论组，数据抓取器就会把这些信息连同人们的电子邮箱和IP地址一起发给想要瞄准该人群的广告公司。

网络抓取器"能在一分钟内进行成千上万次数据库搜索，远远超出了人工的搜索能力"，曾就职于软件行业的律师肖恩·奥赖利（Sean O'Reilly）说："是客户在为自身的正当利益而获取信息，还是数据整合商在为了扩充其数据库而截获他人的信息，互联网服务提供商很难识别。"[64]

谷歌、雅虎、必应（Bing）等搜索引擎也不例外地会通过用户的搜索指令来收集、存储和分析他们的个人信息。搜索引擎会保留"服务器日志"，根据谷歌的隐私条款，它包括"网站请求、IP地址、浏览器内容、浏览器语言、请求日期和时间以及能专门识别你的浏览器的一个或多个cookie"。[65]微软的搜索引擎必应还增加了一项，即"根据你的IP地址来推断你所处的大体位置"。[66]搜索引擎使用这些信息来优化它们的搜索算法并记录个人偏好。[67]尽管这些日志内容是谷歌用来预防欺诈和改善搜索结果的，但同时，它也会通过分析日志信息来从定向广告中创收。[68]再说雅虎吧，雅虎承认自己允许其他公司在其页面上投放广告，且这些广告可能会违反雅虎的隐私政策，因为它们会"在你的电脑上安装或存取cookie"。[69]

2006年，美国在线（AOL）①将research.aol.com网站的65.8万用户在其

---

① 美国时代华纳公司的子公司，著名的互联网服务提供商——译者注

搜索引擎中输入的2000万条查询指令公布于众。[70]美国在线披露的信息中包含了所有这些用户在三个月内的搜索记录，具体到他们点击了哪些条目、条目的具体内容及其在所有条目中的具体位置等。[71]美国在线的研究员阿卜杜勒·乔杜里（Abdur Chowdhury）将此次行为解释为"美国在线与想解决各种有趣问题的人之间的更紧密的合作"。[72]但不管怎样，此项目的结果就是侵犯了人们的隐私。有些情况下，通过查阅一个人的搜索指令，就能了解搜索者的身份。

粗略地扫一眼美国在线泄露的搜索日志，就不难想象在当事人处于刑事、民事或离婚案件中时，一项搜索日志到底可以具有多大的破坏力。

用户11574916：

尿液中的可卡因

亚洲邮购新娘

与佛罗里达州的州际互惠

佛罗里达州酒后驾驶法例

纽约到佛罗里达州的引渡

从朗逸邮购新娘

酒后驾驶是否会被遣返

在新奥尔良法语区的烹饪工作

被指控酒后驾车，我会不会被从纽约遣回佛罗里达州

用户336865：

性感孕妇的裸体

裸体主义者

性感的脚

强奸儿童的故事

tamagotchi town.com

幼年性事

非法儿童色情

乱伦故事

10 岁裸体照片

儿童裸体模特

非法动漫色情

游戏王

用户 59920：

科罗拉多州拉普顿堡被剥皮的猫

科罗拉多州拉普顿堡被杀害的猫

琼贝妮特·拉姆齐（JonBenet Ramsey）尸检照片

拉姆齐家中犯罪现场的狭窄空间和行李袋照片

性感泳衣

被掐死是什么样子

脖子被掐后的照片

被掐死的受害者的照片

编织针

拉姆齐今天的样子

新泽西公园警察

躺在棺材里的拉姆齐

电影中的勒索信，上面写了什么

电影 勒索信

童军结绳

马尼拉绳及其用途

警察用来装证据的棕色纸袋

用来绑住人的绳子

尸体运往科罗拉多州的博尔德

用户1515830：

印度红茶的热量

香蕉的热量

乱伦的后果

怎样告诉家人你是乱伦的受害者

陶瓷大谷仓（Pottery Barn）

窗帘

外科手术治疗抑郁

奥克兰突袭者队（Okland Raiders）床上用品

企图自杀过是否还能领养小孩

什么样的人不能领养小孩

我恨男人

提高女性欲望的药物

科罗拉多州丹佛市招聘信息

科罗拉多州丹佛市教师招聘

腹部除皱手术要肿多久

俄亥俄州的离婚法律

免费的远程键盘记录器

用酸奶油烤通心粉和奶酪

如何处理愤怒

丹佛市教育系统招聘

婚姻辅导技巧

抗精神病的药物[73]

你在搜索引擎中留下的信息会成为评价你的依据，不论这评价结果正确与否。如果你搜索过抗抑郁药物的副作用，可能就会留下对你工作或升学不利的信息；如果你搜索的是有关离婚律师、绿卡或性传染疾病等词条，同样也可能会在某些方面给自己埋下隐患。

你在互联网上的第二个自己很可能是被扭曲了的。那些在美国在线上搜索过"遣返"的人，其实可能只是在为写小说而构造悬疑情节，而非掩盖犯罪；那个搜索过乱伦相关信息的女子，也有可能只是为了帮助朋友，不见得本人就有那样一段困扰的过去。

美国在线公开这些所谓匿名的搜索记录时，《纽约时报》的记者们很容易就能将一位叫塞尔玛·阿诺德（Thelma Arnold）的女性与搜索者4417749对上号，因为她还搜索了其他姓阿诺德的人，以及有关乔治亚州利尔伯恩的信息。[74]在《纽约时报》详述了她对60岁单身男人、她的三条狗以及朋友所患疾病的搜索之后，塞尔玛说："天呐，我的全部私人生活都在这儿了，我从来没想过会有人站在背后窥视我。"[75]

但是，"你从用户搜索日志中看到的并不总是事情真正的样子"，任职于以色列里雄莱锡安一所法律院校的奥默·特尼（Omer Tene）提醒人们。任何能看到塞尔玛·阿诺德搜索日志的人都能发现"手发抖"、"尼古丁对身体的影响"、"口干"、"两级的"、"亚特兰大单身舞会"等搜索记录。然而事实上，这些都是塞尔玛为别人进行的搜索，并不能准确反映她自己的生活和健康状况。[76]

你的数字身份所表现出来的特征比真实的你更能决定你的际遇。你所看到的那些行为定向广告并不能将更多机会展现给你，相反，实际上可能恰恰侵害了你的某些利益。你的信用卡额度可能会降低，但不是因为你的信用记录不好，而是由于你的种族、性别、邮政编码、你所访问的网站类别等信息。"网络分隔"的结果之一是，数据整合商采集的信息常被公开售卖（通过Spokeo等网站），被售出去的信息到头来可能会成为你求职、申请贷款、领养小孩或是刑事案件中捍卫自身权利的绊脚石。

随着行为定向广告越来越多地影响着人们的在线和离线生活，程式化的人物塑造就会在不知不觉中形成。行为分析最后没有反映事实，而成了对事实的否定。邮政编码显示为"贫穷地区"的年轻人在接收到职业学校的广告的狂轰滥炸后，和同龄人相比放弃上大学的倾向会更明显。每天被动阅读有关烹饪和社会名流类的文章而不了解股市行情的女性，将来可能就不会理财。行为定向广告在划出新的红线标示，拒绝给人们提供工具来逃离社会期望他们扮演的角色。我们的数字身份决定着我们的未来以及社会的未来。

有些社交网络用户觉得，同免费利用Facebook及其他网站相比，贡献一点个人信息不算什么，但还是有人不愿意遭受这第二重身份带来的歧视，想要通过技术和法律手段来确保对自身信息的控制。另一些人则认为，如果有人要想用他的信息来卖钱，这个人必须是他自己。然而，没有一部社交网络宪法来认可这些个人选择，只能任凭社交网络和数据整合商们兴风作浪。

脱离各种第三方拼凑捏造出来的第二重身份，是我们把自己从这种注定的命运中解救出来的当务之急。我们必须获得自己来塑造另一个自己的机会，树立自己独一无二的、完全个人的自我形象。社交网络宪法会帮助我们做到这一点，它将把权力交还给人们，为个体重新寻找自我及把握自己的命运开辟更多的机会。

表2-1　网络跟踪表

	DPI	抓取	Flash cookie	浏览器 cookie	搜索引擎	远程安装的键盘记录器
通过网络提交的敏感信息（如信用卡信息、社会保险号码、密码等）	是	否	是	是	否	是
Skype网络电话（呼叫对象、持续时间）	是[1]	否	否	否	否	否

（续表）

	DPI	抓取	Flash cookie	浏览器 cookie	搜索引擎	远程安装的键盘记录器
某阶段内访问的网站	是	否	是	是	否	否
在某个页面上逗留的时间	是	否	是	是	否	否
访问某个页面时你的IP地址	是	否	是	是	否	否
Facebook上的帖子（公开的）	是	是	否	否	是	是
Facebook上的帖子（私密的）	是	是[2]	否	否	否	是
公共/私人论坛上的帖子	是	是[3]	否	否	否	是
所发电子邮件的内容	是	否	否	否	否	是
电子邮件附件里的内容	是	否	否	否	否	否
航空网站上的购票记录	是	否	是	是	否	否
在政府网站上申请许可证所提交的信息	是	否	是	是	否	是
在亚马逊上的浏览和购买记录	是	否	是	是	否	否
通过电子邮件链接所访问的网站	是	否	是	是	否	否
通过谷歌搜索的城镇名称	是	否	是	是	否	否
所下载的报纸文章（可能还会附加网址名称）	是	否	是	是	否	否
医生发来的有关电子处方变更的电子邮件	是	否	否	否	否	否
Facebook上的活动（不一定需要键盘输入的）	是	否	是	是	否	否
去除标记的个人照片	是	否[4]	否	否	否	否

注：

1. 即使拦截语音流在技术上可行，被压缩的数据仍然可能会被加密。

2. 是的，尽管可收集的数据仅限于抓取器所处Facebook账号里好友的数据。

3. 访问私人论坛需持有账号。

4. 去除标记之前，Facebook账号里抓取器可以看见该图像，也能获取该图像的链接信息。

感谢辛西娅·孙（Cynthia Sun）为这张表所做的工作。

第三章

第二个自己

I Know
Who You Are and
I Saw
What You Did

因为担心4岁儿子不断恶化的链球菌感染症状，德博拉·柯帕肯·科根（Deborah Copaken Kogan）把孩子的照片上传到Facebook，并写下动态："眼睛浮肿，体温上升，青霉素不管用，可能是猩红热，也可能是红疹，还可能会是什么呢？"不一会儿又更新动态："肿得更厉害了，特别是眼睛和下巴。高烧不退。"这些动态得到了三位Facebook好友的回应（其中一位是演员，她的儿子也有过类似的症状，还有一位是小儿心脏科医生），他们都劝她立即带孩子上医院，因为他们怀疑这孩子得了川崎病。这是一种罕见的自身免疫性疾病，治疗不当会毁坏冠状动脉。后来这名男孩确实被诊断为川崎病，所以这位妈妈理所当然地赞扬Facebook救了自己的孩子。[1]

博比特·米勒（Bobbette Miller）需要换肾，"新街边男孩"（New Kids on the Block，乐队组合）的唐尼·沃尔伯格（Donnie Wahlberg）在其拥有

18.3万粉丝的Tweeter上转发了博比特所处的困境，立即就有无数人主动找上门来表示愿意捐出自己的肾。唐尼的转发为博比特找到了6个可以匹配的肾，最后，博比特在2011年6月成功接受了换肾手术。[2]

社交网络扩大了人文关怀和信息流通的范围，居住在偏远地区或遭受罕见疾病折磨的人们可以聚集到某个隐秘的空间内，听取有类似病症或担忧的人分享建议，以此来改善自己的医疗服务。[3]通过PatientsLikeMe（意思是"和我一样的病人"）这类社交网络，人们晒出自己的健康信息，以期能向别人取经，让自己获得更好的治疗。他们不避讳谈论一些可能会被看做污点的身体状况，如情感性精神分裂症、婴儿脑损伤、进食障碍、边缘性人格障碍、帕金森氏综合征、恐慌症、痔疮、药物成瘾、社交焦虑症等。[4]Patients-LikeMe上的网民觉得公开这类隐秘信息没什么不安全的，因为他们可以用化名，而且可以将帖子的阅读者设为仅会员可见，而不是所有人。[5]

33岁的比拉尔·艾哈迈德（Bilal Ahmed）也加入了PatientsLikeMe，并通过它和其他抑郁症患者建立联络。[6]比拉尔在有密码保护的"情绪"论坛上发帖并列出了自己曾使用过的药物。2010年5月，他发现数据整合商尼尔森（Nielsen，其客户中有制药公司）公司装作该网站新会员，用数据抓取软件从网站的私密论坛上拷贝了信息。[7]比拉尔于是删除了在那里发布的所有帖子。"我感觉完全被人侵犯了，"他对《华尔街日报》说，"知道这些信息正在被人用来交易使我感到非常不安。"[8]

尽管比拉尔在该网站上使用的是昵称，其真实身份还是能根据通向他个人博客的链接被识别。因此，尼尔森公司不仅获得了他的私人医疗信息，还知晓他的真实身份。同样，其他资料也能被他们顺藤摸瓜，找到具体的个人。一位账号为1955chevy的用户公开了他的年龄、居住的南方小镇、就职的家得宝（Home Depot，美国家居连锁店）部门。他于1998年6月被诊断患有多发性硬化症，并发症为风湿性多肌痛、甲状腺机能减退和带状疱疹。他还列出了他所服用的处方药物、保健品以及他的一般症状、特异性症状、复发情况和体重图。1955chevy 还使用了 PatientsLikeMe 的一款应用程序，对自身生活的社会质量、精神质量和身体质量进行了评价。[9]

另一位网名叫 IAmDepressed（意思是"我抑郁"）的用户是一名15岁的男孩，他透露了他所居住的那个东北部小镇的名字。他在个人资料中描述了他与抑郁症长达两年的抗争，包括他曾有过的自杀想法、他的治疗记录和所服用的药物。他还提到跟母亲说起自己的抑郁症时，"她并不吃惊，反而觉得不是什么大不了的事"。[10]在他的个人资料中，最特别的是一份"情绪地图"，里面含有关于情绪变化、睡眠、胃口、焦虑及情绪控制等信息。[11]在信息被泄露之前，PatientsLikeMe 上的人会共享有关抑郁症的信息，谈论自杀的想法，或者相互推荐有用的药物，而一旦这个空间受到了侵犯，有些人就开始从该网站上删除自己的信息，不再发帖，这使得社交网络为人们提供健康咨询服务的能力减弱了。

这一事件表明了社交网络上的隐私规范已经偏离了我们网络以外的生活。在网络之外，联邦和州的法律都认可个人在医疗信息上的隐私权，因为医疗信息一旦落入无良之人手中，就会为当事人招来侮辱和歧视。但这些法律——包括《健康保险携带和责任法案》（HIPAA）所采纳的隐私管理条例——的作用范围仅限于指定的"实体"，其中有医疗服务人员、医疗计划，但没有包括社交网络。

从你与 Facebook 等网站的互动中，数据整合商掌握了大量有关你的信息，但是他们缺乏信息发生的背景。继续以 PatientsLikeMe 为例，如果有位女性在自己发的帖子中谈到她的焦虑，之后又对人寿保险研究了一番。一家数据收集公司以为人寿保险是针对她自己的，就将两则信息结合起来，把这个人归类到可能自杀的人群中。其后，这名女子访问银行网站时会发现，不但自己的信用卡额度变小了，贷款也申请不到了，因为她已被归类为可能自杀的人，这无疑意味着有信贷风险。但她之所以焦虑，可能只是因为她正处在开办公司的最后一个阶段，她所搜索的人寿保险可能也只是为了她将要雇用的员工。

数据整合商进行的大规模的数据采集、分析和售卖不仅侵犯着你的个人隐私，还抹杀了你的个人特征，会在感情和经济上给你造成伤害。你的私人信息不仅被用来向你推销产品，还将一些原本属于你的机会关在了门外。

数据整合商用他们的分类将你对号入座，并基于分类类别对你作出各种猜测。创立于纽约的 Demdex 公司开发了一家"行为数据银行"，里面包含了从浏览器记录和零售购买中收集的大量信息。[12]Demdex 对这些信息的主人分门别类，如"中年危机男"、"年轻妈妈"，从而区分在这些人登录网站时，该向他们投放哪种类型的广告。[13]

数据整合商 Acxiom 也从事采集、分析和销售个人信息的业务。[14]Acxiom 存储了世界各地 5 亿人的数据，其中 96% 为美国人，平均每个人的相关信息为 1500 条。伊莱·帕里泽在《搜索引擎没告诉你的事》中提到："从信用卡里的积分到他们为（大小便）失禁所购买的药物，无所不包。"[15]

Acxiom 分给你一个 13 位数的代码，根据你的行为和基本信息（包括年龄，收入，资产净值，是否有小孩，住在市区、郊区或农村等家庭信息），把你置于 70 个"集群"中的一个。[16]Acxiom 称，38 号集群基本上是非裔或西班牙裔美国人，孩子已长成青少年的工薪阶层，处于社会中下层，在折扣店购物；48 号集群中则多是受过高等教育的白人，来自乡村地区，比较顾家，兴趣爱好多是狩猎、垂钓和观看全国运动汽车竞赛（NASCAR）。26 号集群是一群平均年龄在 37 岁的来自社会上层的单身人士，他们"会去现场观看专业体育赛事"，"参加各类室内和户外的体育运动，如举重、去健身房、骑山地车、打网球等"，"经常听 MP3，并且经常听着 MP3 驾车去兜风"。[17]

在 Acxiom 的网站上，你可以自己判断自己属于哪个集群。[18]当一位来自中西部的金发碧眼的法学学生填写完年龄、婚姻状况、租房者身份、总家庭收入、邮政编码和资产净值等信息后，Acxiom 把她归类到 61 号集群中，这里汇集了很多亚裔、西班牙裔和非裔美国人。Acxiom 推测她"收入水平中下"，但又错误地推测她爱看电影。因为错误地断定她为少数族裔，于是就把她归到"对出国旅游的强烈兴趣很可能是受去国外看家人的意愿驱使"的集群。

数据整合及行为定向广告和一些基本社会价值观背道而驰。在美国宪法和民权法律下，任何实体对个人作出的评判和决断都应该以他们的个性特征为依据，而非按照某些统计信息来臆测他们会这样或那样。他们也不能仅仅根据种族裔群来描绘一个人，房地产公司不能因为某个人所属的种族裔群比较贫穷就不让他看房子。对人的判断需要根据他或她自身的优点，警察要对一个人搜身，看他是否私藏武器，必须得事先发现可疑迹象。即便有统计数据表明在某一群体或社区内非法私藏枪支的概率较高，警察在没有找到具体的怀疑对象前也无法对其中的任何一个人搜身。

在一个民主国家，一个人应当被视为独立的个体，而不是某个群体的成员，这是一项基本权利。但到了社交网络的数据整合和行为定向广告那里，这项权利就完全被颠覆了。这种行为存在实际的危害，秘密收集和使用人们的在线信息会导致心理风险、金融风险、歧视风险和社会风险，而有关数字监听的法律几乎起不到保护作用，仅存的少得可怜的几条法规也只能应对电话等早期科技，或是需要人们在提出诉讼前先提供重大财政损失的证据。即使在有法可依的时候，法律也可能被那些将科技发展置于个人权益之上或为执行方便而破例行事，同时无意中为数据整合商们提供了漏洞的法官们所亵渎。

他人所收集的第二个你的信息可能会埋下你遭受歧视和利益受损的种子。行为定向广告商对潜在客户的信息收集使得公司更能拒绝给予这些人机会。[19]用户登录富国银行（Wells Fargo）的网站上看售房信息时，网站就记录下该用户的邮政编码，并用它来将潜在买主引导至种族裔群构成相似的街区。[20]

［x+1］公司利用所整合的在线数据来快速评估网站的个体访问者。其他公司便依据［X+1］的评估，来确定应该在这些用户的页面上分别投放什么

广告。例如第一资本（Capital One，美国五大信用卡公司之一）会立马通过［X+1］的信息来决定向首次访问其网站的人推广哪种类型的信用卡。［X+1］的客户每月大约会支付3万至20万美元来购买此类信息服务。[21]

《华尔街日报》让个别测试人员访问了第一资本的网站，［x+1］报告了对他们的鉴定结果。［x+1］正确得出：卡丽·艾萨克（Carrie Isaac）是"一位来自科罗拉多州斯普林斯的年轻妈妈，年收入约5万美元，会去沃尔玛购物，并租看儿童碟片"（所以第一资本网站展示给她的信用卡种类显得有些小气）；保罗·布里法德（Paul Boulifard）是"一名居住在纳什维尔市的建筑师，没有孩子，喜欢旅行和购买二手汽车"（第一资本网站向他推荐比较适合旅游消费的信用卡）；托马斯·伯尼（Thomas Burney）是"来自科罗拉多州的建筑承包商，本科学历，爱好滑雪，信用记录良好"（因此，第一资本网站向他慷慨地推荐了一款免年费免首次利息的信用卡）。[22]

在教授有关社交网络的法学院课程时，我让学生在课堂上做了一个简单的实验。我让每个人都登录到一个看上去较为中性的网站www.tvguide.com，然后对比各自主页上弹出来的广告。尽管这些学生年龄相仿，追求的职业也相同，但他们所收到的广告都不一样。男同学的主页上弹出豪华汽车和高额信用卡的广告；女生收到的则是租赁汽车和组建新家庭之类的广告。性别和种族歧视在行为定向广告的世界里气焰嚣张。

你的数字身份甚至还会导致一些很基本的权益受限，比如客户服务。当你打电话到某家公司请求帮助或进行投诉时，你所得到的回应常常取决于数据整合商对你所生成的评价。同样，在银行，你的退票费能不能免，也要看数据整合商把你归为哪一类别。[23]最近，我致电康卡斯特电信公司报告一个服务问题。系统让我输入我的电话号码，并告诉我会在20分钟内收到回电。我的第二重身份在康卡斯特电信公司眼里一定不怎么样，因为几乎快过了一个星期，他们还没有打过来。如果是在银行或商场里排队，我能注意到有人受到优先服务或比其他人有更好的优待。但在互联网上，你在毫不知情的情况下就可能被人划分了阶级。

非裔美国律师马西·皮克（Marcy Peek）第一次听说"网络分隔"是在10年以前，她写道："最终的问题不仅是在线分析工具对私人地带的侵犯以及通过'不正当的、欺诈性的'手段来审视我们的个人空间，也不仅是像某些评论家所言，获取个人信息的同时伤害了我们的尊严与人道主义情感。而是在这一新的范式中，公司及那些掌握了信息资源配置权的集团可凭借强大的科技能力来决定什么人能获得什么样的信息、机会、金融服务和经济利益。"[24]为此，皮克提出了一个独特的解决方案，她鼓励人们"伪造"自己的数字身份——将自己构建成有利集体的一分子。

她的想法很有趣，并且在2003年被提出时是行之有效的。但那之后，"伪造"就变得几乎不可能。随着社交网络的出现，人的名字被公开，种族裔群和性别也能从资料照片中或在数据整合商的进攻下一目了然。现在，"网络分隔"所带来的金融危害已变得极为普遍，这意味着要制止这种"网络分隔"需要一个社会性的解决方案，而非个人的小打小闹。

除了可能会造成利益损失之外，行为定向广告玩弄人们内心最深的恐惧、助长自毁行为的方式也会在情感上伤害人们。17岁的凯特·里德（Cate Reid）比较担心自己的体重，她想减重15磅，于是就上网查找减肥信息。自那以后，每次她上网时不管有没有在找减肥信息，都要被动接受各种减肥广告，这些广告总在体重问题上对她产生心理暗示。"我能意识到自己的体重问题，我尽量不去想这个……但（那些广告）又会不断让我重新想起它。"她对《华尔街日报》说。[25]

居住在得克萨斯州奥斯汀的32岁教育软件设计师朱莉娅·普雷斯顿（Julia Preston），也有过让她"紧张不安"的类似经历。[26]朱莉娅在网上搜索了有关子宫疾病的信息，对这类信息进行一番研究以后，她发现，她所访问的网页上开始弹出治疗不孕不育的广告，因为有子宫疾病的女性常常有生育问题。其实她并没有子宫疾病，但这些广告却不断出现在她眼前。

28岁的惠特尼·齐拉尼斯（Whitney Chianese）来自纽约州的拉伊，经常与住在亚特兰大的母亲进行电子邮件往来。惠特尼的外祖母最近去世了，她和妈妈在电子邮件中谈及过外祖母的死。之后惠特尼只要一上网就会有保健品广告弹出来。对此，她说："它就像老大哥①一样时时盯着你，让人受不了。"27

凯特、朱莉娅和惠特尼的事例都表现了行为定向广告给人们造成的情感影响。雅虎网络广告截取了凯特的在线活动数据，并生成文件，将她描述为一个刚毕业的高中生，一位"13~18岁关心减肥的女性"。28朱莉娅则被Healthline Networks公司瞄上了，该公司通过"检索用户正在浏览的网页，根据用户信息定向植入广告。比如，查阅过有关抑郁症信息的用户会在当前及之后访问的其他页面上，收到Healthline投放的有关治疗抑郁症的广告"。29通过关键词广告（AdWords）系统，谷歌也会根据用户在Gmail、搜索引擎、谷歌聊天（Google Chats）或讨论页面中使用的关键词来生成定向广告。30惠特尼提及外祖母去世信息的电子邮件就是这样被检索到，并招来那些保健品广告的。

行为定向广告中尤其骇人听闻的是，社交网络上的广告视窗有时会弹出协助自杀的广告。如果有人说他要大量服用某种药丸，他的页面上就可能会弹出这样的广告："立刻拨打800电话，折扣从优。"2010年9月25日，谷歌承认他们的广告自动化系统在Google Group的alt.suicide.methods论坛页面31上投放过毒药和化学药品的广告，这个论坛正是人们讨论如何结束自己生命的地方。32广告商为他们的广告选好关键词以缩小目标客户的范围，33因此当乔安妮·李（Joanne Lee）和斯蒂芬·卢姆（Stephen Lumb）在该论坛上商定"通过充满废气的汽车自杀"时，论坛页面上高调地亮出了广告："硫酸，免费拨打0800 090 ****"以及"寻找硫化氢及医学实验设

---

① 老大哥：出自乔治·奥威尔的《1984》，象征极权统治下对公民无处不在的监视。——译者注

备，敬请登录 eBay.co.uk！"[34]

行为定向广告的暗箱作业不仅可能会给个人造成伤害，也会危害社会。事实上，行为定向广告还促生了次贷危机。抵押贷款的放贷人美国国家金融服务公司（Countrywide Financial Corp）和 Low Rate Source 在 2007 年 7 月是美国十大在线广告商中的两家。[35]谷歌和雅虎则是 2007 年次贷市场的主要受益人，它们"抓住了次贷繁荣的大好时机"，财经博主费萨尔·拉尔吉（Faisal Laljee）说："直接放贷方、传统银行以及 Lending Tree、Nextag 和 LowerMyBills.com 这样的世界顶级数据整合商都为招揽在线流量付出了巨额代价。"[36]鼎盛时期，谷歌搜索引擎中频繁出现含有"抵押贷款"、"再贷款"这类关键词的查询词条，在搜索引擎周边投放广告的广告商需为每一次点击付费 20~30 美元。[37]

谷歌、雅虎、MSN 以及一些财经网站（如 Bankrate.com 和 Mortgage War 等）和行为定向广告公司（如 24/7 Real Media 和 Revenue Science）只要在互联网用户身上发现抵押贷款的可能性，就会把他们的信息出售给抵押贷款公司，[38]抵押贷款公司再联系那些无法从当地信贷机构获得贷款的人。[39]抵押贷款公司通过这些网络引线锁定的次级抵押贷款客户大部分都是低收入的黑人或西班牙裔美国人，[40]他们经常蒙受不公平的交易。美国责任借贷中心（Center for Responsible Lending）针对次级抵押贷款所展开的一项全国性研究发现，与白人借方相比，在信用评级相同的情况下，有色人种被收取高利率的几率要大 30%。[41]当借方拖欠次级抵押贷款，整个经济体系都会受影响。[42]贷方损失资金，无法继续新的贷款服务，最后必然会停业。[43]购入不良抵押贷款证券的投资银行，如贝尔斯登（Bear Stearns）、雷曼兄弟（Lehman Brothers）、高盛（Goldman Sachs）、美林（Merrill Lynch）和摩根士丹利（Morgan Stanley）等，也会遭受重大的经济损失，其体现就是股市暴跌。[44]

数据整合商低调经营，但收益颇高。DoubleClick 入行仅三年，就能拥有足够的财力花费 10 亿美元收购一家直销公司。这家公司拥有一个庞大的数据库，包含了约90%美国家庭的成员姓名、地址、电话号码、零售购买习惯及其他个人信息。[45]2007年，谷歌和微软开始了一场对DoubleClick的收购大战，最后谷歌以31亿美元的价格成功收购了这家公司。[46]如今，你的私人信息不是被"老大哥"盯着，而是由"大财阀"在监视、记录、分析甚至出售。

那么，人们能采取什么样的行动来应对监控并反抗数据整合造成的程式化呢？有些数据整合公司已经主动让用户选择不被跟踪。但如果你不知道Spokeo和DoubleClick在收集你的数据，你就不一定会想到要到它们的网站上去找到关闭的方法。而且，很多网站的关闭选项是骗人的。如果不接受它们的跟踪技术，网站经常就不能加载或正常运行。所以尽管你可以把网页浏览器设置成不自动接收cookie，但如果你真要不接收cookie、网络信标或其他数据采集装置的话，你可能就根本无法访问网页。要么就是网页加载不了，要么就是为了对跟踪请求作出响应而在加载页面上花费过多时间。（参见本章末《一位法律专业学生的关闭尝试》）。

有时"关闭"选项甚至只是在忽悠你。Facebook说它会让用户关闭某一种网络信标，但是当一位精通代码的记者选择关闭以后，他发现Facebook仍然在获取他的数据。[47]再比如数据整合公司Chitika的网站，人们在选择关闭选项时，网站并没有告诉他们，他们的关闭其实只会持续10天，10天之后又会重新接收cookie和网络信标。[48]我耐着性子一步一步遵照那7个烦人的步骤，好不容易把我的名字和其他信息从Spokeo上删掉了。但是当我数月后再去Spokeo查询时，竟然又在那里发现了有关我的信息。Aperture的关闭方法也非常有违常理。作为Datran Media的子公司，Aperture会将"经多个线下第三方机构核实过的、以家庭为单位的人口统计数据"与人们基于兴趣而产生的行为信息、"基于实时对话的交易行为数据"结合在一起。[49]网络用户要关闭，就必须访问Aperture的网页并点击醒目的"关闭"链接，然后他就会收到一个通知，内容是即便用户已经选择关闭，一旦清除cookie，他还是必须再次访问该网页以重新关闭。[50]所以，试图清除cookie反而会招致适得其反的恶果，被 Aperture 继续跟踪。

有些人希望通过技术途径来解决这个问题，但到目前为止，还没有一种通用的软件或硬件可以帮你阻止每一个数据整合商的入侵。每当有新的技术能让你摆脱某种攻击（比如浏览器 cookie）时，立马就会有更新的技术来绕开它（如 Flash cookie，它本身很难被绕开，并能重新激活已删除的浏览器 cookie）。

在这些监控技术中，有些是附在其他合法产品里的（例如，Adobe 要安装 Flash cookie 来调节视频音量），因此销售合法产品的公司将不得不开发补丁来保护他们的客户。Adobe 已经开始和一些其他公司（包括谷歌和 Mozilla）合作，使客户能从这些公司出品的浏览器的历史记录中删除 Flash cookie。[51] 2011年，微软宣布 IE8 和 IE9 以及 Adobe Flash 最新版本（10.3 版）的用户可以通过 IE 浏览器上的"删除浏览记录"删除他们的浏览记录中的 Flash cookie。[52] 如今，谷歌的 Chrome 浏览器也提供了删除 Flash cookie 的途径。而 Mozilla 的火狐（Firefox）浏览器则开发了一个插件，可以供用户用来删除 Flash cookie。[53]

然而，对于数据采集和整合机制投入的资金和技术总是远远大于对反监控技术的投入，跟踪技术的力量和范围都在不断膨胀。2009 年，PeekYou（PeekYou.com 的运营商，该网站上也能找到人们的私人信息）申请了一项技术专利，这项技术能通过抓取器从网络的任何地方——包括社交网络的页面——收集到人们的信息，目的是为了创立"所有互联网用户的综合目录，跟踪每一位用户的在线状态"。[54]

该专利明确指出，PeekYou 可以从以下网页中采集到每个人的信息：YouTube、Meetup、eBay、InfoSpace、Switchboard、PlentyOfFish、Tag-World、Faceparty、RateMyTeachers.com、RateMy Professors.com、Forbes、WAYN、Twitter、LiveJournal、Xanga、Yahoo！、Myspace、Friendster、Flickr、Bebo、LinkedIn 和 hi5。当然，还不只这些。该专利在申请时提供了一个例子：约翰·多伊（John Doe）在当地一家餐馆所拍摄的照片被扫描后

可以得出一系列信息，如地理位置（经度、纬度、海拔）、曝光度、时间和日期、分辨率、相机品牌和型号等。接着，数据抓取器扫描数据库，寻找与该地理信息高度匹配的个人资料。例如，如果扫描后发现这张数码照片拍摄的地点是在某位用户家附近的地方，很可能这位用户就和这张图像有关联。

PeekYou 在申请专利时，描述了其个人信息整合器的多种可能用途——用户收到的电子邮件地址能被自动扫描，数据库中有关发件人的信息能自动呈现给电子邮件接收者；这种散发的个人信息整合器可以结合地理定位装置，如装有 GPS 的手机，如此，一个人走在大街上就可以通过他的智能手机看到从身边经过的陌生人的基本信息。

在与数据整合商交手的过程中，有些人觉得最好的防御就是巧妙的进攻。普通的个人可以和那些通过付费方式获得个人信息的公司联合起来。伦敦有一家名为 Allow 的公司可以让用户自己选择哪些信息能对行为定向广告商可见，并将该部分信息销售所得的70%分给该用户。"我不会把我的汽车免费送给陌生人，"伦敦房地产开发商贾尔斯·塞奎拉（Giles Sequeira）对《华尔街日报》说，"那又有什么理由把自己的私人信息拱手送人呢？"[55]他在 Allow 上有偿发布了自己的某些信息。不过他也在努力让该公司确保他的信息不会在未经许可的情况下被其他数据整合商挖走，因为那样损失的不仅是他的利益，还有 Allow 的资源。

有些公司也开始主动清理因数据整合商和其他机构从而导致在网上可以获得的人们的负面信息。Reputation.com（之前名为 ReputationDefender）[56]是其中一家最出色的线上声誉管理公司，市场上像它这样的公司还有很多，包括 Internet Reputation Management、Reputation Hawk、Netsmartz 和 ReputationDR。[57]

2011年世界经济论坛（World Economic Forum）为 Reputation.com 颁发了科技先锋奖，将其列为"无论是技术还是商业模式，都能对多个行业及整个社会产生持久和宝贵影响的公司之一。我们期望看到这些公司为实现改善世界这一使命，作出它们不可替代的贡献"。[58]

但是这样的声誉维护社区能做点什么呢？最常见的是，人们要么用它从网站撤回自己有问题的信息和照片，要么通过它用更多的正面信息把负面信息覆盖掉。Reputation.com鼓励首次访问的用户搜索一下自己的姓名，看看自己的哪些信息存于互联网上，搜索结果的集合就如人们在Spokeo.com，PeekYou.com上搜索到的差不多，例如个人位置、相片以及工作信息等。

对于用户网络信息的月度详细报告，Reputation.com收取的资费是每月14.95美元，对于删除网络信息收取的资费则为每条29.95美元，[59]并且不保证一定会成功。[60]会员请求将某条信息从互联网上删除时，Reputation.com会多次向该网站服务器发送信件请求删除信息，必要时还会强化其口气。[61]在一个案例中，一户人家花了3000美元让ReputationDefender把有关女儿尸体的照片从互联网中清除。[62]ReputationDefender成功地让约300家网站删除了有关照片，但至少还有100家网站上仍能找到那些照片。[63]"没有什么高招，"Reputation.com的创始人迈克尔·弗蒂克（Michael Fertik）说，"如果有，那我早就是亿万富翁了。"[64]

当两名法律专业的女性学生莫名其妙地受到来自全国各地的发帖围攻时，Reputation.com在打击那些令人痛苦的、中伤他人的言论方面取得了进展。但该公司因为其所谓的"与一些最大的个人信息网络数据库签订独家删除协议"而遭到批评。[65]事实上，Spokeo和PeekYou在网站的个人设置区域内都有通向Reputation.com的链接，并且显然会从给Reputation.com介绍客户上获利。《洛杉矶时报》（Los Angeles Times）专栏作家戴维·拉扎勒斯（David Lazarus）对这种合作关系提出了批评，因为搜索找人的网站和隐私保护的网站应该是水火不容的，是不应该建立相互获利的合作关系的。"每次只要有客户通过Spokeo的网站与ReputationDefender签署协定，对Spokeo而言就意味着获利。到头来，Spokeo发现自己所处的位置非常有趣，一方面制造问题，另一方面又从解决这些问题中获利。"拉扎勒斯在文章中写道。[66]

对付数据整合之危害的最好办法是把它扼杀在摇篮里——通过诉讼先例

或新的立法。很多人曾起诉数据整合商违反联邦法律和州法规，但法庭根据联邦法律所作出的判决，却更有利于数据整合商而不是被数据整合商侵犯的人们。各州有关隐私或黑客攻击的法规可能会提供一个解决渠道，但我们需要诉诸新的法律理论，比如赋予人们对自身信息的财产权。

联邦法律中有几项是与电脑黑客和电子通信管理相关的，可用于处理社交网络及其他网络上不经许可就采集个人信息的行为。《计算机欺诈与滥用法案》（Computer Fraud and Abuse Act）、《存储通信法案》（Stored Communications Act）和《窃听法案》（Wiretap Act）本都可用来保护人们，然而，法庭通常拒绝使用这些法律去保护人们，其个人信息不被cookie收集、个人计算机传输的数据不被拦截。[67]

根据《计算机欺诈与滥用法案》[68]，未经授权就故意进入受保护的电脑并传输信息，从而造成损失以及获取信息的行为是违法的。但个人如果没有遭受至少5000美元的损失，就无法根据该法案来提出诉讼。在我星期天早晨的网站浏览行为中，我无法证明数据整合商从亚马逊和西南航空那里获得的有关我的购买信息，还有我的医疗信息以及其他在我收、发、看时所被挖走的那些信息，能给我造成价值5000美元的损失（尽管某条信息的泄露可能会让我丢掉饭碗，或造成其他远不止5000美元的损失）。cookie和网络信标会导致我的网页运行速度变慢，也不能被断定为一项会给我带来5000美元损失的危害。

《存储通信法案》[69]看起来为诉讼提供了更好的支持。它规定，明知非法却仍进入储存有信息的电子通信设备，获取、修改或阻止其他授权用户访问信息的行为是非法的。所以它可以被用来保护人们不受数据整合商的侵害，因为数据整合商故意把cookie植入我的硬盘来获得我的信息。但《存储通信法案》对赔偿责任列出了一项例外，那就是获得许可的对存储设备的访问。这一规定也很有道理。如果我已经同意亚马逊获得我的信用卡信息来为我买的某本书付账，那我就不能起诉它。

但法庭已把这一征得许可的基本要求扭曲得面目全非了。他们的判定是，如果是亚马逊同意营销公司秘密地将cookie植入我的电脑，我就不能根据《存储通信法案》起诉这个第三方。[70]法庭认为只要有一方的许可即可，但这一许可不是应该来自个人信息被收集的当事人本身吗？难道只要从在这种秘密勾当中牟利的团体那里获得同意就可以吗？

另一个联邦法律《窃听法案》则判定，截获通信以及故意泄露或使用他人的通信内容是违法的。[71]对使用DPI或利用网站向用户电脑植入cookie的数据整合商而言，这个法案似乎能很好地挫败其图谋。不过，《窃听法案》也包含例外。法庭又一次认为，数据整合商只要付费获得了网站的许可即不违反该法案。根据法庭的观点，数据被截获者本人的许可不是必要的。

想想这种单方面的许可是多么荒谬。打比方说，我的对手雇人把我打伤，这个行为得到了他的准许但没有得到我的准许，这就没关系了吗？在通过这些法案时国会意识到，如果给予准许的一方有入侵他人计算机、潜入他人信息传递过程等侵权和犯罪行为的情况，单方面的许可是没有意义的。否则，黑客从我电脑里拷贝走了我的社会保险号，只要有他自己的同意，就可以不算作是犯罪了。

在2001年的标志性案件"DoubleClick公司案"（In re DoubleClick）中，纽约的一位联邦法官被要求判决一家数据整合公司违反联邦法律，因为尽管征得网站许可，数据整合仍是一种侵权（侵犯隐私）和犯罪（非法入侵个人计算机）行为。在作出最后决定时，法官给出了一个自欺欺人的说法，数据整合公司并非企图侵权和犯罪，他们的初衷只是挣钱，所以这些活动是可以被允许的。用法庭的话来说，该公司是在"通过一种高度公开的市场融资模式来有意识、有目的地获取经济效益"。[72]

这好比有人闯入我家，在我的卧室里安装了摄像头，并说："我无意侵犯你的隐私，我只是想做性爱录像带的生意。"难道凭这套说辞我就真的要放过他吗？再或者，如果一个乱伦者说："我无意犯罪，我强奸5岁女儿时只是为了寻点开心。"你会怎么想？

　　同样在2010年的一个没有说服力的案例中，纽约州法官拒绝实施有关擅自访问他人计算机的刑事法规，该法官把一个人的电子通信（具体到该案件中是一封电子邮件）比作一张"明信片"，声称这不是什么隐私。[73]

　　"不仅如此，"这位法官还说，"电子邮件很容易被截获，因为电子邮件在到达收件箱前，需要穿越网络、防火墙和服务器，目标收件箱那端也有自身的网络、服务器和防火墙。"[74]但我的座机电话同样也要穿越各种网络才能到达终端，却可以受到法律保护不被窃听，两者又有什么区别呢？毫无疑问，正是窃听技术推波助澜，让行为定向广告成了一个有利可图的行业。如果我打网络电话或写电子邮件告诉我最好的朋友我怀孕了，数据整合商在窃听到我的信息后，把这个信息卖给其他公司，其他公司就会向我投放婴儿用品广告。而窃听他人电话或私自拆阅他人信件是违法的。可我只是在通过不同的渠道（电子邮件或Skype）传输相同的信息出去，数据整合公司就能在没有征得我同意的情况下收集和销售它们。

　　2001年时法庭对"DoubleClick公司案"的决议实质上架空了联邦法律对防御未经授权访问计算机和数字窃听的保护。然而随着社交网络的到来，这种法律保护的需求却呈指数增长。与10年前"DoubleClick公司案"尘埃落定时相比，如今人们在互联网上传送的信息变得更加私密，范围也更广。

　　想保护第二个自己（即自己的数字身份）的人，如今开始向能够保护个人隐私，或将未授权就访问他人电脑视为犯罪的州立法规求助，希望这些法规能替代联邦法案来发挥作用。在阿肯色州，一名男子在其妻子电脑上安装软件，拷贝了她所有的击键记录，并从中获取妻子的密码，后来这名男子被判决违反了阿肯色州计算机侵入法。[75]佛罗里达州也出现了一个类似的例子，一位女子在丈夫的电脑里安装了监控程序，[76]每隔一段时间，程序就会捕捉丈夫的电脑屏幕，包括消息对话框、电子邮件页面和所访问的网站页面等。这位女子后来也被宣布触犯了佛罗里达州窃听法规。

相比联邦法律，一些州立法规更为具体明确，能为人们提供更多的保护。它们不像联邦法律那样只要有一方许可间谍行为就不再成立，包括密歇根和华盛顿在内的多个州都明确规定需要双方的准许。

在需要双方许可的法规之下，DoubleClick案的结果可能就不一样了。"举个例子，DoubleClick从商业网站那里获得准许，拦截用户的网络通信。"律师杰西卡·贝尔斯基斯（Jessica Belskis）说，"然而，个人用户一般不会同意自己的个人信息被他人拦截。"[77]贝尔斯基斯称，在主张双方许可的州立法规下，DoubleClick是要对其行为负法律责任的。她还提到，谷歌扫描用户的电子邮件内容来为定向广告识别关键字的行为也是违反这些州立法规的。Gmail用户在接受谷歌服务条款时，已授予扫描许可，但这不代表与Gmail用户通信的其他邮箱用户也准许他们的通信被扫描和拦截。

2011年4月，加利福尼亚州的一名联邦法官受理了消费者对NebuAd的起诉，内容为NebuAd让互联网服务提供商在其网络上安装DPI设备来监控用户的在线行为，再把用户信息传送给NebuAd。[78]这家数据整合公司试图驳回诉讼，并声明其行为未触犯联邦法律，也未触犯州立法规。尽管如此，法官还是将此诉讼置于该州有关隐私侵犯和计算机犯罪的相关法律下。[79]NebuAd倒闭了，但其他运用DPI技术的公司正在进入或准备进入美国市场。[80]

也有一些立法者正在努力制定新的法律来保护人们，例如制定类似"电话黑名单"的"数据收集黑名单"，但财大气粗的数据整合商完全有能力强力反击起诉他们的个人和制定法律的立法者。如果普通老百姓起诉数据整合商不经许可便在其电脑内安装Flash cookie，被告的律师事务所（一家强大的拥有多达千余名律师的事务所）则可能会反咬一口，控告原告通过立案诉讼进行敲诈勒索。[81]敲诈勒索？被告在不经过原告的同意下非法搜集原告的私人信息，包括较为敏感的医疗健康信息和财务信息，竟然还指控原告敲诈勒索？

2011年，加利福尼亚州的一位立法者提议设立一条新的法规，以使人们能通过自主选择摆脱数据收集。对此，Facebook、谷歌、时代华纳有线公司（Time Warner Cable）、24/7 RealMedia、加州商会（California Chamber of Commerce）以及其他31家协会和公司立即联名写信反对该议案。他们的说法是："这一举措将对期望从互联网上获得丰富资讯及服务的消费者造成不利影响，让他们更易遭受安全威胁。"[82]这不过又是一套自欺欺人的花言巧语，如果我能阻止他人未经授权就获得我的信用卡信息和社会保险号，我怎么会更易遭受安全威胁呢？

美国联邦贸易委员会一直是保护消费者权益不受社交网络、数据整合商和广告商侵犯的政府监管机构。它创立于1914年，是一个独立的政府机构，旨在防止商业中的不公平竞争，抵制大公司在行业内限制竞争的垄断行为。[83]后来，国会扩大了联邦贸易委员会对消费者保护的权力，于是，如今该机构有权对"不公平或欺骗性的行为及做法"[84]采取行动，它可以提起诉讼，或为特定行业制定规章制度。[85]

如果联邦贸易委员会认为某个组织涉嫌"不公平或欺骗性的行为及做法"，或正在进行违反消费者保护法规的勾当，它就可以对这家组织发出投诉，并公布各项指控。[86]该组织可以选择通过签署和解协议来平息指控。如果联邦贸易委员会同意接受和解，就会在做出最终决定之前，将和解协议公开30天以征求公众意见。[87]如果该组织对指控存有异议，可以到行政法法官（Administrative Law Judges）面前进行审判式诉讼。[88]

2004年至2008年间，联邦贸易委员会共收到1230起"公司不许消费者关闭信息共享"的投诉，1678起"公司不尊重消费者的意愿，关闭机制其实不管用"的投诉，以及534起"公司违反其隐私政策"的投诉，等等。[89]该机构还收到了84起有关"隐私政策晦涩难懂，令人误解"的投诉，555起针对"公司没有足够安全保障"的投诉，以及3265起其他隐私被侵犯的投诉。过去几年内，联邦贸易委员会与Facebook、谷歌以及各种数据整合商展开了较量，推动了一些改变，累积了一些消费者遭受侵害的实例。其中一个是这样的，父母因为担心孩子的上网安全，就从Echometrix购买了一款软件以获知孩子是否有不恰当的在线行为。Echometrix的这款软件名为"家长的哨兵"（Sentry Parental Controls），可用来监控和记录目标计算机中的行为活动，包括网页访问记录、聊天记录以及临时会话等。[90]"家长的哨兵"的使用者所不知道的是，Echometrix同时也在收集他们的信息并建成数据库，包括孩子们的在线聊天及会话内容的摘录。[91]然后，Echometrix会把数据库里的信息卖给数据整合商。

购买了"家长的哨兵"的父母在安装该软件时不得不接受一份终端用户许可协议（EULA），其中的第30段指明："（家长的哨兵）会将信息用作以下用途：自定义广告及您所能看到的内容，使您对产品和服务的要求得到满足，提升我们的服务，与您进行联络，进行调查研究，为内外部客户提供匿名报告。"[92]

联邦贸易委员会以"不公平和欺骗性商业行业"对Echometrix进行了追究。最后，Echometrix同意禁止使用"家长的哨兵"所收集的信息，并命令销毁已存储的信息。[93]但如果Echometrix的终端用户许可协议表述清晰，联邦贸易委员会也许就没有理由对它进行追究。

联邦贸易委员会现在正在努力制定针对行为定向广告的规章条例。"你在互联网上活动时，永远不知道有谁正站在你身后窥视你，或者说有多少个营销商正在虎视眈眈地盯着你。"联邦贸易委员会专员乔恩·莱博维茨（Jon Leibowitz）在一次有关该主题的听证会上说道，"人们应该能掌控自己的个人计算机。当前这种'不许问，不许说'的在线跟踪和建档行为该到头儿了。"[94]

我放在Facebook上的照片和信息也许有一天会反过来成为我的困扰，但至少我能选择是否加老板为好友、是否要把那张喝着龙舌兰的照片放上去。我可以谨慎选择公开哪些个人信息，仔细考虑哪些喜好可以让别人知道，哪些群组可以加入等。

然而，在我这样忙着构建自己的数字身份时，其他人每天都在做出成百上千个关于我的决定，其根据就是第二个我——网络版的洛丽·安德鲁斯，她正在被抹去个性，被套进某个营销类别并接受相应处理。对于保护我不遭隐私侵犯、不蒙受精神上和经济上的损失、不失掉基本权利，法律所做的微乎其微。而社交网络正使问题变得更加严重，因为与搜索及购物行为中的信息相比，我们在社交网络上发布的信息更加私密，所以伤害力也更强。

前面也说过，21世纪的"网络分隔"就像20世纪60年代的红线标示。如果我们拥有一部社交网络宪法，我们便可在其中纳入一项隐私权利，禁止秘密的数据搜集。我们还能纳入程序公正原则，要求得到事前通知并保证程序正当，这意味着我们将可以自主选择信息如何使用，而非让信息被秘密收集或在我们没有选择退出的情况下就被收集。支持言论自由和反对歧视的法律法规将禁止他人不恰当地使用"第二个自己"的信息。

当前情形下的问题是，还没有人创建出一个理论框架来确定我们应该如何来保护"第二个自己"，这正是社交网络宪法的使命。任何国家的宪法都会明确规定公民拥有财产权和隐私权，也会列明在何种程序和情况下公民权利被剥夺。然而至今，在社交网络领域内，个人权利极少被关注。看看法庭如何处理其他科技带来的问题，看看人们如何维护自己的权利，我们或许可以为创建社交网络宪法理出一个头绪来。

一位法律专业学生的关闭尝试

为了管理我电脑上的cookie，我先在我的IE8浏览器上选择了"工具栏"中的"Internet选项"，点击"隐私"，再点"高级"，然后在"第一方cookie"和"第三方cookie"的选择框中选择"阻止"。但很快我发现，这样设置之后，我的Gmail和Facebook就无法登录了。然后我又更改了设置，重新选了"提示"选项，这样，当有网站让我接受它们的cookie时，浏览器就会提醒我。但这同样给我造成了困扰。我登录Gmail，接受了7个cookie，貌似全部是来自Gmail和谷歌本身，然而即便接受了所有这些cookie以后，我仍然不能成功登录，并有警告窗口弹出，说Gmail需要cookie被激活。之后我在浏览器内输入Facebook的网址，在登录页面出现之前，我又接受了4个cookie。输入用户名和密码以后，没想到我还要接受8个cookie才能成功访问网页。根据这些cookie的名称可以判断，它们都来自Facebook本身。我在Facebook页面上点击其他信息时，又收到了来自很多第三方的cookie接受请求。似乎伴随着我的每一个动作，都不断有新的"提示"弹出来。如果你已设置你的隐私设置为"提示"，"提示"会让你选择总是允许或总是禁止来自某一网站的cookie。选择总是允许来自谷歌和Facebook的cookie后，我终于成功进入了我的Gmail和Facebook账户。

伊丽莎白·拉基（Elizabeth Raki）

I Know
Who You Are and
I Saw
What You Did

当波士顿一位年轻的律师迎娶参议员的女儿时，他还没有做好准备同时也迎接媒体对这桩姻缘没完没了的关注。他们的孩子出生以后，但凡一家人带着孩子上街，就有狗仔队啪啪啪地按着快门拍下婴儿的照片。律师感觉很气恼，于是想寻求法律援助。[1]有没有一项司法判例是关于"不受干扰的权利"的呢？

这位律师曾以全班第二名的成绩毕业于哈佛大学法学院。他与他的朋友，即当时全班第一名的那位同学取得联系后，便发起了一个研究如何将基本法律价值应用于新科技的项目。[2]

那时是1889年，新科技的代表就是便携式相机。

在1888年柯达引入便携式相机以前，给人拍照可是一件非常严肃的事情。[3]人们如果要拍照，便会穿戴整齐专门去照相馆，拿相机的人不经过允许是不能随意给别人拍照的。但便携式相机的到来改变了这一切。

这两位律师的名字分别是塞缪尔·沃伦（Samuel Warren）和路易斯·布兰代斯（Louis Brandeis）。他们并不是唯一受新科技困扰的人，以下这段话摘自当时的一份报纸。

> 你看见柯达这个恶魔没？可是，它看见你了。昨天你在邮局和别人话家常的时候，它捕捉了你的表情，陷你于不利，把你粗俗的姿势定格了下来，还四处传播，让你的朋友和敌人都来笑话你。每个人手上都在发出按快门的声音，它冷酷无情还无处不在，就像写实主义文学中的流氓暴徒一样对礼仪毫无良知与尊重。有了柯达恶魔、留声机和探照灯，现代的发明天才正不遗余力地让我们赤裸在同胞们的目光里。[4]

沃伦和布兰代斯开始审视便携式相机对现代生活的影响。他们本以为人们不再拥有免受打扰的权利，因为日新月异的科学技术能跟踪并记录下他们所做的一切。但相反，他们注意到，正是科技的入侵才让人们"加强对自身信息的掌控"这件事变得更加重要。"随着文明的推进，生活节奏变得越来越快，社会关系变得越发庞杂，这使得人们需要时不时地把自己从现实世界中抽离出来，"他们写道，"所以，独处和隐私对个人而言越来越重要；但随着对隐私的侵犯，现代工业和发明已将人们置于远远大于肉体疼痛的精神痛苦和烦恼中。"

沃伦和布兰代斯将目光转向宪法中的基本法律价值观（如拒绝自证其罪的权利）以及普通法原则（如"决定多大程度上将自己的想法、感受和情感与他人交流的权利"），从中寻求帮助。他们认为，这些权利不受制于所采用的具体表达方式。"不论是一封私人信件、一本日记、一首宝贵的诗或一篇极优秀的散文、一幅拙作或几笔涂鸦还是一件杰作，它们受到的保护是同等的。"

　　这两位波士顿律师觉得，这种保护基于一种更基本的价值。"赋予思想、情绪和情感的保护……仅仅是'个人不被打扰'这一基本权利的执法体现，"他们说，"这就和不受侵犯与攻击的权利、不受监禁的权利、不被恶意起诉的权利、不被诋毁的权利一样。"

　　人们对自身信息传播的控制权也类似于财产权。同年，《国家》（*The Nation*）杂志的编缉E.L.戈德金（E. L. Godkin）在《斯克里布纳杂志》（*Scribner's Magazine*）中写道，一个人的声誉是"个人财产的第一种形式，是先于其他一切个人物品的"。[5]

　　这两位律师还指出，照片和流言不仅会伤害到个人，还会伤害社会。"尽管流言蜚语似乎不值一提，但是当它们经过大范围持续传播后，就成了一股邪恶的力量。"他们写道，"它将事物的重要性本末倒置，贬低价值，阻碍人们表达自己的想法和意愿。"他们还将一个民主国家的正常运转也纳入视野范围内，并宣称"所有人，不论他是否处于公众生活中，都有权向好奇心横行的外部世界隐藏自己的某些方面，而另一些方面也只能在当事人不得不面对合法的公众调查时被公开。"

　　他们撰写的文章《论隐私权》（*The Right to Privacy*）在1890年发表于《哈佛法学评论》（*The Harvard Law Review*）上。[6]通过对四项隐私侵犯行为的明确，他们的思想被纳入了国家法律体系内。这四项行为分别是：入侵他人隐居生活；公开揭发他人的糗事；歪曲某人在公众眼中的形象以及将某人的姓名或肖像用于商业用途。只有在征得当事人同意，或该做法符合合法的公共利益时，照片等信息才可根据需要恰当传播。根据最新的理解，宪法中的基本隐私权还包括进行重大个人决策的权利，比如是否避孕、是否让小孩在家中上学。

　　在那之后，每当新科技与个人权益短兵相接时，法庭所采用的一直是这两位波士顿律师在一个世纪前所创立的这种分析模式。新科技是如何对个人和社会产生影响的？在新型科技面前，基本法律价值观能如何保护个体权益？伴随着每一项新的科技发明——包括刑侦技术、医疗技术和电子计算机技术等——基本法律价值观对人们权利的保护不断被强化和扩充。有时，法庭在首次处理由新科技引起的诉讼时，因为和当时的沃伦和布兰代斯一样缺少对新技术的全面分析也会误入歧途。但不管怎样，最终胜出的仍是基本权利。

不过，这些都是社交网络到来之前的老黄历了。在这一新领域内，面对矛盾冲突时，法庭却为社交网络、数据整合商以及使用社交网络信息的第三方开了绿灯，任由它们无所顾忌地将个人权利踩在脚下。

法庭和政策制定者为何不继续将基本的民主原则也运用于社交网络呢？也许是因为法官对社交网络的运营不熟悉，也许是网络技术潜入我们生活的速度史无前例，让人措手不及，还可能是因为在新型科技前赴后继，消费者权益保护、程序正当、言论自由、个人隐私和个人自我掌控等美国宪法的根基不断受到挑战时，人们已无暇回过头去审视所发生的这一切。

其他曾挑战过法庭的科技产物与社交网络之间存在很多共同点，它们也涉及到人们对自身信息、活动以及决策的掌控。面对这些新科技，法庭可以毫不犹豫地运用宪法准则来保护人们的权益。对这些法庭决议的深入理解或许有助于社交网络宪法的起草。

1965年，当一位名为查尔斯·卡茨（Charles Katz）的男子进入公用电话亭打电话时，他怎么也没想到该电话线路已被警察窃听。根据窃听到的电话内容，警方控告他非法赌博。他当即提出抗议，并指出他们的行为违反了宪法第四修正案，该修正案明确规定政府不得侵犯个人私生活。主审法官的说法是，这个窃听并不违反第四修正案，因为国父们起草宪法条例时所尊重和保护的是人们在自己住宅中的隐私。在这个案例中，警察并没有非法入侵民宅。事实上早在1928年，最高法院在同类案例上已有定论，该案例所涉及的是警方利用早期窃听技术来掌握是否有人违禁。

这起更早的案例名为"奥姆斯特德诉美国政府案"（*Olmstead v. United States*），案例中，美国最高法院的五名大法官（占在席大法官的大部分）一致认为案中酿私酒者的隐私未受到侵犯，且他并非被迫自证有罪，因为尽管警察对他从家中拨出的电话进行了录音，但窃听设备却是安装在他家外面的电话线上。[7]对此，提出异议的正是之前提到的波士顿律师路易斯·布兰代斯，此时，他已成为美国最高法院的一名大法官。他主张用基本价值观来处理新型科技所衍生出的法律问题，并提到宪法最初被采纳时，武力和暴力——具体地说，酷刑和硬性闯入民宅——可以说是政府获得个人隐私信息的唯一方法，因此宪法反对运用武力和暴力。但是，布兰代斯说："新的发现和发明已赋予政府比使用拉肢刑架高效得多的手段来将人们的秘密在法庭上公开……科学的进步对政府间谍手段的推动不会仅止于窃听装备。或许有一天，技术可以发达到政府都用不着取出人们藏在自己抽屉里的私密文件，就可以让文件里的内容再现于法庭上，甚至还可以向陪审团八卦这个家中所发生的最隐秘的事情。"布兰代斯认为，宪法有关隐私的基本价值观和人们可拒绝自证其罪的权利所适用的不仅仅是"以往的状况，而是种种可能的状况"。

"奥姆斯特德诉美国政府案"尘埃落定40年以后，上述电话亭案件的主人公查尔斯·卡茨上诉到最高法院时，大部分大法官遵循了布兰代斯的逻辑。尽管查尔斯·卡茨所使用的是公共电话亭，但法庭主张，宪法中的隐私权"要保护的是人而非场所"，对于人们所要求保护的隐私，即便是在公共场合，宪法也同样应该给予保护。

最高法院保护卡茨的隐私阐述了一条沿用至今的法律标准：当事人是否有"隐私期望"，这个期望是否能获得社会的保护？结果表明，警方必须以正当理由取得授权后，方可监听某人的电话。

执法技术仍在不断进步。2001年，一项新的刑侦技术走上法庭。一位联邦探员怀疑丹尼·凯洛（Danny Kyllo）在家中种植大麻。[8]室内种植大麻需要高强度气体放电灯，因此探员就坐在房子对面的汽车里用艾格玛（Agema）热成像仪来扫描凯洛的家。结果发现在这个三层楼的房子里，与屋内其他部分相比，车库的屋顶和房子里的一面侧墙含有更高的热量，温度也比邻居的房子高得多。探员于是得出结论，凯洛确实是在家中种植大麻，并说服法官准许他搜查凯洛的家。最后探员找到了大麻，凯洛被判种植毒品罪。因为热成像仪并未在物理上侵入凯洛的住宅，也未暴露他的隐私活动，于是初审法庭认为该行为没有侵犯凯洛的宪法权利。

上诉法庭也认为，此案中凯洛没有表现出对隐私的"主观期望"，因为他没有试图隐藏屋内热量异常的迹象。"即便有，该隐私期望从客观上说也没有什么意义，因为热成像仪并未捕捉凯洛个人生活的任何隐秘细节，仅在屋顶和外墙上发现了模糊的'热点区域'"。[9]

然而，最高法院在受理这个案件时却撤销了对凯洛的定罪。主张在这项新科技面前凯洛应该受到保护的并非某位沿袭布兰代斯思想的自由派大法官，而是一位保守派大法官。"如果认为第四修正案所许诺公民的隐私权完全没有受到科技进步的影响，那显然是非常愚蠢的，"大法官安东宁·斯卡利亚（Antonin Scalia）写道，"科技进步（如本案例中）可让政府使用非普通大众所能使用的设备，来探查居民住宅内原先只可在有形侵犯下被探寻到的内容，这种监视其实就是一种'搜查'，在未经授权下进行，当然是不合理的。"

医疗领域内的科技进步也阻碍了人们对自己生活甚至是死亡的掌控。呼吸器、喂食管、复苏设备等延长生命的技术起初可以不征得同意就对人们使用。政府和医疗单位认为它们有权延长病人的生命，即便病人反对。不过最终，宪法的基本价值观还是战胜了高科技对人们隐私的侵犯。

如今人们拒绝维持治疗的权利已经得到了明确的认可。他们可以像立遗嘱一样，提前声明在自己陷入昏迷状态、不能表达意愿的情况下，不允许使用这类科技进行治疗。在对宪法中这项权利的重要意义作出解释时，最高法院大法官约翰·保罗·史蒂文斯（John Paul Stevens）指出，每个人都拥有自己的形象控制权，"人们都希望在他人的记忆中留下自己活着的状态，而非死去的样子"。[10]一位曾是运动健将的女人也许只想让朋友和亲人记住她健康、活力四射的样子。她可能会决定预立医疗指示，声明一旦她陷入不可逆昏迷中，即表示她放弃生命，只有这样，那个曾充满活力的她在人们心中留下的记忆才能不被一副全身插满针管的残躯弱体所抹杀。个人应有权掌控自己映射在他人眼中的形象。

诸如基因检测之类的当代医疗技术也颇受争议。自从有了基因检测技术，就会有人在未准许甚至不知情的情况下被进行基因检测。

为了进行胆固醇例行检查或怀孕检测而从人们身上所采集的血样，在实验室中常会未经病人的允许就被医生和研究员另作他用，比如用来检测乳腺癌或阿尔茨海默病（AD）等各种疾病。值得争议的是：这有什么坏处呢？病人针也扎了，对血样所做的其他测试无需他再做任何事情。即便是重新采集血样，比如用来法医DNA检测，血样测试也完全是安全无害的。

但这样一来，雇主和保险公司就会依据对各种疾病的遗传易感性从而将健康人划分为三六九等。比如说，由于某种基因突变，有些女性患乳腺癌的风险会高于其他一些女性，可尽管有这些基因突变，还是会有一半的女性不会患乳腺癌。有些女性并不想要知道自己身上是否发生了这样的基因突变，她们说，知道自己的基因已发生突变后，感觉就像身体里面住进了一个定时炸弹，在"滴答、滴答"倒计时一样。但雇主和保险公司却想要得到这些信息用作评定参考。在这类信息的使用上显然缺乏法律界限。

在例行体检中，加利福尼亚州的一家单位私下里让医生测试女员工是否怀孕，同时测试非裔美国籍员工身上是否发生镰状细胞贫血基因突变。检查结果不会让员工知道，但会存入员工的人事档案中。

这些资料泄露之后，员工提起了上诉。初审法庭驳回了诉讼，称该测试够不上侵犯隐私，不过是体检中一项司空见惯的做法。上诉法庭则认为，基因包含着个人信息，应受到基本隐私权的保护。"没有什么能比一个人的基因组成更私人化、更能映射其隐私权益的了。"法庭写道。[11]其后，国会通过了一条法律，明确禁止雇主和保险公司因为基因测试结果而歧视任何人。[12]人的基本权利，包括关于其自身的基因信息不被生成，也不能用来对他们造成损害。

在社交网络到来之前，即便是采集个人数据的计算机技术也会被纳入基本权利的分析当中。1987年，法官罗伯特·博克（Robert Bork）被提名进入美国最高法院，华盛顿一家报纸的记者迈克尔·多兰（Michael Dolan）想要通过公布他在影像店的租碟记录来抹黑他。记录显示，博克法官所选的影碟有英国电影、007系列电影和古装剧，在现在看来，这些再正常不过了。[13]没有在记录中找到《十二怒汉》和《杀死一只知更鸟》这类法律题材的电影，让这位记者有些失望，博克法官所租看的"唯一一部真正和法庭有关的录像带"是影片《地下审判团》（The Star Chamber）。①

最后，博克的提名没有成功，但他的影碟租看记录被公开一事却引起了国会的关注。"不管是奥利弗·诺思（Oliver North）、罗伯特·博克、格里芬·贝尔（Griffin Bell），还是帕特·莱希（Pat Leahy），他们在家观看什么电视节目、阅读什么书、想什么，都不关他人的事，"参议员帕特·莱希说，"在这个有线电视互动的年代，检入检出系统、安全系统以及电话越来越发达，都集成于计算机中。捕捉某个人在某个时空点上的形象，知道他从商店里所购的商品，喜欢什么样的食物，观看哪一类电视节目，会和什么样的人通电话等，已经变得越来越容易……但我觉得这是不对的。我觉得这真和'老大哥'没什么两样，我们不得不预防这样的事情。"[14]

持同样观点的还有参议员保罗·西蒙（Paul Simon）："不可否认，计算机时代革新了我们的世界。过去20年里，我们见证了每个人生活方式上的巨大变化。孩子们可以在计算机上学习，我们可以在机器上办理银行业务，在起居室里也可以看电影了。这些技术革新真是振奋人心，作为一个国家，我们应为我们所取得的这些成就感到骄傲。不过，在我们继续前进的道途中，

---

① 《地下审判团》讲述一位满腔理想主义的法官，面对日益腐败的美国法律界，他已无法容忍，于是和一群跟他有着同样理想的法官组成地下审判团，进行良心执法，请杀手将该死的罪犯加以枪决的故事。——译者注

不能忘记去保护那些一直被推崇的价值观念，它们才是社会的中坚力量，尤其是人们的隐私权。计算机的问世不仅意味着我们处理事务的效率比以前提高了，也同时提高了我们的隐私被侵犯的几率。每天美国人都被迫向各种商家及他人提供个人信息，但却完全无法控制信息的流向……那些数据记录为外人提供了一扇窗，他们能从中窥视我们内心的爱与喜恶。"[15]

参议员莱希还提到，由尖端记录保存系统对每笔交易产生的信息的记录、存储和事无巨细的跟踪，是一种新型的、更微妙的且无处不在的监控形式。"这些将利益建立于隐私之上的'信息库'直接影响着人们能否表达自己的观点，能否与他人结社，享受宪法所保护的自由与独立。"[16]

立法者们以宪法中的隐私权为根本，通过了一条禁止公开私人音像租看记录（放在当下，则是人们在Netflix上的视频观看记录）的法案。该法案不允许音像店公开"能透露个人身份的信息"——即连接客户与特定音像资料或服务的信息。对于未经许可公开此类信息的行径，个人可以通过民事诉讼来获得损失赔偿。

"人们应该能够在私下里随意读书或看电影，这是一种大家共有的本能意愿。"众议员阿尔·麦坎德利斯（Al McCandless），该法案的共同提案人，说道，"书籍和电影是有助于个人思想成长的精神维生素，个人智力成长的整个过程是一种私密的过程，是一种悄无声息的沉淀。这种私密过程应该被保护起来，不受大千世界的干扰。"[17]

如今，法庭又在应对一整套新的科技——社交网络和数据整合。人们可能会认为法官们还是会尽量去保护他们的权利，因为这些新科技所引起的问题法庭之前就已处理过——人们因为其信息被收集而隐私受到侵犯，无法掌控自己的形象和声誉。那些被收集的照片资料和电影名称等信息决定了他们所受到的评价以及所要承担的后果，比如是否被雇用、是否可以拥有对孩子的监护权等。

尽管如此，面对与社交网络有关的案件时，法庭却没能借鉴宪法的基本价值观和之前的案例。辛西娅·莫雷诺（Cynthia Moreno）是加州大学伯克利分校的一名学生，她在探访家乡加利福尼亚州的科林加（人口1.9万人）[18]后，在Myspace上以自己的名字发表了一篇帖子"颂科林加"。这首颂的开篇是，"越长大，我越意识到我有多么鄙视科林加"[19]，放上去6天后，这篇帖子即被她删除了。

科林加高级中学（Coalinga High School）的校长把这篇文章连带作者的名字一起搬到了当地的一家报纸《科林加记录》（*Coalinga Record*）上。辛西娅的父母听闻即将出版的消息之后，立即联系了该报的编辑，并解释发表这篇文章将会造成怎样的不良影响。[20]编辑信誓旦旦地答应了不会将此文发表于《科林加记录》。[21]

但这篇文章还是被发表了，刊登了该文章的报纸面世后引起了一阵轩然大波。辛西娅收到了各种恐吓和威胁，仍然居住在科林加的父母和弟弟妹妹也被牵连其中。[22]一辆汽车驶向她家，并有人对着屋子开枪，打中了她家的狗，她在襁褓中的弟弟也险些丧命，父母惊恐地逃出家门。辛西娅试图通过在报纸上重新刊登一则说明来平息此事，编辑不但拒绝了她的请求，反而又发表了一封矛头指向辛西娅的攻击性邮件。当地中学里，教师们向各班同学展示辛西娅写的文章，导致一封又一封的攻击性邮件涌向辛西娅。辛西娅父母的生意也受到了抵制，他们是墨西哥移民过来的农民，凭辛勤劳动谋生，在科林加经营一家规模不大的汽车运输公司，而这导致了他们不得不拖欠着银行的抵押贷款。

辛西娅怎么也不会预料到，自己的那几句痛骂会招来一场灾难，倒是她的几个大学朋友与她产生了共鸣，他们只不过是一群因为逃离了小镇来到外面追求自己的求学梦而兴奋不已的年轻人。在Myspace上，有几个朋友评论了她的帖子。但她无意让生活在科林加的人们看到，[23]帖子并没有冒犯镇上任何具体的个人，所以收到那些暴力恐吓时，辛西娅惊呆了。她与加州大学伯克利分校法学院的朋友谈及此事，朋友告诉她，如果要说制定法律还有一点意义的话，就是别人不经过你的允许就根本不能出版你所写的任何东西。

她和父母闹到那所高中的校董事会，要求校长出来道歉。董事会表示爱莫能助，他们又上访到州教育委员会，无果，最后又告到了位于华盛顿的美国教育部。在那里，一位热心的工作人员叫他们请律师对该学区提起诉讼。

当时，社交网络还处于起步阶段，这样的案例并不多见，辛西娅在受到多次拒绝后，终于找到了一位愿意受理此案的律师，以故意精神伤害和隐私侵犯罪起诉《科林加记录》。

法院完全驳回了辛西娅所要求的侵犯隐私权索赔。对法院的裁决提出上诉时，加利福尼亚一所上诉法庭表示，对社交网络上的帖子"抱有隐私期望是不合理的"。[24]

对故意精神伤害索赔进行审判时，一位陪审员认为，尽管校长未征得同意就将那篇帖子送去出版的行为较为无耻，但所有的恐怖威胁都是来自于社交网络上的读者，而非该报纸的读者。[25]也就是说，与社交网络相比，纸媒在这件事上发挥的作用不过是小巫见大巫。但如果帖子仅出现在Myspace上，辛西娅的家人及父母经营的小生意又怎会受到如此不堪的影响呢？正是《科林加记录》对这篇文章的刊登致使人们将矛头指向了辛西娅和她的家人。

在大陆的另一端，一位纽约法官也拒绝保护在线隐私："在想法和信息开始广泛传播的今天，监控软件、间谍软件、计算机病毒以及cookie等的泛滥，让信息极易受到拦截和被意想不到的人读到；网络隐私已名存实亡，对网络隐私的合理期待，在你果断敲击键盘的那一刻就已经不存在了，这就是今天的现实。"[26]

"因为黑客技术和数据聚合计划，网络上已没有什么是安全的了，所以你不应该再对网络隐私抱有幻想"，法庭这样认为的时候，其实是在推卸保护个人权利的责任。这无异于在说，我们不应有反对偷窥狂的法律，因为如果你的房子有窗户，大家就都会朝里看。或者说，某个社区经常发生强奸，女性就不应该期望自己"不被强奸"。如果要在任何数字信息都能被他人获取这个事实的基础上来定义隐私期望，法庭就忽略了隐私的重要社会价值以及人们常把社交网络视为隐私空间这一基本事实。

似乎20年前，隐私专家简洛丽·戈德曼（Janlori Goldman）在博克的影碟租赁记录一案的听证会上作证时，就已心系社交网络。"新的技术不仅会助长入侵性质的数据采集，也可能增强人们对个人敏感信息的欲求，"她说，"私营商家想要获得个人信息来更好地推广自己的产品，政府希望获得敏感信息来加强政治监督，而情报部门则可能会要求阅读列表以保护国家安全。这里所存在的危险是，一个被监视的社会将成为一个墨守成规的社会，愿意在主流之外追求并实践新思想的个人会变得心灰意冷……新科技带给人们与《人权法案》（*Bill of Rights*）起草时期截然不同的思想接受与交流方式。曾经存放在家中的个人文件，如今能轻易到达其他人的手中，我们的交易信息也能被易如反掌地存取。图书馆、有线电视和视频公司保存着我们的阅读和观看记录，计算机使得所有这些信息能瞬间集合到一起。"[27]

戈德曼提倡，将宪法中的根本权利运用于保护个人在线信息，而法院对社交网络案件进行裁决时其做法恰恰相反。社交网络的普及似乎让政策制定者感到无可奈何，意欲放弃对它的管理。而在此之前，一项新科技应用的普及程度越大，只会在与法律的抗衡中越来越有利于保护法规的确立，而不是让人觉得无能为力。最高法院在电话亭窃听一案中给予查尔斯·卡茨保护时是这样说的，"狭隘地解读宪法，就好比无视公用电话在私人交流中的重要作用"。

也许是因为我们还处在应用社交网络这项新科技的早期阶段。毕竟，马克·扎克伯格不到10年前才在他的哈佛大学宿舍里创立了Facebook，而宪法基本权利在窃听事件上的应用花了40年才实现。但我们不能再等上一个40年了，因为到那个时候，我们从自己电脑中所发送过的一切都已被纳入Spokeo和PeekYou这样的数据库中。学校、用人单位、贷款机构、信用卡公司和处理抚养权案件的法院已经基于社交网络里的信息做出了不利于我们的决定。

沃伦和布兰代斯的文章不仅建立了一个适用至今的隐私权保护法律框

架，还确立了一种判断新科技的方法。两位作者分析了美国宪法中固有的基本价值观以及普通法原则，为新科技案例提供了判定的依据。他们也评估了新科技是如何影响个人、组织乃至社会的。沃伦和布兰代斯不主张由个人来适应每一项新到来的科技，而是提倡由社会来保障新科技能以不违反基本历史社会价值观的方式为人们所用。

这篇有关隐私的文章发表26年后，布兰代斯被任命担任最高法院的大法官，在那里继续为宪法基本价值观在现代科技上的应用而奋斗。他还就宪法的本质写道："时间带来变化，变化带来新的环境和意志。所以，原则是至关重要的，必须拥有较宽的适用范围，而不能只定格在它最初所要限制的恶行上。宪法尤其如此。它不是三天两头就可以重新制定的法案，不是旨在临时应对那些偶然的事务。用首席大法官马歇尔（Marshall）的话来说，宪法的制定旨在'追求一种人类组织所能达到的不朽'。它关心的是未来，是迎接未来无法预言之善恶事件的一种准备。所以在应用宪法时，我们所要思考的不仅是以往的状况，更是种种可能的状况。"[28]

在沃伦和布兰代斯发表那篇论文之后，新的科学技术以更强大的势头涌进了人们的生活，有些从一开始就践踏着人们的个人权利。人们诉诸法庭来解决各种纷争，法庭进行了一项又一项的裁决。最终，支持自决权、隐私权、程序正当和个人控制权的宪法原则取得了胜利。过去的那些科学技术在刚到来时，也不受什么限制，但慢慢就被法庭和立法者置于基本价值观的约束之下了。在过去两个世纪中，法庭审视了从便携式相机到高科技医疗手段等各种新型科技成果，始终坚持着用宪法的基本原则维护和扩展人们的权利。

社交网络在我们的公众和私人生活中都起到了非同寻常的作用，但科技的前进并非一定要建立在践踏消费者保护、政府权力制约和个人权利保护这些基本价值观的基础上。如果我们同心协力，就可以制定一部以基本价值观为依据的社交网络宪法。例如，程序正当原则可以要求社交网络提前通知用户的个人信息将会去往哪里、作何用途。个人控制权原则可以保护社交网络用户的信息不被第三方使用，而且最好是通过一个未经用户选择、信息就不被公开的自动机制来实现。如今，也有一些社交网络和数据整合商允许用户在阅读附属细则后选择信息不被进一步泄露。但是倘若你连有 Spokeo 这样一个数据整合商存在都不知道，又怎么会想到去选择呢？

"Facebook 自称是一项'社会福利事业'，似乎它是 21 世纪的电话公司，"伊莱·帕里泽在《搜索引擎没告诉你的事》[29]中说道，"但是，当用户抗议 Facebook 不断改变和削弱隐私政策时，扎克伯格常会以一副'如果你不想用 Facebook，你可以不用'的买者自负的姿态耸耸肩不了了之。如果一家主流电话公司丢下一句'我们要公开你的电话内容让所有人都能听见——如果你不喜欢这样，就不要用电话'，就想逃脱干系，你一定会觉得不可思议。"[30]

今天，参议员的女婿走在街上，附近的行人就可以用智能手机拍摄他。通过 PeekYou 技术，拍下来的照片可被立即扫描并上传到在线数据库。最后，这些照片会被那些喜欢八卦的人关注，任由他们乐此不疲地去探寻他做什么职业、上不上互联网交友网站、他推特上的最新动态、最近在雅虎上搜索了什么、他的 Facebook 主页等。这张照片也许不足以让人准确认识走在大街上的这个活生生的人，它捕捉到的只是行走在大街上的一个形象，然而这个形象却转变成了一个被强加了个人生活经历的人。他的成就和愿望变得同眼睛颜色、身高一样一目了然。

柯达"恶魔"已是一个世纪之前的事了，当今的科技不再只是用相机抓拍他人的瞬间，而是试图揭露一个人的全部。

一边谱写人们的未来，一边重建人们的过去，这个时代的科学技术让人们不得安宁。面对科技的不断入侵，保护个人权利从而使人们过上充实的社会生活的需要从来如此迫切。今天，人类繁荣所需的个人及社会自由仍与美国宪法通过时别无二致。在被扭曲的公众监督和被滥用的社交网络信息面前，一部能为人民提供保护的社交网络宪法，有望让最新的科技成果向某些最古老的社会价值观看齐。

第五章

联网权

I Know
Who You Are and
I Saw
What You Did

2011年，一批埃及年轻人通过Facebook、Twitter和YouTube组织并宣传了他们的抗议计划。[1]1月15日，Facebook群组"我们都是哈立德·赛义德（We are All Khaled Said）"的创立者威尔·戈宁（Wael Ghonim）发布了一张活动报名页，鼓励埃及人在2011年1月25日发起抗议。[2]威尔最初创立这个群组是对2010年6月埃及警方杀害商人哈立德·赛义德这一事件的回应。被杀害之前，哈立德无意间获得了一段暗示警察腐败的视频。[3]视频中，进行毒品搜查的几位警官疑似正在内部瓜分没收所得的毒品和现金。其中有位警察说："是时候去度个假了。"[4]据哈立德的亲戚推断，这段视频之所以出现在哈立德的电脑上，是因为当时那几位警官正在哈立德公寓下方的网吧里通过蓝牙共享这段视频。[5]哈立德就这样把它上传到了网上，几周之后，他就被视频中的两位警察杀害。[6]

威尔在Facebook上宣布要在警察日（埃及的国家法定假日）那天发起抗议。[7]21岁的Alyouka（@alya1989262）把活动倡仪链接分享到了Twitter上，并写下："http：//on.fb.me/fBoJWT 我们16000多人1月25日要上街游行，请加入我们http：//on.fb.me/fQosDi #egypt #tunisia #revolution。"[8]几天后，26岁的阿斯玛·马夫兹（Asmaa Mahfouz）将一段YouTube视频发到Facebook上，并宣称："1月25日我们要去开罗解放广场……我们要去争取我们的权利，我们的基本人权。"[9]这段视频很快便如病毒般传播。[10]到2011年1月25日这一天，Facebook的活动页面上确定参与者已超过95000人。[11]

成千上万人聚集在解放广场上的这一刻，这场抗议活动终于从网络演绎到了真实生活中。[12]社交网络引发革命之火的力量已被彰显出来。但埃及总统胡斯尼·穆巴拉克（Hosni Mubarak）不会任由一群用笔记本电脑和手机串联起来的小毛孩威胁到自己30年的政权。[13]解放广场抗议事件两天之后，当抗议者准备使用互联网时，他们发现他们无法登录Facebook、Twitter和任何其他社交网络了。[14]穆巴拉克将这个国家的互联网拉断了。

起初，外界以为埃及政府是按下了一个物理开关，可能是将开罗的互联网交换中心（IXP）的设备关掉了。[15]互联网交换中心是各互联网服务提供商融合互联、交换流量和连接其他国家提供商的地方。[16]然而美国的一家互联网监测公司Renesys观察到的情况却不同于人们的猜测，埃及的互联网关闭"并不是一件前端瞬间发生的事情"。[17]事件时间表显示，埃及5大互联网服务提供商中的4家都在1~6分钟之内中止提供互联网服务。因此，Renesys推断并不存在一个能瞬间中止一切互联网活动的红色大按钮，而是埃及政府要求这4家网络服务提供商中止其互联网服务。这些互联网服务提供商很可能撤回了其边界网关协议（互联网服务提供商通过边界网关协议将用户的IP地址传送给其他互联网服务提供商，由此建立连接）。这样做的结果是，用户的IP地址不再能为其他互联网服务提供商可见，于是用户无法通过互联网与世界其他地方取得联系。连续4天，只有诺尔集团（Noor Group）的互联网服务提供商正常运转，可能是因为它承载着埃及的证券交易。然而到了2011年1月31日，诺尔集团也停止了服务。[18]

　　尽管穆巴拉克政权封杀了互联网和移动电话服务，人们仍然继续走上街头游行示威。[19]抗议者们还找到了巧妙的方法将信息一点一点地发到了社交网络上。有些人通过传真和拨号上网的调制解调器，不惜昂贵的国际长途费用，接入埃及境外的互联网服务提供商。[20]另外一些人，尤其是那些居住在边境的人，则能蹭到周边国家（如以色列）的手机信号，绕开这一互联网壁垒。

　　居住在国外的埃及人无法直接收到亲人的讯息，便在名为"第二人生（Second Life）"的虚拟世界中聚集于一个名为"埃及"的"岛屿"上；用带着标语的头像表达对埃及抗议者的支持，大声播放阿拉伯音乐，通过语音对阿拉伯世界里的埃及政治进行实时讨论。[21]沉浸在这个数字广场里的人们对解放广场上所充斥着的那种激情感同身受。他们还会通过"第二人生"发送有关如何秘密与身在埃及的人们取得联系的指导[22]。

　　如果说封杀互联网有什么意义的话，那就是更加坚定了抗议者的决心，并且埃及政府也发现了封杀互联网要付出昂贵的代价。终于，在2011年2月2日上午，政府恢复了互联网服务[23]。据经济合作与发展组织（OECD）估计，在互联网服务被关闭的5天时间里，埃及互联网服务提供商的收入损失至少为9000万美元。[24]这一数据还不包括电子商务、旅游、IT和呼叫中心等其他领域所受到的次级经济影响。

　　抗议活动仍在继续。2011年2月11日，穆巴拉克辞去总统职位。在他辞职之后，开罗城市内到处涂鸦着对社交网络的感激之情，"谢谢你，Facebook"。[25]甚至还有一位父亲把自己刚出生的女儿取名为"Facebook"，以此来纪念它在2011年1月这场革命中所起到的重要作用。[26]

　　三个星期以后，利比亚也从互联网上消失了。[27]不同的是，埃及政府是让互联网服务提供商关闭服务，而利比亚的边界网关协议仍显示网络处于开放状态，[28]但没有数据流量。Renesys的联合创始人兼首席技术官詹姆斯·考伊（James Cowie）对《国际商业时报》（*International Business Times*）说："这就好像世界末日之后的一幅景象，道路在那里，但没了车马人流。"[29]

利比亚主要的互联网服务提供商利比亚电信与科技（Libya Telecom & Technology）是国有企业，垄断了整个利比亚的国际互联网网关。[30]最有可能的情况是，利比亚政府命令该公司的运营人员将服务器端接收数据的速率调低至零，这样就没有数据可以进出了。[31]所以，尽管技术上利比亚的服务器仍然在线，但它们已不能发送和接收数据，这使得利比亚的互联网名存实亡。

与此同时，美国国会也在考虑该国互联网是否也需要一个杀手锏式的总开关——但不是用来封杀异见分子的声音，而是应对网络恐怖主义。埃及革命发生之前，参议员约瑟夫·利伯曼（Joseph Lieberman）、苏珊·柯林斯（Susan Collins）和汤姆·卡泊（Tom Carper）共同提议了《2010年像国有资产一样保护网络空间法案》（*Protecting Cyberspace as a National Asset Act of 2010*），根据此法案将设立一名联邦网络空间政策主任，担此职位的人有权对互联网服务提供商发出紧急停机指令。[32]

但在美国封杀互联网并不会如在埃及和利比亚那样容易，因为这两个国家的互联网服务提供商屈指可数。[33]埃及政府可能打几个电话就能实现互联网管制，因为这个国家总共只有5家主要的互联网服务提供商，而只有一家主要的互联网服务提供商的利比亚则更省事。但在美国，全国共有2000~4000家互联网服务提供商，其中很多都是私营的。[34]如果要复制埃及的互联网管制模式，美国政府得拨出上千通电话，而且对方不见得就会乖乖听命行事。[35]

不过，美国政府可以通过同时锁定最大的互联网服务提供商、交换中心和无线服务提供商来在互联网上做点手脚。美国排名前5位的互联网服务提供商——AT&T、康卡斯特、跑路者（Road Runner）、威瑞森通信（Verizon）以及美国在线[36]——占据了整个国家一半的互联网市场，而前10名则占了70%。[37]

美国国土安全部正在研究另一种方案——为通过路由而在互联网上往来的数据添加数字签名，以此相互建立连接，这样，互联网服务提供商和企业就能对信息进行认证，防止黑客混淆数据走向。一旦为路由数据添加数字签名，管理数字签名的机构将能够拒绝来自国内甚至国外的互联网服务提供商中未认证IP地址的路由数据。[38]这种机制将改变互联网的"开放"这一基本理念，使该领域变成一个由联邦政府把持整个美国乃至世界网络通信的局面。[39]

私营企业已经在为美国安全机构和外国政府提供技术支持，对可疑异见分子的在线传输内容进行监控。纳鲁斯（Narus）是一家总部位于加利福尼亚州的互联网过滤和监控公司。2006年，其营销副总裁史蒂夫·班纳曼（Steve Bannerman）向Wired.com介绍了纳鲁斯强大的互联网监测技术产品。"任何（由互联网协议网络）进来的信息，我们都能记录下来，"班纳曼说，"我们能重现他们的所有电子邮件，连同附件，能看到他们点击了什么网页，还可以重现他们的语音通话。"[40]

2006年晚些时候，AT&T公司的资深技师马克·克莱恩（Mark Klein）终于明白了AT&T公司与美国国家安全局之间奇妙的关系。[41]尽管如此，克莱恩始终对他所知道的缄口不言，直到新闻爆出乔治·W.布什（George W. Bush）总统授权国家安全局（无证）监听与基地组织有可疑关系的美国人。在随后的电子前线基金会（Electronic Frontier Foundation）起诉AT&T助纣为虐，帮助国家安全局侵犯客户隐私的集体诉讼中，又爆出国家安全局通过AT&T网络监查电话和电子邮件通信信息所使用的设备是由纳鲁斯公司制造的[42]。这起诉讼在2009年被驳回，理由是根据联邦反恐法律，该公司拥有豁免权。[43]2010年，纳鲁斯被大型国防承包商波音（Boeing）公司收购，成为运营波音公司国防业务的子公司。[44]

美国政府可能具有阻断或监测网络通信的法律和技术力量，这令互联网用户担忧，人们开始讨论能否建立一种可以避开政府潜在限制的民用互联网无线设备。随着对开关管制的反对声音不断壮大，在埃及封杀互联网期间，奥巴马总统参加了YouTube的"全景世界（World View）"栏目，声明美国不可能对互联网进行类似的管制。让人惊讶的是，这位总统谈及社交网络时，让人感觉社交网络似乎已经被置于宪法的保护中，他主张："有一些核心价值观是我们作为美国人所应该信仰的，并且我们坚信这些价值观是普世的，它们包括言论自由、表达自由，以及人们使用社交网络或任何其他机制来相互沟通及表达关切的自由。"[45]

社交网络以其惊人的力量为基本权利注入了新的活力。它是对结社自由、出版自由和表达自由的提升。大到推翻一个政府小到宣告婴儿出生，它可以被用在任何事情上。Facebook、Twitter和Myspace已经成为了我们生活、工作和娱乐的中心，它们在塑造作为个人的我们以及塑造整个社会中起着重要作用。我们的社交网络宪法中应该包括联网权吗？如果是，这项权利的法律依据是什么，应涵盖什么内容，具有什么限制？

大多数的基本权利都指向个人——如自由权、隐私权、言论自由等。但联网权还将为提供连接服务的组织提供保护，就像与个人言论自由相对应的出版自由一样。

出版自由的思想最初萌芽于17世纪，应法律限制信息与观点（尤其是有关政府的信息及观点）的传播而产生。在英格兰，直至17世纪末，未获得国家授予的许可证，人们是不能出版任何东西的。公众对政府的批评不仅违法，当事人还可能被判处死刑。

这些举措遭到了哲学家约翰·弥尔顿（John Milton）的谴责。他认为，"思想市场"——即让公民能获得所需要的信息来质疑或支持他们的思想——对民主来说至关重要，公民需要能够对比权衡不同的观点来做出正确的政治决定。约翰·斯图亚特·穆勒（John Stuart Mill）的哲学专著《论自由》（*On Liberty*）提出了现代民主的基本原则，同样主张个人言论自由的几近绝对性——只应在会对他人造成伤害时加以限制。

当美洲大陆的殖民者着手来表达他们的基本价值观时，他们采取了一系列措施来维护弥尔顿的"思想市场"理论。他们摒弃了英国政府的出版许可做法，也不再对政府批评者施以刑罚。实际上，他们觉得政治言论，尤其是批判政府的，是一种应该受到高度保护的表达形式。毕竟，这些殖民者正是出于对英国政府的不满才发起革命的。革命的成果是美国宪法第一修正案："国会不得制定关于下列事项的法律：……剥夺言论自由或出版自由。"

如今，美国国务院在向全世界宣传美国的出版自由。在一份被翻译成多种语言的出版物上，美国国务院指出："出版自由也是人们所拥有的一种宝贵权利，但它不同于人们所享有的其他自由，因为它既有关个人也有关制度。它不仅包括一个人将其个人思想出版发行的权利，也包括各种媒体表达其政治见解和公开报道新闻的权利。"[46]

美国国务院承认："准确的信息并不总是来源于政府，也可能来自独立的信息源，对自由和民主的维护依赖此类来源的完全独立和无所畏惧。"

出版自由还包括匿名出版的权利——这也是英国法律所不允许的。匿名权是对言论者步入思想市场的鼓励，因为拥有了这项权利，他们无需顾虑是否会遭受人身报复、经济损害、社会排斥或隐私侵犯。[47]不过美国最高法院表示，匿名不仅意味着人们能够在表达思想时躲避迫害，也为一些特殊人群提供了渠道，使他们得以在听众没有被先入为主的观念左右的情况下，将信息传递给大众。[48]

在美国宪法背后起推动作用的那些政治文章大部分都是匿名的。尽管美国宪法撰写于1787年，但它还要获得13个最初殖民地中至少9个的认可才能生效。1788年，三位国父——亚历山大·汉密尔顿（Alexander Hamilton）、詹姆斯·麦迪逊（James Madison）和约翰·杰伊（John Jay）——共同出版了重要文献：《联邦党人文集》（*The Federalist Papers： A Collection of Pa-*

pers in Favor of the New Constitution）。作者没有使用自己的真名，而是使用了普布利乌斯（Publius）这个笔名，这个名字来源于他们所尊敬的普布利乌斯·瓦雷列乌斯·普布利库拉（Publius Valerius Publicola），他帮助推翻了古罗马君主制，并在公元前509年成为古罗马执政官。《联邦党人文集》中收录的文章很有说服力，最终在1789年促使各州加入进来，使宪法正式生效。

有关出版自由和匿名保护范围的法律纠纷一直持续至今。美国最高法院已认可将新闻采访权也纳入出版自由中。[49]另外，尽管早期法庭案件保护的是政治表达中的匿名权，[50]在后来的一些案例中，法庭也会为非指向政府的匿名言论提供保护，比如对某个公司的匿名批评。[51]

约翰·斯图亚特·穆勒的观点是：在对他人造成伤害时，言论自由应该受到限制，在少数特定的情况下应对言论自由和匿名权予以制约。匿名保护应与其他社会利益进行权衡，[52]应与针对不法者的如法律索赔权进行权衡[53]。

社交网络和互联网开创了今天信息爆炸和连接纵横的局面，使身处五湖四海的人们可以快速便捷地相互交流，网络变成了大多数人的信息渠道。Google Books可以提供1500多万册图书供人们阅读，[54]这大约相当于世界总图书量的12%。[55]突然之间，"思想市场"从一个家旁的小店变成了明尼苏达州的美国商城（Mall of America）。

新科技让匿名表达变得更加容易。通过隐藏IP地址的代理服务器（如WiTopia、Cryptohippie或Identity Cloaker），人们就可以既方便又廉价地匿名发帖。[56]如果某些特殊网站需要注册，发帖者还可以再次使用代理服务器来创建一个新的电子邮箱。诸如Tor[57]之类的匿名软件帖能在隐藏IP地址的情况下通过一系列网络来传递信息。[58]这种软件的存在主要是为了预防"流量分析"（一项可以查明某台电脑所访问过的网站的技术）。

社交网络、网站访问和匿名软件空前丰富了互联网上的政治讨论。在美国政府的最高层，使用社交网络——或者更广泛地说，使用互联网——的权利正在逐渐成为一种基本价值观。"个人自由表达观点的权利、向领导者请愿的权利、根据信仰进行崇拜的权利——这些都是普世的，不论行使的场所是公共广场还是个人博客。"国务卿希拉里·克林顿（Hillary Clinton）说，"集会和结社自由也适用于网络空间。"[59]

因为国父们的高瞻远瞩，美国宪法所表述的基本价值观范围是足以涵盖互联网言论自由的，美国最高法院已对网络空间话语的重要性表示认可。"聊天室的使用可以使任何有电话线的人成为街头公告员，并且其声音要比站在街头演说台上传播得更远。"这是"雷诺诉美国公民自由联盟"（Reno v. ACLU）一案中法庭的观点，"通过使用网页、邮件列表服务、新闻组等，每个人都可以成为一名时评手册的作者。"[60]

网络匿名也正在受到保护。在"多伊诉2TheMart.com"（Doe v. 2TheMart. com）案件中，华盛顿联邦法庭在提到互联网"让世界各地的人们得以自由实时地交流思想和分享信息"时，暗示了网络匿名的一项特殊价值，即能够加大"思想交流的尺度，增强了其丰富性和多样性"。[61]法庭不同意强制公开投资网站上发帖者的身份——这名发帖者宣称2TheMart.com诈骗客户。[62]然而，法庭也意识到匿名在另一方面也能助长不法行为，不法分子可以有恃无恐地用匿名的方式来实施诽谤、侵权等罪行。[63]这些问题也是切实需要解决的。

与美国宪法相似，联合国《世界人权宣言》也有以下表述："人人都享有言论自由的权利；此项权利包括持有主张而不受干涉的自由，以及通过任何媒介且不论国界传递信息和思想的自由。""数字言论自由（包括访问社交网络的自由）"能有力发扬联合国所提倡的其他基本权利，如结社和集会的权利、受教育的权利、参与文化生活的权利。[64]不过无国界记者组织（Reporters Without Borders）表示，世界上三分之一的人口所居住的国家都没有出版自由。对于这些国家的人们，社交网络可以为他们开拓传统政府所不会给予的新的信息渠道。

一些国家已声明将连接互联网和访问社交网络的权利列入基本人权当

中。2009年6月，法国最高法院宣布"'自由地交流思想和观点是人最宝贵的权利之一'……公共网络通信服务得到了广泛的发展……在参与民主的过程中，思想和观点的表达是如此重要，这项权利便意味着享用这些服务的自由。"[65]

与传统纸质媒体相比，Facebook和Twitter的即时通信可以使抗议者抢在通信被关闭之前就将信息发送出来。对于有实体建筑的报社或电视台，警察能够进行突袭，而Facebook和Twitter上的匿名信息则无迹可觅，让警察也无可奈何。

爱沙尼亚将公民连接互联网并从互联网上获取信息作为一项宪法权利进行保障。[66]人们有权花费合理的价钱就近访问互联网[67]——甚至在无法支付费用时免费访问。[68]其结果是，爱沙尼亚如今成了数字化最先进的国家之一。从出版自由方面来说，它也位于全世界领先行列。根据无国界记者组织公布的2010年新闻自由指数（2010 Index of Press Freedom），178个国家中美国排名第20，榜上排名靠前的是北欧的一些国家，其中爱沙尼亚排第9，法国第44，以色列第86，埃及第127，伊朗第175。[69]

这些排名所看重的不仅是一个国家口头倡导什么，更是它的行动。仅仅承认言论自由或新闻出版自由是不够的。在"解放广场事件"发生之前，埃及宪法中已有规定明确表示"新闻、印刷、出版自由和大众传媒都将获得保障"。[70]尽管如此，埃及政府仍对新闻报业实行许可证制度，并通过其作为三家最大的报纸的共同所有人的角色，控制着它们的内容和发行。[71]批判政府的记者和博客作者都会受到骚扰甚至监禁。单在2009年1月至3月，这个国家就有57位记者因为反政府言论被带上法庭。在博客上诋毁总统、报道劳资纠纷和评论宗教问题都可能会招来牢狱之灾。[72]

联合国人权理事会对互联网中的言论自由进行了评估。根据一份2011年由理事会委托危地马拉人权律师弗兰克·拉·鲁（Frank La Rue）编写的报告，确定言论自由应该包括：（1）基本不受限制地访问网络内容；（2）获得访问网络内容所需要的物理和技术基础设施。报告还指出，各国应着重"推进所有个人对互联网的访问，并尽可能地减少对网络内容的限制"。[73]该报告号召各国保障个人匿名使用互联网的权利，同时警示政府勿监控和收集有关个人的互联网通信信息，因为这将"妨碍在线信息和思想的自由流通"。[74]报告提倡互联网自由只有在极少数状况下受到限制，比如国家安全受到威胁时。

与社交网络及互联网相关的权利也成了2011年八国集团首脑会议上的焦点。八国集团领导人在一份宣言中对此次峰会所讨论的话题进行了总结："对公民而言，互联网是一项独特的信息和教育工具，因此，互联网可以帮助推动自由、民主和人权。不仅如此，它还促进了新商业形式的形成，提高效率、竞争力和经济增长。政府部门、私营领域、用户以及其他利益相关者要发挥各自的作用，创造一个合适的环境，使互联网以平衡的方式繁荣发展。2011年，在法国多维尔，各国领导人——包括互联网经济行业内的一些引领者——首次在几个关键原则上取得共识，其中有言论自由、对隐私和知识产权的尊重、多方利益相关者治理、网络安全和犯罪预防。这些原则将为互联网世界的强大和繁荣提供支撑。"[75]

是否应对社交网络宪法中的联网权有所限制？联合国报告给出的建议是：即使认为政府或私营单位有理由对人们的联网权加以限制，这种限制也只能发生在保护其他权益或推进重要社会目标（如保卫国家安全）过程中的万不得已的情况下，并且要使限制程度尽可能轻微。

但我们要提防国家安全成为幌子，因为它可能吞噬掉联网权。毕竟，在17世纪的英格兰，批判政府也会被定为有损国家安全的行为而受到惩罚，即便批判意见是正确的。而在美国，规则恰恰相反，其立国之本是"思想市场为民主所必需"这一观念。政治言论即使有谬误，也会受到保护。如有公众人物被出版物诽谤或诬告，该出版物也无法受到起诉，除非他们已提前知晓材料不正确而恶意为之。[76]

维基解密（WikiLeaks）因公布来自世界各地250多所美国大使馆的251287封电报而受到抨击，因为这一举动被认为让一些政府官员陷入尴尬境地，有损情报工作，在出版自由上走过了头。但这种挑战式的、令人尴尬的、甚至侵犯隐私的可能事件正是国父们最初就考虑到的。他们愿意支持出版自由，即使有一天会被它反噬。

当国父亚历山大·汉密尔顿与玛丽亚·雷诺兹（Maria Reynolds）的婚外情在一本收集了二人往来信件的小册子中爆光时，他没有为此失掉对出版自由的信仰。相反，他亲自发文承认了这桩风流韵事。尽管沦为新闻的靶子，汉密尔顿仍未改对出版自由的坚定支持。后来，纽约一家联邦党报纸《黄蜂》（The Wasp）的编辑哈利·克罗斯威尔（Harry Croswell）被指控以叛国罪诽谤总统托马斯·杰斐逊（Thomas Jefferson）时，[77]汉密尔顿还为他做了辩护。汉密尔顿说："在我的观念中，出版自由包括本着良好的动机为正当目的公开真相，不论所反映的是政府、法官，还是个人。"[78]遭受过诽谤的杰斐逊也依然认为言论自由是非常重要的。"这些报纸满是谬误、中伤和鲁莽，"他曾对一位朋友说，"但说错话和辱骂是他们的权利，我要给予保护。"[79]

美国国土安全部引入数字签名从而通过DPI技术窥探个人通信，这类手段也许会让人们对政治言论自由感到心寒。不过，他们确实有理由为网络安全感到担忧。2010年9月，伊朗出现了一种专门攻击电网和其他工业设施的计算机病毒，该病毒侵入伊朗位于纳坦兹（Natanz）的核电站。[80]病毒名称为"震网（Stuxnet）"，是首个以发电站等物理基础设施为攻击目标的计算机病毒。[81]它首先记录核电站仪器正常运作时的读数，然后将这些读数恶作剧式地传送给工厂操作员，并在这个过程中使离心机运转失常。[82]该病毒延缓了伊朗的核计划。

参议员利伯曼认为，"震网"病毒的出现恰好印证了他此前所提出的为美国互联网建立关闭机制的议案。但即使存在一种总开关式的机制，也无法阻止"震网"重新编写离心机电机的运行程序，进而入侵到伊朗的核设施。这是因为这一病毒的攻击目标是工业系统，而工业系统通常不会被连接到能在源头上防御此类攻击的互联网上。这就说明，病毒是通过其他方式——如USB接口——来对使用Windows操作系统的电脑进行攻击的，并且一定是被手工植入到计算机中的。[83]

据互联网安全专家乔纳森·吉特仁（Jonathan Zittrain）所言，在大规模的计算机病毒或恶意软件攻击事件中，"尚不清楚政府干预是否会起作用"。不过他指出互联网服务提供商会尽其所能来防御攻击，政府"绝不会比互联网工程师更清楚是怎么一回事"。[84]事实上，美国国土安全部的签名系统可能会因为更高的信息集中性而变得更加易受攻击，因为这些签名可帮助锁定攻击目标。即使政府有更大的能力监控互联网，其所能收获的安全利益也不足以抵消言论自由和匿名权被侵犯所需付出的代价。

跟踪和拦截在线信息的技术削弱了联网权。在埃及的抗议活动之后，有消息透露是纳鲁斯把其DPI技术卖给了埃及电信（Telecom Egypt，由埃及政府控制的互联网服务提供商），这无异于助长了政府对异见分子和公民的暗中监视。

2011年2月10日，美国众议院外交事务委员会的"埃及和黎巴嫩最新局势"听证会上，众议员克里斯·史密斯（Chris Smith）指出，纳鲁斯将DPI技术售予埃及，可能会被埃及政府用来"识别、跟踪、骚扰甚至拘留"该国持不同政见的记者。[85]美国如何保障售予其他国家的DPI技术"不会阻碍人权的推进，或者再糟糕一点，不会沦为暴力的工具"？[86]众议员比尔·基廷（Bill Keating）这样质问副国务卿詹姆斯·斯坦伯格（James Steinberg）。基廷将社交媒体工具比作军火，极力提议建立一项法案来"制定国家战略以防止美国的技术落入侵犯人权者之手"。[87]他说，他为互联网检测科技（如DPI）建立提议的法规，"如终端用户监测协议等，就相当于我们向国外售卖军火时所需制定的那些保护措施"。[88]美国向国外输出军火时，会与购买国签署终端用途监督协议，对军火的使用加以各种限制。[89]这些限制包括军火所不能用于的对象和用途。而当焦点放在其他国家如何运用跟踪技术这一问题上，国会可能已经忽略了这项技术在美国本身的使用情况。

联网权受到私人限制而非政府限制时又该如何处理？比如，出于知识产权的考虑，某人的联网权或信息发布权受到限制之时。答案是，即使在这种情况下，也应该优先考虑联网权。法国颁布了一项法律，授权警方跟踪互联网用户以确定他们是否有剽窃在线版权资料的行为，收到过两次警告后仍继续非法下载的用户将被自动断网。[90]法国最高法院即宪法委员会认为，这条法律违反了"人们（尤其是在自己家中）自由表达和沟通的权利"。该法使政府得以监控人们的网络活动，[91]有违宪法对个人隐私的保护；未经司法听证就禁止嫌犯使用互联网，是对联网权的侵犯。同时，它也与联合国调查报告结果——"以知识产权为依据来阻止个人访问互联网是不合理的"——背道而驰。

版权法也被当成了不让消费者说话的工具。社交网络和更普遍意义上的互联网已经让人们有自由地交流观点以及点评场所、服务、专业人士的权利。在美国，从数量上说，医生和餐馆不相上下，而关于餐馆的点评多如牛毛，有关医生的评论却寥寥无几，尽管对于人们的生活而言，选择什么样的医生治病比选择什么样的餐馆吃饭要重要得多。互联网正改变这种情况，患者开始将他们对医生的评价发布到网上，如今有些医生会强制要求患者签订一份合同，在合同中声明患者对该医生所做的一切评论，著作权归医生所有。这样一来，如果评论是负面的，这位医生就可根据《数字媒体版权法案》（*Digital Media Copyright Act*）将其从网上撤下来。就如有人非法发布了索尼影业（Song Pictures）的新片，公司可依据著作权要求他撤销发布。

为了解决这个问题，圣克拉拉大学的高科技法律研究所和加州大学伯克利分校法学院的"萨缪尔森法律、技术与公共政策研究所"，联合创办了网站"医评网"（Doctored Review），以帮助患者、医生以及点评网站运营者认识和理解"防差评合同"所带来的问题。[92]医生这种明显反对消费者、限制自由表达的做法是不会被社交网络宪法中的联网权所允许的。

1787年，托马斯·杰斐逊宣布："人们的意见是政府的根基，所以我们的首要目标正是维护人们表达意见的权利；如果要由我在无新闻的政府和无政府的新闻中二者择其一，我会毫不犹豫地选择后者。"[93]随着 Facebook 和 Myspace 跨越国界的扩张，它们所吸引的人口数量渐渐多于任何一个实体国家，社交网络已经好比一个庞大的无政府媒体。那么，这个媒体该如何自治呢？

社交网络能为出版自由、结社自由和言论自由注入活力。然而，即使在社交网络遍地开花的自由民主国家，联网权也受到了威胁。为了打击恐怖主义而膨胀的政府权力取消侵犯版权者网络访问资格的举措，以及其他科技和政策成果，都会不合时宜地干涉人们的基本权利。

我们建立的社交网络宪法应从联网权入手。这项权利能推动网络空间内的言论自由，使其他基本自由，如《世界人权宣言》所提倡的那些自由，成为可能。我们的联网权不应因为担忧知识产权受到侵犯而受到限制，也不应受限于概念模糊的国家安全。联网权不应被任何秘密在线监控技术削弱，包括 DPI、cookie 和网站抓取器等技术。这些跟踪技术不仅有违客户的隐私权，还阻碍了那些会壮大在线思想市场的活动。[94]人们对网络安全信心的日益下降，会导致信息的自由流通也每况愈下。

我们的社交网络宪法还应保障匿名权。对互联网的匿名使用不仅有助于保护基本权利，还可以为个人提供人身安全保障，让他们自由地表达观点、积极地参与民主活动。"互联网匿名使普通老百姓也愿意参与公共论坛，从而平衡权力差异，并成为公众话语中的一股民主力量。"佛罗里达大学莱文法学院的法学教授莱瑞萨·巴尼特·利斯基（Lyrissa Barnett Lidsky）如是说。[95]但同时，网络匿名也可能会因为庞大的受众和便捷的复制转发操作而放大某些伤害，例如一项诋毁，并使事实变得难以澄清。[96]

Facebook的营销总监兰迪·扎克伯格（Randi Zuckerberg）曾在2011年扬言："网络不应该再匿名。"[97]还是谷歌CEO的时候，埃里克·施密特（Eric Schmidt）也曾为匿名贴上"危险"的标签，并建议政府要求用户进行身份验证。[98]摆脱匿名能帮助Facebook和谷歌提高利润（因为他们都依靠人们的私人信息来赚取广告费）。但如果真的禁止匿名的话，会造成严重的伤害。2011年埃及革命中，因为可以识别在网上发布消息的抗议者的身份，部分人因之入狱。所以，禁止匿名相当于为政府迫害个人和团体助纣为虐。

对可识别用户的数据整合能迅速让这些人成为受攻击的目标，甚至原本只是用来服务于良性目的的信息后来也可能会带来致命伤害。

在《删除：大数据取舍之道》（Delete：The Virtue of Forgetting in the Digital Age）一书中，维克托·迈尔－舍恩伯格（Viktor Mayer-Schönberger）描述了在20世纪30年代荷兰政府是如何创建登记制度来跟踪了解公民活动的。该系统记录了每一位公民的"姓名、出生日期、住址、宗教信仰和其他个人信息"，目的是为了方便政府管理和制定福利计划。然而在第二次世界大战时期，纳粹入侵荷兰时占据了这个系统，并借此来追杀荷兰的犹太人和吉普赛人。舍恩伯格说，被重新利用起来的系统信息如此全面，以致纳粹通过它找出了70%的荷兰犹太人，并把他们残忍地杀害了。相比之下，在比利时和法国被杀害的犹太人要少一些，分别为40%和25%。[99]

当然，无限制的权利也能造成严重的伤害。在一些情况下——如儿童色情、仇恨性言论、煽动种族灭绝等，限制联网权倒是不违背常理。但尽管政府或私人组织限制联网权的理由是因为对其他种权益的保护，具有一定社会价值，这种限制也应以尽可能轻的程度进行。

社交网络让思想市场得到了空前的繁荣，同时增长的还有来自消息发布者和消息相关者的担忧。人们上传到Facebook和Myspace页面上的照片和文字为他们带来了工作、司法或学校方面的麻烦；在社交网络上所发表和分享的内容，也可能侵犯到了其他人的隐私或无意中散布了关于他人的谣言。同任何一部宪法一样，对于联网权是否需要某种程度上受限于其他权利，我们需要进行艰难的决断。比如，在网络之外的现实世界中，新闻自由在刑事案件中常常必须与其他宪法权利放在一起权衡，如保护新闻自由的同时必须考虑被告接受公平审判的权利。我们的标准应该是约翰·斯图亚特·穆勒所提议的：只要不对个人造成实质性的伤害，我们都应不遗余力地支持言论自由。在这样的理念下，政府有关潜在安全问题的顾虑以及商业中的知识产权担忧都将显得惨白无力，我们真正应该关心的是如何进一步推动深化连接、政治对话和社会交流。

那么，我们要如何在不侵犯其他基本权利的前提下，推进基本的连接自由呢？这是我们在创建和评估社交网络宪法的其他条款时要解决的一个关键问题。

第六章

言论自由

I Know
Who You Are and
I Saw
What You Did

18岁的尼克·艾米特（Nick Emmett）是华盛顿坎特湖中学（Kentlake High School）好学生的典范，有着平均绩点3.95的好成绩，是篮球队的副队长，从来不给老师和家长惹麻烦，对待功课态度很认真。英语课上，老师让学生为自己编写一篇讣文。放学后回到家里，尼克意犹未尽，又半开玩笑地伪造了两个朋友的讣告，并把它们发表在一个名为"坎特湖中学非官方主页"的山寨网站上。他的讣告颇受朋友们的喜欢，以至于很多其他学生开始请他也为自己写。于是他把网页修改了一下，由朋友们来投票决定他下一篇讣文写给谁。

从这里开始，事情就乱了套了。

在后哥伦拜恩时代[①]，"死亡"与"学生"之间所能产生的任何关联都是煽动性的。当地电视新闻将他的网页描述为一份"暗杀名单"，于是尼克立刻删除了网页。没想到，第二天他被叫到校长办公室，校长准备以恐吓、骚扰、扰乱教学过程、违反坎特学区著作权（体现在他将学校形象用于山寨网页）等罪名开除他。最后开除改为停课5天，并取消了他参加一场重大篮球赛的资格以示惩罚。[1]

在南卡罗来纳州，一位名为杰森·布朗（Jason Brown）的消防救护人员使用Xtranormal网页小程序制作了一个动画视频，上传到Facebook。[2]在这个时长3分钟的视频中，一个看着像乐高消防员的卡通人物接到医院急诊室医生打来的911电话。这位医生想让急救员把患者送去另外一个医院。他说病人感冒有10天了，到达医院已8小时。当急救员问起病人接受过什么治疗，医生说"其实什么都没有"，并解释说："电视正在直播比赛，我们连广告也不想错过。"这位急救员觉得不放心，依然坚持让医生先对患者进行基本护理。

第二天，杰森的老板，即该消防救护服务部门的主管，就因为这个视频把杰森炒鱿鱼了。在雇用终止书中，老板说："这个诋毁性的视频表现出杰森较差的判断力。……这种视频让部门处境难堪，我们的公众形象以及与科勒顿医疗中心（Colleton Medical Center）的良好合作关系都受到了伤害。"[3]然而，事实上，视频中并未对医生、救护技术员（EMT）或医院指名道姓。

美国宪法保护表达自由——以上案例中，学生和消防员都以为他们所从事的是一项可受法律保护的创造性活动。公民享有自由言论权已众所周知，最高法院已声明，中学生的言论自由包括出版校报和佩戴黑色袖章来反对战争。根据州法，进行匿名检举或指出工作环境不足之处的员工，其基本权益应受到保护。联邦法律也保护对工作条件进行批判的员工，从而鼓励人们为

[①] 哥伦拜恩校园事件：1999年4月20日，美国科罗拉多州杰佛逊郡哥伦拜恩中学（Columbine High School）发生的校园枪击事件。——译者注

改变而采取集体行动。

然而，与线下言论所受到的保护迥异的是，人们在 Facebook 和其他社交网站上行使表达权后会遭受处罚。就因为在互联网上发布了对教师或辅导员的负面言论，或讽刺了几句学校破旧的硬件设施及资源[4]，成绩优等的学生被勒令休学、开除或者被上诉至少年法庭。[5]同样，雇员在帖子里说老板坏话也会莫名其妙地丢掉饭碗。

自由言论的风险颇高。在很多中学，学生的成绩可以因为旷课 10 天而被降低整整一个等级（比如说，每科成绩被从 A 降到 B）。[6]如果学生因为在社交网络上的“不良”言论而被停学 10 天，那么他/她的成绩可以从及格降到不及格，或从常春藤名校降级到一所小镇上的大学。

这正是密苏里州一位初中生布兰登·毕右辛克（Brandon Beussink）的亲身经历。布兰登自己在家里建了一个山寨网站，在上面批评学校的教师和行政人员。[7]他让一位好朋友看自己的网站，没想到这位朋友后来竟把网站给老师看。看了网站的教师直接跑去向校长报告，结果校长用休学来惩罚布兰登，并人为地降低他的成绩。这意味着他所有的科目都变得不及格了。

另外一个例子是贾斯汀·雷肖克（Justin Layshock）的。[8]他是一位很有天分的学生，入学后即进入进阶课程，并多次在校际学术竞赛中获奖。他在 Myspace 上恶搞校长，伪造了一份校长“简介”。为了惩罚他，校长把他从进阶课程中开除，同那些学习有困难的学生安排在一起。

宾夕法尼亚州则有一名教师也因为在自己的 Facebook 上吐槽而受到迫害，她是东斯特劳斯堡大学的副教授格洛丽亚·加兹登（Gloria Gadsden），在 Facebook 上发布的那些动态让她被勒令停职。其中一条动态写的是：“今天过得还不错，一个学生都不想杀（笑脸表情），如今的星期五变得不一样了。”[9]另一条动态是这样写的：“有没有人知道从哪里可以雇到一名谨慎的职业杀手？不错，今天就是这个情绪。”[10]尽管格洛丽亚最开始将页面设为不公开，而且没有加任何一位学生为好友，但在 2009 年 12 月 Facebook 更改了她的设置以后，这些内容就在她本人不知情的情况下变得为公众可见。[11]其后，一位学生向学校行政部门报告了她的这些言论，[12]校方勒令她停职一个月，并强制性要求她重返工作之前进行一次心理健康评定。[13]负责学术事务的副校长兼临时教务长玛丽莲·威尔斯（Marilyn Wells）说："考虑到校园安全，学校有义务严肃对待任何威胁因素，并采取相应的行动。"[14]

这样，一些雇员开始变得小心翼翼了。新泽西州哈肯萨克市河滨广场的一家餐馆里，两位工作不开心的员工也创建了一个Myspace页面并设置了密码，使只有指定的人才能看到里面的内容和对其进行评论。[15]该页面的设立是为了给这家餐馆的员工提供一个场所，让他们"能毫无顾虑地吐槽有关工作中的任何事情。这个群组是完全私密的。外界的人只有接收到邀请以后才能加入"。[16]然而，老板通过向其中一位员工施压得到了密码，看到了发布在那里的内容，于是立即解雇了创建这个页面的那几名员工。

社交网络用户应该拥有什么样的言论自由权利呢？尤其是当他们业余时间在自己家中而非在校园或工作场所中发布言论时。这些言论并非无足轻重，也许会让教师或学生受到威胁，雇员的负面言辞也许会让客户不再光顾……

涉及到未成年学生时，这个问题变得更加棘手。国家规定，未满16岁的人不能驾车，未满21岁的不能饮酒，因为这些行为都潜藏危害。但在孩子只有4岁的时候，我们就鼓励他们学习计算机技能。在Facebook上嘲笑同学或辱骂辅导员的中学生，可能会遭到法律起诉或者被学校开除，不管是哪一种结果都意味着他们的大学梦将灰飞烟灭。

从对危害自身及他人的角度来说，允许13岁的孩子上Myspace或Facebook，就相当于交给他一把汽车钥匙。宾夕法尼亚州伯利恒的一名八年级学生创建了一个名为Teacher Sux的页面，在那里诅咒他的几何老师富尔默（Fulmer）去死，并且罗列了富尔默太太应该去死的种种理由，还要求他人捐助20美元来"雇一名职业杀手"。[17]这个网站对富尔默造成了致命的影响，害她不敢迈出自己的家门。校长致电美国联邦调查局（FBI），他们顺藤摸瓜找出了这名学生，学校立即开除了他。另外一个例子也发生在宾夕法尼亚州的一位八年级学生身上。她冒充校长创建了一个Myspace页面，暗示校长有恋童癖。[18]此事若被当真，校长很有可能丢掉饭碗。

但在一个看重言论自由的文化环境中，学生和员工应该因为网络言论而受到惩罚吗？伪造讣文案件中的尼克·艾米特和他的父母诉诸法庭，希望能撤销休学，继续上课和打篮球。[19]联邦地区法院法官约翰·C.考艮尔（John C. Coughenour）说："迈进校园的时候，学生不应丢弃自己的表达权。"[20]这位法官还搬出了美国最高法院在这方面曾受理过的一起重大案件[21]——"廷克诉得梅因案"（*Tinker v. Des Moines*，廷克是爱荷华州州首府得梅因市一名13岁的学生——译者注），该案件支持第一修正案所赋予的学生佩戴黑袖章反对越南战争的权利，尽管学区规定不准许学生佩戴袖章。法官指明，学生的表达行为只有在这一行为"将在实质上干扰到学校正常教学所需的秩序和纪律时"才应受到禁止。[22]

尼克的学校极力坚持，学校需要对校园枪杀事件防患于未然，声称互联网上的这篇帖子"揭露了学生的暴力倾向，并可能将这些观念快速传播给想法相似或易受影响的人"。[23]但法官指出学校"没有证据证明这些伪造的讣文和网站上的投票行为有恐吓他人的意图、已恐吓到任何人，或表现出任何暴力倾向"。[24]因为学校侵犯了尼克的言论自由权利，法官要求校方重新接纳他，并从档案中抹去停课记录。

同样，布兰登批评教师的帖子也在第一修正案的保护范围之内。密苏里州联邦法官罗德尼·希佩尔（Rodney W. Sippel）宣称："不喜欢学生的言辞，或因学生的某些言辞而感到不安，不能成为限制学生言论的合理理由。"他还指出："言论自由的核心作用之一就是引起辩论。"他引述了最高法院的一次裁决结论：言论"也许正是在引起动荡、创造不满或激怒他人时，才能最好地实现它的宗旨。所以有些言论常常散发着挑衅和挑战的味道。"[25]

"确实，"法官写道，"正是像毕右辛克这样挑衅的言论才最需要受到第一修正案的保护。"他认为学校不能因为学生在社交网络上的言论而惩罚他们，除非"他们在学校内的言论严重扰乱了教学秩序"。[26]

法庭也无法心安理得地对那些在社交网络上诋毁学校教职员工的学生判处刑事处罚。在印第安纳州，一名学生为其以前学校的校长创建了个人信息页面，另一名学生在该页面上留下了粗俗的评论，她后来还建立一个公开的Myspace群组页面咒骂该校长。但印第安纳州最高法院称，这名少年的行为不构成骚扰罪，因为她无意让校长看到她所发布的内容，更别说希望他因此受到困扰。法庭赋予她疑点利益，表示她可能没有意识到这个群组是公开的。至于骚扰意图，法庭认为，"更可能的情况是，这名14岁的少女只是想取悦朋友，在朋友间赢得一点支持哪怕是恶名，或发泄一点自己的私愤"。[27]所以法庭最后定她无罪。

创建Teacher Sux网站的那名八年级学生就没有这么幸运了。宾夕法尼亚州最高法庭认为，他的恐吓行为（索求20美元来雇杀手干掉几何老师）不能受到第一修正案的法律保护，因为这给学校的教学活动造成了"实质性的扰乱"——那名几何老师受到了精神刺激，学校需要另外聘请新教师；并且这件事在学生中引起了轩然大波。不仅如此，法庭进一步将网络纳入到校园言论范畴之内，即便网络上的消息是学生在家时发布的。因为这类消息有特定而非随机的目标受众，即在校学生及工作人员等。"网站上发布的相关消息不可避免地会在师生之间口口相传，网站在校内的点击量也会迅猛上升。"[28]在这一标准下，任何发生在校园之外、话题与学校有关的言论都可以被当成是校园言论，其所受到的宪法保护就被打折扣了。有一位庭审法官持不同的意见，他认为这名男孩不具有伤害任何人的意图，因为他还在网站上发布了声明，表示该网站不是给教师看的。该法官指出，学区从未将这名男孩的行为认定为真正的恐怖行为。比如说，学校没有把他送去心理医生那里检查他精神是否正常。而且法官还说："这种黑色幽默在如今的很多热门电视节目中都有迹可循，如《南方公园》（*South Park*）①。"²⁹

关于这些校园案例，一个关键的问题就是这些帖子是否扰乱了校园生活。在学生创建网页、用低俗不堪的语言诋毁辅导员的案例中，法庭说："我们无法相信仅凭未成年人稚气粗鲁的搞怪，就能损害一名行政工作人员管理学生及掌控秩序的能力。"³⁰另外一个案件中，所谓的"扰乱"不过是几名学生对当事者的储物柜进行了装饰以示对他的支持。³¹这样的行为被认定为扰乱，意味着这些学生不管是在体育比赛中获得过荣誉还是参加过"美国偶像"（*American Idol*，美国一档选秀节目——译者注），只要参与了这个行动，就都要一并受到处罚。

雇员们在网络上发布消息时常常和八年级的学生一样不够警惕——而且与公立学校的学生相比，他们所能享受的权利也会少一些。22岁的康纳·赖利（Connor Riley）获得思科（Cisco）的工作时，在Twitter上发布了一条消息："思科给我录用函了！但现在想着每天要通勤到圣何塞（美国加州西部城市），虽然薪水丰厚，这工作也变得不那么吸引人了。"这条消息不幸被公司的人看到了，公司方面就此撤回了录用函，并在Twitter上给了她一个回复："我们思科人最精通的就是网络。"³²

另外有一名16岁的女孩在自己的Facebook页面上吐槽工作很无聊，但没有指出公司名称，没想到被一位同事看到了，最后致使她被炒了鱿鱼，为此她震惊不已。³³（她是这样写的："今天第一天上班，我的天呐！无聊死了！""一天到晚都在没完没了地打孔和扫描！"）³⁴这件事受到了一位工会官员的批评，他将Facebook比作一场社会对话："雇主总不能跟踪到浴室里，去了解员工是不是在大声抱怨工作。"³⁵

对于为体育团队工作的员工来说，团队精神常常会影响他们的就业前

---

① 《南方公园》：美国喜剧中心（Comedy Central）制作的一部剪纸摆拍动画剧集。——译者注

景。2010年，24岁的安德鲁·库尔茨（Andrew Kurtz）丢了他的工作——装扮成波兰饺子，并在匹兹堡海盗队主场比赛的第五局期间参加饺子赛跑。他曾在自己的Facebook页面上发布评论，表示不同意老板延长某些经理人合约的决定："库奈力（Coonelly）打算在2011赛季继续与拉塞尔（Russell）和亨廷顿（Huntington）的合约。这将意味着19连败……"[36]

监管工作场所纠纷的联邦政府机构——国家劳工关系委员会（National Labor Relations Board）——对法律跟不上社交网络的节奏表示担心。现任国家劳工关系委员会主席威尔玛·利伯曼（Wilma B. Liebman）说："在工厂劳作和拨盘式电话时期创建的美国劳动法，在职场现实的不断变化面前显得越来越力不从心。"[37]

在第一修正案下，职场员工所受到的待遇比不上公立学校的学生。学生有去公立学校上学的权利，而雇员只能受制于"雇用自由原则（employment-at-will doctrine）"，可以被雇主无任何理由地解雇。不过雇主的权力也会受到外部限制，即解雇必须符合相关政策，而且他们不能违反州或联邦法律，揭露员工在社交网络上发布的消息。

如果雇员从事的是公众性质的工作，他所评论的事情具有公共重要性，比如揭发危险操作或腐败行为等，那么他的言论自由就应受到保护。但这与公立学校学生所受到的保护相比，范围还是窄得多。公立学校学生的言论自由仅会在扰乱教学或给他人造成恐慌时才会受到限制。在《国家劳工关系法案》（*National Labor Relations Act*）中，员工确实会得到一些保护，不过前提是，他们在社交网络上发布的内容在"为劳资谈判或为其他互助及保护目的进行集体活动"的范围之内。[38]

急诊室动画案件中的消防员杰森·布朗或许也能宣称他的视频揭露了重要的公共信息，可以被算作是提升救护技术员素质的公益活动——急救医疗服务可是最重要的公共服务之一。对911资源的任何误用都是令人担心的，因为这会导致需要医疗急救的人得不到妥善的救护服务。被解雇之后，杰森向当地的新闻台表示，该视频只是关于"我们任一消防部门、救援医疗服务（EMS）日常呼叫业务中比较常见的一般状况"。[39]如果有医生像视频中的那位一样滥用911资源，让医院知道这一情况的存在，并采取必要的措施使这种不良行为得到改正，是很重要的。

上述员工从事集体活动的权利为康涅狄格州的一位紧急医疗技术员提供了保护。这位技术员叫做道恩玛丽·索萨（Dawnmarie Souza），她遭到了客户投诉，她的老板却不愿让她找一位工会代表到听证会为她进行辩护，于是她将对老板的愤恨发泄在自己的Facebook页面上，骂老板是"人渣"，[40]并用公司对精神病患者的缩写"17"来辱骂老板，说："爱死这公司了，竟然让一名'17'来管理。"[41]老板解雇了她，理由是公司规定不允许员工在Facebook或其他社交媒体网站上对公司进行任何描述，并且不允许员工"在谈论公司及领导或同事时，使用带有诋毁性或歧视性的言辞"。[42]

道恩玛丽的案子看上去似乎比杰森·布朗的案子问题更加严重。她对一个确实存在的人进行了负面评论，而杰森只是制作了一个没有明确指向的动画。2010年11月，国家劳工关系委员会受理了她的案件。理事会的代理总法律顾问莱夫·所罗门（Lafe Solomon）说："这个案子在《国家劳工关系法案》下一目了然——不管是在Facebook上还是饮水机旁边，员工都可以聚在一起谈论工作环境（此案中为谈论老板），他们有这个权利。"[43]

身兼汤森路透报业工会（Newspaper Guild at Thomson Reuters）首领及环境记者的德博拉·扎巴允多（Deborah Zabarenko），因在Twitter上所发的帖子而受到老板警告，此事也受到了国家劳工关系委员会的干涉。当上司提议员工们在网上就如何改善路透社的工作环境进行讨论时，扎巴允多在公司的Twitter页面上回复道："改善的方法即诚实对待工会成员。"[44]第二天，她接到了社长的电话，社长警告她违反了路透社的规矩：员工不得说任何有损于路透社名誉的话。扎巴允多说，她有一种被人威胁了的感觉，"这带有一点恐吓的性质"。[45]根据国家劳工关系委员会的裁定，路透社的行为侵犯了这名记者参与集体活动以提升工作环境的权利。

但当在Myspace上创建密码保护页面的餐馆员工认为雇主终止劳动关系违反了第一修正案赋予他们的权利，提起上诉时，法庭却驳回了他们的诉状，理由是雇主为非政府机构。法庭还指出，即便雇主属公共机构，这起案件中雇员的行为也达不到"话语具备公共重要性"这一标准。[46]而且这些雇员不是工会成员，所以也无法向工会寻求帮助。

尽管如此，陪审团还是给予了这些餐馆员工一些慰藉。因为他们的初衷是不让页面公开，而雇主未经同意进入他们的账户确实违反了州和联邦的《存储通信法案》。[47]创建该Myspace页面的两位员工，布莱恩·派崔洛（Brian Pietrylo）和多琳·马里诺（Doreen Marino）分别获得了2500美元和903美元的赔偿金。

若公司违背了自己制定的劳动关系终止程序，员工可以申请法律补偿。在匹兹堡海盗队的案例中，库尔茨被解雇一事在全国引起了关注，因而他又重获了这份和其他18人一起化装成波兰饺子的兼职工作。"我们重新雇用他是因为这场劳动关系的终止不符合我们的人力资源程序，"球队发言人布莱恩·瓦莱基（Brian Warecki）说，"尽管他的行为违反了公司政策，但不至于被解雇。"[48]

在创建社交网络宪法时，我们是否应对言论自由权利加以限制呢？下面我们可以先通过审视美国宪法第一修正案所赋予公民的权利受制于其他政策因素的实例，来探索一下言论自由将会遇到哪些潜在的限制。

最明显的是，言论自由应当在将要引起无端伤害时受到制约。美国最高法院著名大法官奥利弗·温德尔·霍姆斯（Oliver Wendell Holmes）在1919年的一起案件中说道："对言论自由再严格的保护也无法宽恕一个人在影院里无中生有地大喊失火，制造恐慌。"[49]1971年，《纽约时报》和《华盛顿邮报》（*The Washington Post*）公布"五角大楼文件"①——这在当时是一起类似维基解密的事件，这种迫在眉睫的伤害使言论自由受到了挑战。这些文件包含了五角大楼对美国干预越南这一过程的绝密分析，揭露了总统林登·约翰逊（Lyndon Johnson）及其幕僚对国会和美国公众扯下的弥天大谎。内部人士把文件泄露给媒体时，美国政府曾企图阻止文件公开。最高法院认为，第一修正案可以使这些文件的公开得到保护——并重申政府只能在严重的、迫在眉睫的危害发生的情况下，才能干预新闻出版，比如说战争中报纸不得报道本国部队的位置，因为这样等于向敌人暴露目标。

以色列在授权士兵使用社交网络的同时，也通过大规模的宣传告诫士兵不要在网上发布任何军事信息。以色列军事基地里贴满了海报，展示了Facebook上来自敌方各种假"好友"的请求：伊朗总统马哈茂德·艾哈迈迪-内贾德（Mahmud Ahmadinejad）、叙利亚总统巴沙尔·阿萨德（Bashar al-Assad）以及黎巴嫩真主党领导人哈桑·纳斯鲁拉（Hassan Nasrallah）。写在这些人照片下面的是一个问题："你以为每个人都是你的朋友吗?"[50]

但Facebook上的诱惑及它在现代生活中的中心地位甚至已压倒了这些警告。当精英炮兵团的士兵[51]被部署到约旦河西岸，抓捕可能会对以色列发动攻击的可疑好战分子时，其中一名士兵在Facebook上发表如下动态："周三我们将扫荡Qatanah（村庄名），如果一切顺利，我们周四就可以回家了。"[52]根据他的其他动态消息，可以确定这次计划袭击的时间、地点以及该士兵所在的单位。[53]这件事情的结果是，以色列国防军最后不得不取消这次袭击，并对这名士兵进行军法审判。[54]这个实例正好与美国最高法院对"在有可能产生迫在眉睫的危害时，言论自由应该被禁止，违反者应受到惩罚"所举的例子异曲同工。

如果说生活是一场电影，在社交网络时代，很多人都觉得自己有权主宰

---

① 五角大楼文件：指美国国防部关于越南战争的秘密文件。——译者注

自己的电影。这样的大环境中，一些雇员的网络言论确实会越过雷池，招致危害或误伤他人。还有一些言论似乎直指职业核心，或是可能侵犯到病人、客户的隐私。

对任务保密是士兵的职责所在。同样，对病人和客户保密也是某些职业的核心所在。法庭指出，医疗服务提供者所承诺的保密"与商家在广告中所明示的保证相当"。[55]因此，加利福尼亚州5名护士因在Facebook上讨论病人情况[56]而被解雇，48岁的亚历山德拉·索兰（Alexandra Thran）医生在网上发布有关病人的消息后受到州医学委员会的斥责，被罚款500美元并被罗得岛州西风医院解雇等事件似乎都很平常，并无不妥。[57]索兰医生在Facebook上描述了她的几次急诊室经历，尽管她没有把病人的姓名写进去，其他人还是能够根据她对伤势的描述来推断出病人是谁。[58]还有一位公设辩护人在博客中透露了她的客户信息，并在文章中直接称呼他们的名字或是监狱身份号码，最终她因为泄露客户秘密而被解雇。[59]

照片甚至可以更严重地侵犯到病人或客户的隐私权。所以，格拉斯哥南部综合医院的一名护士在手术过程中用手机拍下了病人照片并传到Facebook上以后，就遭到了停职的处分。[60]

纽约市的救护技术员马克·穆萨雷拉（Mark Musarella）用自己的黑莓手机拍下了26岁的谋杀案受害者卡洛琳·温默（Caroline Wimmer）被勒死的尸身，并上传到了Facebook，之后，卡洛琳的父母玛莎和罗纳德·温默（Martha and Ronald Wimmer）对Facebook、穆萨雷拉、他的雇主里士满大学医学中心、消防局局长萨尔瓦托·卡萨诺（Salvatore J. Cassano）、纽约消防局以及卡洛琳公寓楼的业主一并提起了诉讼。[61]结果穆萨雷拉被解雇，并且面临刑事指控，被定罪为行为不当和妨碍治安。最终，在同意义务进行200小时社区服务且从此不再从事救护技术员的前提下，穆萨雷拉避免了可能为期一年的监禁。[62]

社交网络上的帖子也可能会损害发帖者所在机构的信誉。明尼苏达大学殡葬学专业的学生阿曼达·塔特罗（Amanda Beth Tatro）在Facebook上发布了她所操作的尸体——被她命名为"伯尼（Barnie）"——的动态。"阿曼达·贝斯·塔特罗有东西玩了，我是说今天要解剖伯尼。不知道能不能找到一个没人骂也没人没收我手术刀的实验室呢。或许我可以把手术刀藏在袖子里……"她还在另一条消息中说她"盼望着星期一的防腐治疗和传说中的抽吸机会。给我一点空间和一套管针，我就可以大显身手了"。后来塔特罗意识到她再也不能解剖伯尼时，她又发了一段告别语："我希望能一直陪伴他到反应罐（火葬室）。可如今，当我想让自己头脑清醒时该去哪里呢？该和谁待在一起呢？再见了，伯尼。我装了一缕你的头发在我的口袋里。"

塔特罗将动态设置为"好友可见"及"好友的好友可见"，所以能被成千上百的人看到。另一名殡葬学学生看到后报告给了院系主管，结果塔特罗不仅解剖实验课挂了，还被要求修一门临床伦理课，接受心理检查，并且留校察看。塔特罗向法庭表示不满这些处罚，认为自己的言论自由受到了侵犯。法庭的意见是，塔特罗在Facebook上发布的消息"引起了人们对解剖遗赠项目信誉实实在在的担忧"。[63]她的帖子削弱了潜在捐献家庭对此项目的信任感，使得这一高度依赖大众理解与善意的机构陷于危境。在触及深层次的文化敏感性的行业，塔特罗所发布的这类消息能够轻易动摇公众的信心——结果便是降低人们捐献血液或器官的意愿，增加其他人失去挚爱之人的情感痛苦。

但需要什么规则，才能管理那些有责任做到言辞谨慎的非专业人士的消息发布行为呢？一位布鲁克林的外卖员因为收到的小费太少而忿忿不平，于是他把这些收据连同客户的姓名和地址都拍了下来，并把照片上传到自己的博客上。[64]

外卖员后来被炒了，这似乎也理所当然。不管怎么说，他的行为至少侵犯了客户对其地址信息的隐私权和散播权，并泄露了客户的其他个人信息。

在债权人和债务人之间也存在类似的问题，前者可能会利用社交网络来羞辱后者。近一个世纪的案例可以得出结论：某些情况下，债务信息的公开会侵犯到一个人的隐私权。此类案例首先发生在1926年的肯塔基州：一名汽车修理工贴了一张大海报，上面写着镇上的一位兽医欠他49.67美元。法庭认为，隐私权包括"一个人免受被他人擅自公开自身信息的权利，或在与公众无关的事情上免受公众干扰的权利"。[65]

在未指名道姓，仅隐射对方所属群体的情况下进行诽谤，又该如何处理呢？如果一名员工在帖子中流露出对特定群体的憎恶，雇主可能会担心这名员工歧视这个群体的成员，这种担忧是合乎逻辑的。

阿肯色州一所学校的学生曾发起一场运动，统一在2010年10月20日这天身着紫色服装，以纪念自杀身亡的同性恋少年。校董事会成员克林特·麦坎斯（Clint McCance）在Facebook上对此发表评论："天啊，他们想让我也穿紫色，因为有5位同性恋者自杀了。"他还说："要我为他们穿成那样，除非他们全都自杀。我简直不相信世界上还能有比这更荒诞的事。要纪念的竟然是有罪并因为罪孽而结束自己生命的人！真是人才！"[66]后来，他又为此进行了道歉，承认自己很"无知"，并澄清他不希望看到"有更多人去死"。尽管阿肯色州教育专员也公开抨击了该评论，麦坎斯仍不会被解雇，因为这个职位是选举产生的。[67]但是麦坎斯连任该职务还是招来了媒体的负面报道，为使该学区免受负面报道影响，麦坎斯后来辞职了。麦坎斯对于同性恋群体的诋毁性言论反映了他的狭隘，证明他没有足够的能力胜任校董事会所赋予他的职责，包括为学校进行筹资等活动。

2011年2月，支持工会的示威者们聚集在威斯康星州政府大楼内，对即将免除广大雇员劳资谈判权利的法案表示抗议。[68]听闻防暴警察将从政府大楼驱逐抗议者的消息之后，印第安纳州司法部副部长杰弗里·考克斯（Jeffrey Cox）在Twitter上说，警察在驱散这些抗议者时应"使用实弹"。[69]此前，考克斯也曾在Twitter和博客上发表过攻击性言论，甚至将一位印第安纳波利斯居民描述为"活该遭城市警察暴打的黑人少年恶棍"。[70]此案件中，考克斯没有泄露客户的私密信息，但他在言辞之中将矛头指向一个可能会诉诸法律的群体。作为州政府司法部门左膀右臂的代表，考克斯是否有责任依照法律标准，运用法律手段而非暴力解决问题？他被免职之后，印第安纳州司法部副部长办公室发表了文件，称"文明礼貌地对待所有公众成员是很重要的。我们尊重第一修正案赋予的个人在私人论坛上表达自己观点的权利，但作为公职人员，当公众对我们有更高的要求时，我们应尽量以礼相待"。[71]

再如果，被诋毁的是全体客户而非部分或特定人群，又该如何处置呢？这种情况大多是对工作的吐槽，表达对工作的不满，而不太会招致迫在眉睫的危害、泄露隐私或造成歧视。也因此，这往往是最难办的情况。

对警方而言，涉及雇员发布诽谤帖子的案例尤为棘手。国际警长协会（International Association of Police Chiefs）曾对728个美国执法机构展开过一项调查，结果发现，几乎有1/3的执法机构都曾收到过由于工作人员上班或下班时间使用社交网络而引起的"负面关注"。[72]这些警员之所以被警察这个职业吸引，首先可能是因为崇敬职业本身的冒险性及对犯罪行为的蔑视，这也许也是他们甘愿将自己的生命置于危险中的原因。但是，若是在网络上描述这些职业特性，这些言论就可能导致他们被停职，或被刑事被告利用来质疑他们的信誉。

特里·伊科诺米蒂（Trey Economidy）是阿尔伯克基的一名警察。他在Facebook上把自己的职业描述成"处理人类垃圾"。[73]他对自己的资料进行了隐私设置，但因为Facebook的政策调整，他的工作单位被公开了。[74]一次执勤时，伊科诺米蒂参与了对一名嫌疑犯的致命射击。其后，地方电台公开了他的资料。为了表示对他的处罚，单位仅允许他从事案台工作，阿尔伯克基警察局还给警官们制定了社交网络新规。[75]新规表示，员工不可以"直接或间接地透露在阿尔伯克基警察局工作的事实"，或发布包含任何"能识别阿尔伯克基警察局"的信息。[76]伊科诺米蒂终于在完成了两个月的案台处罚后恢复了巡警工作。[77]

　　阿尔伯克基警官协会（Albuquerque Police Officers' Association）主席乔伊·希卡拉（Joey Sigala）争辩道，尽管警察局有权控制警官们在工作中的行为，但它"没有权利要求他们工作之外做什么或不做什么"，不许在Face-book上公布警察身份这条规定会阻碍他们分享有关工作的正面信息，比如说奖励与荣誉。[78]

　　在纽约一起武器持有重罪案件中，被告加里·沃特斯（Gary Waters）以逮捕他的那名警察的Myspace和Facebook内容作为证据为自己辩护，说该警察拿枪威胁他，让他不去追究这位警官过度使用暴力的责任。庭审开始的前一天，警官沃恩·伊提安（Vaughan Ettienne）在Myspace页面上表示"情绪纠结"。再往前几周，他曾发布一条动态信息，称"正在观看电影《训练日》（*Training Day*），重温正当的警察办案程序"。[79]伊提安警官还对一些逮捕的视频片段进行了评论，其中包括一个警察用拳头殴打戴手铐的嫌疑人的视频。伊提安的评论是，如果警官"想要修理一下嫌疑犯，就不该这么早把他铐起来"。[80]他也表示，警官并没有使用那么多暴力，"如果你要打一个被铐起来的嫌疑犯，至少会想一下值不值，因为他本来就将要受到教训了"。[81]

　　陪审员们在审判该案件时受到了社交网络信息的左右，仅判处沃特斯拒捕罪和行为不当罪，并未因从他身上发现9毫米口径贝瑞塔手枪和弹药袋而给他定罪，尽管沃特斯当时还是一名处于缓刑阶段的盗窃罪犯。

　　以网络贴子为依据来分析一名警察的后续行动可能会起误导作用，因为帖子里的内容与他的实际行为可能完全会是两码事。通过这些内容了解一个人是非常片面的，所以根据它们来匆匆下结论是不公平的，也许那一刻，真正在从事不道德勾当的警察根本就没有受到监督。并且，人们会在社交网络上选择性地给人们留下某些印象，而这些印象并不能准确反映他们真正的形象（比如那些交友网站上的个人资料）。我们难道可以因为一名警察喜欢看《肮脏的哈里》（*Dirty Harry*）这部电影，就确定他会把影片里的伎俩搬到工作中去吗？伊提安对《纽约时报》说："你在互联网上所说的话比较随性，多少带一点夸大其词，就像在更衣室里说的话一样。在互联网上，你有你的互联网角色，在工作中你有你的工作角色。"鉴于社交网络信息的潜在不可靠性和包括政府职员在内的言论自由权，法庭不应该允许与具体案件无关的、一般性的信息随意进入法庭。

有些学校和雇主试图通过合约让学生或雇员闭嘴，比如让员工宣誓，或把要求列入学生守则。校方因为Facebook内容对学生进行管教时，常常会搬出学生守则里的条条框框，这些条条框框不仅约束校内行为，也约束了学生们的某些校外行为。但是，这些行为规范真的符合我们这个社会关于自由的基本理念吗？例如，宾夕法尼亚一所高中的学生守则里禁止"不得体、骚扰性、攻击性和辱骂性的"言论。[82]一位学生在在线留言板上发布了对本校周末将要对战的排球队的辱骂，于是他被球队开除，并不许参加任何课外活动，甚至被禁止使用学校的计算机。[83]

但他所说的话不过是那种一届又一届学生对参赛学校所发表的再正常不过的评论："最好找吉尼斯世界纪录的人来，因为这将是男子排球史上最惨的一次比赛。这些娘娘腔就要体验到生活的惊喜了。"[84]这名男孩及其父母向法庭控诉了学校政策，法庭宣布守则条例有违宪法、过于宽泛，因为它可以使不会扰乱教学秩序的正当言论也受到惩罚，它把社交网络及其他校外活动都囊括在内了。[85]

一些公司要求雇员同意遵守礼仪、不说脏话，这是符合情理的，因为工作人员工作时是在和客户及同事打交道。但对社交网络上的行为也这样要求，有意义吗？

就像校规会不符合宪法一样，工作守则也可能会是离谱的。使雇主获得禁止员工说脏话权利的那些法律案件都发生在工厂环境中，在这些地方，基层员工的一阵叫嚷就可能导致一场罢工行为。就像律师布兰登·布鲁克斯（Brandon Brooks）所指出的，社交网络上对老板的辱骂并不会导致相同的危害。

对雇员忠诚的要求也不应凌驾于联邦保护雇员的法律之上。这里又有一个员工批评老板就被炒鱿鱼的例子：在这个例子中，IBM卖了一套计算机电路板生产设备给恩迪科特互连技术公司（Endicott Interconnect Technologies），并成为了该设备的最大客户。两个星期之后，恩迪科特裁掉了200名员工，当地一家报纸对该公司的长期雇员兼工会成员理查德·怀特（Richard White）进行了采访。他表示，这次裁员会给该公司的技术知识库造成漏洞。他的雇主向他发出警告，称他对媒体说的话违反了公司员工守则的反诽谤条例，如果这种情况再发生，他就得走人。不到两周，怀特又在这家报纸的在线公众论坛中评论了一篇反工会的帖子，说："事情都被一群无能的人搞砸了。" [86]

他被解雇后，国家劳工关系委员会判定怀特所做的批评在集体活动言论的保护范围之内，并下令恢复了他的职位。但当公司对此裁决提出上诉时，法庭又错把忠诚置于言论之上。法庭认为，怀特的评论"毫无疑问对公司是不利的，表现了他的不忠"，他在"公司的'关键时期'公开对'公司产品品质和营业方针'进行了尖锐的诋毁性攻击"，[87]因此法庭将公司对他的解雇判定为合法。[88]但是忠诚是不应该越过一个人表达对雇主之担忧的权利的。

有些人也许会认为在网上对雇主进行负面评价的人很傻，但对一个民主社会而言，批判性言论是宝贵的，这些言论往往会凸显出一个应该被公众或投资者知晓的安全问题。而且社交网络上的话语大多发生于工作以外的时间和场所，就如一些工会代表所言，它们其实就相当于饮水机旁或酒吧里的闲聊。

这并不是说某些雇员的行为没有超越界限。在北卡罗来纳州科诺弗市的达美乐比萨店，两位员工迈克尔·塞茨尔（Michael Setzer）和克里斯蒂·哈蒙兹（Kristy Hammonds），在餐厅的厨房里拍摄了几个令人恶心的恶作剧视频，并上传到了YouTube上。

和那位在业余时间制作与工作有关的动画片的消防员不一样，达美乐的员工是在上班时间拍摄的视频。在他们的"电影杰作"里，32岁的迈克尔"用海绵擦自己光光的屁股，又用这块海绵去擦做比萨用的平底锅，在香肠上放屁，往自己的鼻孔里填塞奶酪——然后又把这些奶酪放在正在制作的三明治中"。[89]克里斯蒂摄制视频并加旁白："再过大概5分钟的时间，这些美食就会送出去被客人享用。他们做梦也没想到奶酪是从鼻子里抠出来的，香肠上沾了致命的有毒气体。我们达美乐就是这样精心制作美食的。"[90]

因为这些视频，这家店不得不关门停业，整个品牌都遭受损害。[91]几天之内，视频的点击率就攀升至几百万，在谷歌对"达美乐"的12项搜索结果中，前5项都和此视频有关。[92]据YouGov（一家每天从成千上万的客户那里为众多品牌提供在线调查服务的公司）的调查显示，在那段时期，客户对达美乐的品质感知迅速从正面转向负面。达美乐发言人蒂姆·麦金泰尔（Tim McIntyre）说："两个白痴用一台摄像机和一个醒龊的想法就把我们偷袭了。"[93]

"电影制作人"当然被炒了鱿鱼，并被指控将违禁食品提供给客人，尽管他们声称所拍摄的那些食物并没有真的送去给客人。[94]就如那些因谈论病人病情而违反保密纪律的护士一样，这些雇员事先已知他们的作为违反了一个独立的法律——国家卫生规范。除此之外，恶作剧发生在工作时间，这使解雇他们显得更为符合情理。

达美乐的事例似乎没有什么可争议的，但对于"不损害雇主名誉"的原则，我们要把握一个怎样的尺度呢？如果是厨房里有老鼠，两位工作人员拍摄的是老鼠出没的画面呢？再如果，即便电影中的恶心勾当是虚构的，但是他们是在业余时间制作的电影，又该怎么处置呢？还有，如果这是一部影片中对比萨工人的描写，影片并没有提到雇主，也没有给人物起名，又该如何处理呢？这些五花八门的可能性有些应受到言论自由的保护，如制作小动画的那位消防员。如果我们允许雇主因为"诋毁"公司的言论将员工开除，我们要面临的问题又会与上述案例中禁止"不恰当"或"攻击性"言论的校规所带来的一样。难道一个体育爱好者就不能质疑一支队伍的水平吗？即便他受雇于该团队或该体育场。

学生和雇员拿学校和工作来打趣或发牢骚，是自古就有的现象，他们倾诉的对象基本是自己的朋友。而当他们把这类言辞搬上互联网和社交网络，留下的数字足印就会给他们带来不公正的退学或解雇处分。雇员和学生应享有言论自由权。有时，他们所披露的信息可以对学校工作中的不足，或是发生在职场里的不法活动起到预警作用。比如，在"皮克林诉教育委员会"（*Pickering v. Board of Education*）案中，一名中学教师因为写信给当地报纸批判学校董事会对学校基金的分配使用而被开除。美国最高法院的裁定是，这位教师的行为受第一修正案保护。[95]通过参与协同活动来寻求工作环境的改善，是一项受联邦法律保护的权利，社交网络为协同活动创造了便利条件。如果雇员每在社交网络上对工作发表一次抱怨，或者通过它为自己在工作场所中争取权益，就要受到惩罚，这就变得很荒诞了。

我们的社交网络宪法应为言论自由提供保护。至少，我们应该根据第一修正案制定一个条例来保护言论，并把那些会造成明确危害的言论排除在外，比如在拥挤的电影院里谎报"失火"等。但即便如此，似乎还是阻挡不了学校和雇主窥探他人的网页以确定他们是否有违条例。

这类窥探能导致其他危害。如果一位妇女在Facebook上告诉好友自己怀孕的消息，那么她的上司便可能会找一个冠冕堂皇的借口不给她升职。上司的这种行为本就违反了联邦《怀孕歧视法案》（*Pregnancy Discrimination Act*），但问题是这位妇女被蒙在鼓里，不知道上司是因为知晓了她已怀孕才做此决定。再比如在校园环境中，如果学生在Facebook上评论某门课程很无聊，这门课的老师看到了也许就会给他一个低分。

因此，社交网络宪法应该能够为言论自由提供更强大的保护。它应明确规定社交网络是私人空间，禁止雇主、学校或其他机构进入社交网络页面，或基于一个人在社交网络上发表的任何内容，对他采取不利行动。德国正在考虑执行一项类似的规定：雇主在雇用和评价雇员时不允许参考他们的社交网络信息。[96]芬兰已经明确禁止雇主对应聘者进行谷歌搜索。引发这项禁令的是一个案例：一位雇主在互联网上搜索一名应聘者，发现他曾参加过一次心理健康会议，最后就没有雇用他。因为潜在健康问题而拒绝应聘者是一种很糟糕的行为，而且这名应聘者根本不存在心理问题——他仅代表一名病人出席了该会议。这名雇主单凭互联网上的数据就对他武断地下了结论。[97]

即使不允许雇主和学校访问雇员和学生的社交网络内容，对于恶劣案件，依然存在着惩罚的余地，违法的帖子还是可以通过某些方式引起相关机构的关注，并被指出其法律责任。在学校里，如果网络内容会立即给学生或教师造成伤害，发布者就应受到惩罚；如果雇员所发布的网络内容有违其所应履行的职责——如保密义务，雇主便也可因此对他进行相应的惩处。

言论自由是民主的根本所在，学生和雇员的网络言论能提供有关这些公共和私营机构的重要信息。如果他们的帖子不能起到这样的警示作用，压制学生和雇员的言论事实上意味着让人们沉默几乎一辈子，因为一个人上学的年龄是5岁，要过60年后才会退休。在不招致社会危害，不诋毁和侵扰他人的前提下，人们应该能自由表达自己的思想，这种表达是对社会讨论的鼓励。通过清晰表达自己的喜好，个人能更加了解自身不同层次的需求（比如是否应该辞职），从而努力使一些重要社会机构得到改善。

第七章

致命的教唆

I Know
Who You Are and
I Saw
What You Did

18岁的纳迪娅·卡卓吉（Nadia Kajouji）是加拿大安大略省卡尔顿大学的一年级新生。[1]她以名列前茅的成绩从高中毕业，并梦想着将来成为一名律师。[2]这位迷人的姑娘有着齐肩的黑发、褐色的眼睛、地中海肤色，到达卡尔顿时她快乐、开朗并且斗志昂扬。[3]她的室友克丽丝特尔·列昂诺夫（Krystal Leonov）说："在我眼里，纳迪娅是一个很快乐的人。她有深度，天资聪颖。我一直相信她会有一个了不起的人生。"[4]

　　但纳迪娅大学生活的第一年却充满了坎坷，她恋爱了。[5]她和男朋友发生关系时避孕套破了，她服用紧急避孕药却没有起作用，不久她就得知自己怀孕了。[6]她没有把问题告诉家人或朋友，而是坐在电脑的摄像头前，有时把眼睛遮住，用视频日记的方式倾诉心情。视频不仅记录下她的言语和样子，还有她面对是否要生下孩子这一艰难选择时的矛盾心理。她很爱她的男朋友，愿意和他过一辈子，[7]但她男朋友却和她分手了，留下她一人独自面对困难。[8]

后来她流产了。[9]不仅失去了爱人，孩子也没了。

在校园旁边的餐馆里，她拿出刀片想要伤害自己。[10]有人报了警，警察把她带到医院。但因为她已经成年，所以并没有人把这件事告诉她的父母。[11]

寒假来了，纳迪娅回到安大略省布兰普顿市距离学校6小时车程的家里。母亲德博拉·希瓦利埃（Deborah Chevalier）发现纳迪娅不在状态，便询问女儿："是不是出了什么事？"

"我只是累了。"[12]

回到学校，纳迪娅录制了自己边弹吉他边唱伤情歌曲的视频。她对着摄像头倾诉自己陷入了一种每况愈下的恶性循环中："我很抑郁。我患有产后情绪障碍、临床抑郁症，还有失眠……如果我能睡着，也许就可以不想这些了。"[13]

她把自己的抑郁情绪和自杀倾向告诉了大学里的一位医生和一位心理专家，他们给她开了抗抑郁的处方，但她仍要忍受睡不着的痛苦。[14]住在同一宿舍楼的朋友来敲门，她不开，试图通过Facebook和电子邮件联系她，她也不予回应。[15]纳迪娅游荡在宿舍楼里想要自残时，朋友叫来校园保安人员。[16]她们告诉保安她可能会自杀，但保安不以为意，没有再对这件事情进行追究，校方也从未联络过纳迪娅的父母。[17]尽管在有可能造成严重身体伤害的情况下，加拿大法律是允许将医疗信息透露给家庭成员的。[18]

纳迪娅向亲人和朋友关上了心门——也许是因为她不想让他们看到自己如此抑郁的状态——转而向其他人寻求安慰。她在一家社交网站上结识了一位名为卡米（Cami）的美国护士，其账号为falcon_girl_507@hotmail.com。[19]和纳迪娅一样，卡米也处在抑郁当中，她向纳迪娅袒露自己几乎试遍了药物、理疗、瑜伽、祷告等各种方法都无济于事，[20]现在她想要结束自己的生命了。在一封电子邮件中，卡米解释道："8个月前我就在寻找解脱的办法，因为每种办法我都在工作中碰见过，作为一名急诊科护士，我知道哪些办法管用，哪些不管用。所以我打算选择上吊，其实我已经亲身试验过这种办法疼不疼，见效快不快，结果发现还不错。"[21]

卡米似乎很有同情心，她说自己对纳迪娅正在经历的痛苦感同身受，并以"hun"（单词hung有"上吊"之意——译者注）称呼她。[22]但卡米并非纳迪娅的朋友，她没有劝她去寻求心理咨询、和亲朋好友谈谈，或告诉医生吃药不管用。[23]相反，卡米向她传递的是一种绝望，暗示什么都救不了她，唯一的出路就是去"赶公交"①。

纳迪娅和卡米来回发送了上百条即时消息。[24]在卡米身上，纳迪娅找到了一个能理解自己并感受到自己痛苦的人。

更确切地说，是纳迪娅这样以为。事实上，卡米并非如屏幕上的昵称所传达的那样，是一位年轻的女护士，而是一名46岁的男子。[25]他的真实姓名是威廉·弗朗西斯·梅尔彻特-丁克尔（William Francis Melchert-Dinkel），喜欢说服年轻女子在摄像头前割腕或上吊自杀以供他观看。最终，他因为这一卑劣行径而落入法网。

发现卡米真实身份的是西莉亚·布莱（Celia Blay）。她是英国的一名退休教师，父母去世以后，她痛苦不堪，转向网络寻找一些安慰。她误打误撞地闯入了一个自杀者聊天室，读到卡米的帖子以后，她开始怀疑这名鼓励年轻人杀害自己的护士并非真人。[26]她在英国郊区的家里根据那些数字线索顺藤摸瓜，终于找出了这些帖子背后的男子——威廉·梅尔彻特-丁克尔。[27]他冒充年轻女子，假装与其他人签订自杀协议，建议双方同时在摄像头前上吊。[28]当然，他自己从来不履行协议，但却有一些人真的按他说的做了。[29]在他盯上纳迪娅的三年前，他曾成功说服住在英国考文垂的马克·德赖伯勒（Mark Drybrough）上吊自杀。[30]

然而，西莉亚把证据上交给英国警察局和美国联邦调查局时，他们没有

---

①在美国，人们会用"赶公交"来暗指自杀行为，用"公交车站"代指有自杀倾向的人相会的地方，在那里，想自杀的人会一起讨论是否要"赶公交"。——编者注

任何作为。[31]她向他们报告威廉·梅尔彻特-丁克尔曾极力劝说很多人自杀，并且怀疑他至少有四五次得逞。[32]但她称，英国地方警察对她说："如果他惹到你，你不理会就是了。"[33]因为西莉亚不知晓卡米与纳迪娅的私人通信，她也无法提醒这位年轻姑娘。

另一方面，卡米正在不断鼓动纳迪娅上吊自杀，甚至还告诉她去家得宝购买哪一类型的黄色尼龙绳，怎样的尺寸适合她的身形，但纳迪娅说她想让事情看起来像一场意外。她说她将穿上溜冰鞋去结冰的河面上溜冰，希望凶猛的水流能把她拽到冰下淹死或引发高热致死。[34]

那时纳迪娅已经不去上课了，她又给自己录了一段视频："我不想在学校里浪费父母的钱，但我能做什么呢？我现在能去工作吗？我不知道。"[35]她也不再接听父母的电话，[36]但还继续通过电子邮件与卡米保持联络。[37]

娜迪娅：那么你打算什么时候去"赶公交"？

卡米：很快。你呢？

娜迪娅：我计划在这个周日。

卡米：哇，好。你也想用上吊的方式吗？或者，我可以请你也用这个方式吗？

娜迪娅：我想跳河。[38]

卡米许诺说纳迪娅自杀的第二天她就自杀。并说如果纳迪娅跳河不成功，她们还可以在摄像头面前一起上吊。[39]

2008年3月10日，[40]在渥太华罕见的暴风雪中，纳迪娅趁其他女孩还在沉睡便离开了宿舍。[41]她给一位室友发了电子邮件，说自己去溜冰了。[42]她听着音乐，带着冰鞋、手机、杂志和校园卡出门了。[43]离开前，她跟卡米进行了最后的会话，卡米没有任何阻拦她的意思。[44]

卡米：你觉得今天晚上会成功吗？

娜迪亚：一定。

卡米：好。

第二天，纳迪娅失踪的消息传来了。[45]两个月后的2008年3月25日，西莉亚·布莱联系了威廉·海德（William Haider）——他是驻明尼苏达州圣保罗的一名警官，属明尼苏达州"反网络侵害儿童犯罪工作组"。她央求他对梅尔彻特-丁克尔进行调查，说他是"用欺骗手段来操纵他人上吊自杀的网络猎食者"。[46]

警察最后同意了调查，他们发现梅尔彻特-丁克尔是一名与妻子及两个十几岁的女儿一起居住在明尼苏达州法里博一个安静郊区的护士。[47]起初，他并不承认自己发过那些消息。[48]但后来在警察在场的时候，他对妻子说："唉，我只是在和他们讨论时说着说着就觉得自己是一个倡导者或帮助者，或者，是上帝化身之类的人物。"[49]梅尔彻特-丁克尔承认他同别人进行过十几次自杀约定[50]——还说至少有5个约定者后来从"自杀者聊天室"里消失了，其中包括纳迪娅和马克。[51]

纳迪娅的父母在恐惧当中等了6个星期，想知道她是被绑架了还是被杀害了。2008年4月20日，在渥太华的里多河里，女儿的尸体被春天解冻的河水冲到了一块岩石上，被一名船夫发现。[52]

纳迪娅的父母希望将梅尔彻特-丁克尔绳之以法，但要以什么罪名控告他呢？他并没有亲手把纳迪娅推下河。纳迪娅死在加拿大，而他在600英里之外的另一个国家。按照很多地方的法规规定，在自杀案例中，除非协助或教唆自杀的人与受害人处于同一地点，并向受害人提供了致命药品或其他让受害人杀害自己的手段，否则无需承担法律责任。美国的很多法规是这样写的："协助自杀"是指为企图自杀的人提供物理方法，或参与到他人企图自杀的实际行动当中。

尽管如此，纳迪娅的父母仍怀着希望，因为加拿大有一项法律能给劝说、协助、教唆自杀的行为定罪——即便行为方式仅是文字。[53]但是加拿大当局不打算引渡威廉·梅尔彻特-丁克尔，因为他们不认为他与纳迪娅的网络通信是致使她死亡的重要因素。[54]

和加拿大一样，梅尔彻特-丁克尔居住的明尼苏达州也有法规能将鼓励他人自杀定为犯罪。[55]然而，当县检察官指控他教唆纳迪娅·卡卓吉和马克·德赖伯勒自杀时，他竟然争辩说自己的行为在第一修正案保护范围之内。[56]

语言文字是强有力的。它们可以打动听者或读者，促使他们采取行动，有时甚至是伤害自己或他人。想想奥兹·奥斯本（Ozzy Osbourne）①，30年前他录制了一首名为《让自杀结束一切》（*Suicide Solution*）的歌曲，其中有句歌词是"自杀是唯一的出路（Suicide is the only way out）"，后面快得听不清楚的一段歌词中还有一句"拿起枪来试一试，砰、砰、砰（Get the gun and try it; Shoot, shoot, shoot）"。[57]

19岁的约翰·麦科勒姆（John McCollum）连续听这首歌5个小时，然后用一把22毫米口径的手枪对着自己的头部开了一枪。[58]他悲痛欲绝的父母对奥兹和唱片公司提起诉讼。[59]加利福尼亚州上诉法院驳回了他们的申诉，并强调了保护艺术和文学表达的重要性，指出艺术不会仅因为"描述人性黑暗面，引发抑郁情绪"而失去宪法第一修正案的保护。法庭转载了那些歌词，称它们未"下令或强迫任何人在任何时间采取任何行动"。[60]其实不然，这些歌词作为一种诗性手法，潜在传递了各种信息，比如"自杀也是面对生活的一个备选方案"这一思想。[61]法官认为，奥斯本的歌词没有包含"唤起行动"这一必备条件，因为任何头脑清楚的人都不会把它们理解为号召即刻行动的指令。[62]

另一起案件中，约翰尼·卡森（Johnny Carson）②在做节目时请嘉宾表演

① 奥兹·奥斯本：英国著名摇滚歌手，与猫王、列侬齐名。——译者注
② 约翰尼·卡森：前美国国家广播公司（NBC）的明星主持。——译者注

一场特技：颈系绳索，穿过天花板的暗门做自由落体运动。嘉宾达尔·罗宾森（Dar Robinson）——专业的特技演员——声明："相信我，这不是什么好玩的事，不要模仿，这只是特技表演。"[63]

但13岁的尼基（Nicky DeFilippo, Jr.）偏偏要去模仿，结果父母下班回来后发现他被吊在电视机前的半空中，没有了生命迹象，电视机还调在之前播放过该节目的频道。尼基的父母把美国国家广播公司告上了法庭，得到的裁定是：他们无法根据宪法第一修正案获得医疗赔偿。他们继而向更高一级的法庭提出诉讼，州最高法院表示，仅根据一个未成年人的行为就批准索赔，可能导致广播电视公司变得谨小慎微，对任何可能会被模仿的材料采取自我审查，所以法院最后还是否决了这对父母的申诉，并提示他们的尼基是一个特别易受影响的孩子，因为其他观众都不会去模仿这一特技表演。[64]

在上述明尼苏达州的案子中，尽管威廉·梅尔彻特-丁克尔的行为非常卑劣可耻，但在法庭上，宪法第一修正案却对他相当有利。1969年，在"勃兰登堡诉俄亥俄州"（*Brandenburg v. Ohio*）的案件中，美国最高法院甚至运用第一修正案来保护三K党①，推翻了对三K党领导人克拉伦斯·勃兰登堡（Clarence Brandenburg）的定罪。勃兰登堡曾对围坐在燃烧着的木十字架旁的12名三K党成员发表演讲，说："这是一次组织者的会议……我们不是复仇组织，但如果我们的总统、国会、最高法院继续压制我们白人、高加索人种，我们采取一些复仇行动也是有可能的。"[65]

勃兰登堡的行为触犯了《俄亥俄州犯罪工联主义法令》（*Ohio's Criminal Syndicalism Statute*），法令禁止"倡导任何有关犯罪、罢工、暴力或非法恐怖手段的职责、必要性和行为，以通过它们来谋求工业变革和政治变革"，禁止自愿加入任何"教导和传播犯罪工联主义教条的社团或群体"。

三K党领导人提起上诉。国家最高法院主张，即便是提倡暴力和违法的

① 三K党：美国奉行种族主义的白人成立的秘密组织，宣扬人种差别及暴力对待有色人种。——译者注

言论也应受到第一修正案的保护，除非该言论"煽动或引起的非法行动会即将发生"。[66]《犯罪工联主义法令》用"倡导（advocacy）"而非"对即刻非法行动的煽动"来定义犯罪，不符合宪法。

因此，法庭审理后来的案件都遵循一个主张：要给言论定罪，就必须先找出它所针对的特定的"个人或者群体"，邪恶行为所造成的危害必须会在短时间内发生。[67]也就是说，如果所倡导的行为只可能发生在将来某个不确定的时间，该言论就可以受到第一修正案保护。[68]在美国宪法下，政府无法依据"暴力倾向"来给言论定罪。[69]

为了让梅尔彻特-丁克尔受到惩罚，原告必须向法官证明这名网络猎食者的在线聊天已越过了"倡导"这一界限，造成了即刻伤害。审理梅尔彻特-丁克尔案子的法官托马斯·诺伊维尔（Thomas M. Neuville），在明尼苏达州的司法体系里用了将近20年时间才终于在2008年坐上了法官的位子。身为5个孩子的父亲，诺伊维尔首选的法律案件通常有关家庭、医疗保健和文化这些主题。这起案件所涉及的各种事实，是对他所擅长的各个领域的一次综合。

诺伊维尔法官驳斥了梅尔彻特-丁克尔的言论自由说，指出第一修正案不是绝对的。"比如，"他说，"国家可以禁止加工和传播有未成年人参与的现场色情表演。这一禁令从防止未成年人受到伤害的角度来说是成立的，但它不是为了限制这项活动的表现力。"[70]

同样，他推理道："政府有权限制任何建议或鼓励自杀的言论，以推动政府对带有自杀倾向的脆弱生命进行保护，而这也是政府的重大利益所在。"他还指出，梅尔彻特-丁克尔的"鼓励和建议迫切地煽动着纳迪娅·卡卓吉进行自杀，并存在产生如期效果的可能性"。法官把那些即时消息定义为"致命的教唆"，指明梅尔彻特-丁克尔的话"与'攻击性言论'和'造成迫在眉睫的伤害的煽动性言论'一样，是不受保护的言论"。[71]

这名法官还认为，受害人的自杀倾向并不能成为挡箭牌。在男孩观看特技表演后发生事故的案例中，男孩易受影响的性格成了为NBC开脱的借口。而在一个煽动者只针对明确的个人而非大众时，法官诺伊维尔认为，受害人的抑郁症能使她变得更加脆弱，更易被打动，也因此更可能自杀。

正当诺伊维尔法官对这个案子进行思索时，美国最高法院对另外一起案件作出了判决，让梅尔彻特-丁克尔的律师觉得诺伊维尔最终将不得不无罪释放他的当事人。2011年3月，在"斯奈德诉菲尔普斯、威斯特布路浸信会案"（*Snyder v. Phelps, Westboro Baptist Church*）中，一个反同性恋仇恨团体在一场军事葬礼上进行抗议，给亡者家属造成了极大的精神痛苦，最高法院根据第一修正案权利对该团体给予了维护。[72]抗议者们打出来的标语是"感谢上帝发生了9·11""你们将入地狱""感谢上帝让这些士兵死去"。即使葬礼被扰乱的士兵不是同性恋，抗议者依然高举写着"同性恋队伍""牧师强奸男孩"等不堪字样的横幅，不依不饶。尽管如此，首席大法官约翰·罗伯茨（John Roberts）所写下法庭的意见仍表示，活动于公共场所的抗议者应受到宪法第一修正案的保护，因为他们所从事的事情为公众所关注——关乎"美国及其公民的政治和道德行为、国家命运、军队同性恋爱关系，以及牵涉天主教神职人员的丑闻"。[73]

但诺伊维尔法官轻易辨识了这起自杀案与上述案例的不同之处——那些即时消息是个人化的，而非一般性的政治讨论。他说："此案中的言论性质上并不是公开的。指向受害者的言论不为公众所关注，不具有公众价值。因此不应被视作政治性、社会性事件……"

"并且此案中的受害人也非公众人物。如果被告所要强烈表达的是有关自杀或协助自杀的道德、宗教或政治主题，第一修正案必定赋予他无限表达观点的机会。被告人可以写文章讨论自杀话题，可以制作视频和语音文件并传播它们，可以在公共论坛或欢迎他的私人场所里面向个人或群体发表言论，可以出现在电视上、在电台里讲话、在互联网上发消息，只要他所传播的内容为公众性质，而这一点应视事件的具体情形而决定。但此案中，被告所给予的建议和鼓励，是在私下的状况（电子邮件通信和网络聊天）下，指向两个脆弱、抑郁的受害者。他的所作所为已不是单纯地宣传一种政治、伦理和社会哲学。"[74]

根据明尼苏达州法律，教唆自杀最长可判有期徒刑15年。[75]然而2011年5月，法官诺伊维尔所给出的判决别出心裁[76]：梅尔彻特-丁克尔将服刑320天，外加每年分别在两位受害者逝世周年上献礼，直至2021年。[77]同时，法院命令梅尔彻特-丁克尔进行共计160小时的社区服务——每逢7月（马克自杀的月份）和3月（纳迪娅自杀的月份）各进行8个小时。[78]

这名社交网络猎食者所受到的最到位的惩罚是：不经法庭允许不能再度使用互联网。

纳迪娅·卡卓吉的案件判决公正吗？是否真的存在诸如"致命教唆"这类事件？如果是，我们该如何对付那些数字侵略者？在为社交网络制定宪法时，我们需思考言论自由究竟能走多远。具备即时性和广泛性的社交网络是否会滋生一种另类的、更加致命的言论？我们又该如何回应？选择与第一修正案原则一致的立场吗？

即使在网络以外的现实世界中，言论自由也不是绝对的。人们可能会因发表过某些口头或书面的话语受到惩罚，包括人身攻击、行贿、诽谤和欺诈等。社交网络言论应选择怎样的路径？说话者和受害人天各一方的距离能被视作对危害言论的缓冲吗？或者是否应对此类言论的散布者罪加一等，因为他们悄悄地把触角伸到了人们的家里，迷惑受害者，使他们失去判断能力？在扰乱葬礼一案中，最高法院说，"一篇互联网上的帖文能引发"有关合法言论和骚扰之界限的"一些显著议题"。[79]但最高法院并未就怎样划定这二者之间的界限提供任何线索。[80]

在纳迪娅·卡卓吉的案子中，引起第一修正案议题的不仅是犯罪本身，更是其判决。如果我们的社交网络宪法包括联网权，它是否应该准许剥夺梅尔彻特-丁克尔的联网权？从某些方面来说，这样的惩罚是肇事者咎由自取，这就好比是酒后驾车引发交通事故之后吊销驾驶证一样。法官也能在要求假释官不定期走访、防止缓刑犯拥有危险性武器的前提下，酌情决定是否继续给予缓刑。

但是，法官在约束获保释者的宪法权利方面也会受到限制。如，一位法官曾对一名女性银行抢劫犯判处缓刑，条件是她在此期间不能怀孕，这一条件被上诉法院驳回。[81]即便妇女犯有虐童罪，法庭也不能要求她们放弃怀孕，否则就会触犯到宪法所赋予她们的生育自由权。[82]对于一名社交网络的猎食者而言，对互联网的访问将成为他的危险武器，还是一项基本权利？

纳迪娅·卡卓吉的案件引起了决策者的关注，因为它暴露了社交网络上的言论能导致怎样的实际伤害。从警察到国会，各方面都开始关注如何防止网络欺凌、自杀教唆、跟踪猥亵、性骚扰、网络诽谤以及其他通过互联网恐吓和诋毁他人的行为。社交网络为人们提供了窥探、监视和说谎的平台，但在阻止其危害或对犯事者进行追究时，需小心触礁言论自由之权利。

随着执法和公共卫生部门的深入调查，发掘出的数据令人发指。2010年一项针对10~18岁年龄段的研究发现，这一群体中20%的人曾经历过网络欺凌。[83]该研究还发现，仅仅最近30天时间里，就有13%的青少年在互联网上受骗，7%被人冒充，7%受到网络恐吓，5%有不雅照被上传到网上。[84]也有成年人受到伤害的——他们的伤害主要由前男友、商业竞争对手、政敌甚至陌生人施加。但现存的法律认为言语本身只能造成微小的伤害，并未将社交网络的即时性、私密性和广泛性以及网络猎食者可带来的伤害纳入充分的考虑中。

律师伊丽莎白·迈耶（Elizabeth Meyer）指出，网络欺凌比传统的欺凌更加恶劣，因为它可以匿名发生。躲在电脑屏幕背后，人性残忍的一面能变得更加肆无忌惮，且辱骂可被传播至整个世界，而做父母的却越来越难搞清楚状况。在校园里受到欺负，孩子可以逃跑，但面对网络欺凌，他们无处可逃，因为不管走到哪里都能接收到那些网络信息。当网络帖子教唆他人行动时，发起者可以躲得远远的，把自己撇得干干净净。加利福尼亚州一所中学的几名学生看到 Facebook 上一篇题为 "踹死红毛大会（Kick a Ginger Day）"（显然是从《南方公园》里相关情节学来的）的帖子后，把一名红发男孩痛打了一顿。这名男孩先后遭到了两批学生的殴打，这些学生正是响应了这场数字召唤才对他施暴的。[85]

在网络广场上散布恶劣言辞可以招致毁灭性的结果。梅根·迈耶（Megan Meier）是居住在密苏里州的一名七年级女孩，她在学校里过得不开心。[86]转学到一所天主教学校后，她与之前学校的一位女孩结束了朋友关系，虽然这位女孩家同她家之间只隔了4所房子。[87]女孩的妈妈洛丽·德鲁（Lori Drew）担心梅根会说女儿的坏话，于是建了一个 Myspace 账号，以16岁男孩乔希·埃文斯（Josh Evans）的口吻发布消息，并加梅根为好友。[88]一连几个星期，这个 "乔希" 都在调戏梅根，且夸她 "性感"。然后，"乔希" 的语气发生了变化。一天晚上，"他" 对梅根说这个世界如果没有她会变得更加美好。"他" Myspace 上的好友也跟着起哄，大家都开始对梅根进行攻击。

在梅根收到 "乔希" 的消息一刻钟后，她的妈妈发现她把自己吊死在了衣柜里。[90]

梅根给 "乔希" 发的最后一则信息是这样的："你是那种——可以让一个女孩为你去死的男孩。"[91]

密苏里州的检察官没有追究洛丽·德鲁的责任，因为她没有违反任何州法规。[92]这个州的防骚扰法律那时还没有跟上社交网络的发展速度——只能惩罚通过书面或电话交流进行的传统骚扰行为。[93]而在1879年，密苏里州有关协助与教唆自杀的法律被法官理解为作恶者需在自杀行为现场才能构成犯罪。

密苏里州检察官无力让洛丽·德鲁受到逮捕，这让执法圈里的很多人感到不安。托马斯·奥布赖恩（Thomas O'Brien），一位加利福尼亚州的联邦检察官，决定为此做点什么。[94]他意识到，在以虚假的身份发布消息时，德鲁已经违反了 Myspace 要求用户以真实身份注册的服务条款，且因为 Myspace 公司总部在加利福尼亚州，他认为可以由此判定这起犯罪行为是发生在加利福尼亚州的，尽管洛丽·德鲁和梅根·迈耶都生活在密苏里州。

奥布赖恩以严重违反《计算机欺诈与滥用法案》的罪名起诉了德鲁，该法案禁止为推动犯罪或侵权行为而访问计算机。但因为该控告涉及的是德鲁对 Myspace 的使用，陪审团不能将德鲁在其他社交网络上的活动也一并考虑进去。有关"乔希"告诫梅根世界没她会更美好的信息——最到位的证据，恰恰不是在 Myspace 上，而是通过 AOL 即时消息发送的。因此，法官让陪审团做决定时直接无视了这条消息。[95]

陪审团只给德鲁定了一个轻微的行为不当罪：违反 Myspace 服务条款，用伪信息建立假账号。她所面临的最重惩罚最终也不过是三年有期徒刑。[96]

"相信我，我曾相信这个女人会坐牢 20 年。"陪审团团长，25 岁的瓦伦蒂娜·库纳兹（Valentina Kunasz）说，"然而，在更棘手的重罪指控方面，根据我们所掌握的这些证据，给她定罪确实变得很难。"[97]

在法庭书记员宣读陪审团裁定时，库纳兹瞟了一眼蒂娜·迈耶（Tina Meier）——梅根的妈妈，[98]"我真想向这位母亲伸出双臂，给她一个拥抱，告诉她我真的很抱歉，为她失去孩子而难过。"库纳兹说，"我看她是因为我觉得自己没能帮她讨回她所期望的公道。"

最后，洛丽·德鲁没有被定罪为网络欺凌，而是仅被判违反 Myspace 服务条款。她以行为不当的小罪名逃脱了应受的惩罚，却得寸进尺地对法官提出了一项非同小可的要求——要求法官宣布她是无辜的。这在司法界是极其罕见的。

后来发生的事情中，有关第一修正案的冲突更加显而易见。互联网言论自由的拥护者电子前线基金会代表德鲁提起辩护。基金会认为，如果仅因为没有使用真实身份，违反了 Myspace 的服务条款，就可以给洛丽·德鲁定罪，那任何在网上匿名发帖的人——不论是揭发黑幕者还是批判政府的人——都将成为罪人。

仔细阅读Myspace的服务条款，法官伍浩平（George Wu）发现，其中所包含的一些规定每天都在被人们司空见惯地打破。这位法官认为，如果他同意了给德鲁的定罪，就代表下述这些人的行为也属于犯罪。

> 1. 那些故意谎报年龄、身高和长相的内心寂寞的人。他们违反了MSTOS（Myspace服务协议）禁止"在知情的情况下，提供谬误的或起误导作用的信息"；
>
> 2. 未经同学同意就发布对方真实照片的学生。他触犯了MSTOS有关"未经他人允许不得公开其照片信息"的规定；
>
> 3. 焦急的父母向邻居朋友广发消息，请他们速速购买女儿的女童子军饼干。他们违背的是MSTOS反对"对他人进行广告、拉赞助以售卖产品或服务"的条例。[99]

如果计算机欺诈法规能适用于对Myspace条例的违犯，任何没有遵守社交网络协议的人都可以被当作罪犯审问。[100]这将意味着，政府的一项主要职能——给何种行为定罪——将落入社交网络的手中。

伍法官最后推翻了陪审团给德鲁的定罪，将她无罪释放。

这使得梅根的母亲心碎至极。她希望看到德鲁入狱，因为她希望这起案件能成为一个判例："我认为有必要让人们知道：你登录互联网，把它用作伤害、骚扰他人的武器，是要承担后果的，你不可能一走了之。这关系到的远不止一个少年的生命。"[101]

但事实证明，联邦《计算机欺诈与滥用法案》在惩罚德鲁上是无力的。一些州试图确立法规来定义和惩罚网络欺凌，但这些法规大部分是不全面的，有些只适用于校园事件，疾病控制中心（Centers for Disease Control）却指出，在被报道遭受网络欺凌的青少年中，65%是在校园外受害的。[102]其他一些法规则不能涵盖单独一篇骚扰帖文所产生的伤害（它们针对的是重复发生的骚扰），或只能用于欺凌者为孩子的事例。洛丽·德鲁的行为在这些法规下都不会受到惩罚，因为它既不是发生在校园内部，德鲁也非未成年人，且她将梅根·迈耶推向自杀只是在告诉她"世界少了她会更好"的那一瞬间。在其他州，违反网络欺凌法也不会采取刑事处罚，只是要求学校对学生进行网络欺凌的相关教育。

即便是在最揪心的案例中，陪审员似乎也不乐意用法律来制裁网络欺凌行为。洛丽·德鲁的定罪被推翻后，密苏里州拓展了防骚扰法律的适用范围，以对任何"通过匿名电话等电子通信手段，故意吓唬、恐吓及给他人造成精神痛苦的人"处以刑罚。[103]在社交网络上，成年人骚扰孩子将构成犯罪，反之则属于行为不当。

但在40岁的伊丽莎白·思拉舍（Elizabeth Thrasher）迫害前夫新女朋友的女儿一案中，新法律的运用并未能给人们带来丝毫安慰。伊丽莎白把17岁的丹妮尔·帕瑟诺斯（Daniele Pathenos）的照片、手机号码、电子邮箱公布在Craigslist网站的"随意接触（Casual Encounters）"板块。该板块是一个供人表达随意进行性接触兴趣的网络场所。[104]这些信息被公开之后，各种来自20—30岁发送者的色情电话、电子邮件和短消息潮水一般涌向这名女孩，[105]发送内容甚至包括裸体照片和援交请求。[106]一名男子在电话里联系不上她，甚至还跑到了她工作的餐馆，导致她最后不得不在恐惧之中辞掉了这份工作。[107]她表示这些信息的公开让她觉得自己"必会被人杀害和强奸"。[108]

伊丽莎白的律师坚持这些帖子不过"就是一点恶作剧"，[109]况且女孩已在Myspace资料里公布过自己的照片和工作地点。[110]当陪审团宣告伊丽莎白无罪时，检察官杰克·巴纳斯（Jack Banas）表示，密苏里州的新防骚扰法律也许还有待加强。[111]

用色情消息陷害他人是人们在社交网络上常用的手段，可以被认为是一种新型的性骚扰。2006年马里兰大学的一项研究发现，网络聊天室里带有女性昵称的用户收到私人骚扰信息数量是男性昵称用户的25倍。[112]如今，女性所担心的不再是在大街上遇到流氓，被带到漆黑的弄堂里，而是在网络世界里被黑。

今天女性受到的网络性骚扰，有点像20世纪70年代由传统男性主导的职业中——例如警察、计程车司机和工厂工人——对女性充满敌意的工作环境。但当一名妇女的工作场所变成网络时，网络攻击真的能夺走她的工作。想在工作内外陷害女性的匿名发帖者，需要做的仅仅是将她的家庭住址和电话号码公布于Craigslist或其他色情网站上，造成其他人对她的强奸幻想，与此同时，他甚至无需离开自己的公寓半步。被网络骚扰的受害者很无助，因为与传统性骚扰案件不同，在网络骚扰中，受害者与加害人物理上并不处在同一个地方。

根据"努力制止滥用网络"（Working to Halt Online Abuse）团队的研究，在2010年报告的349起网络骚扰中，73%受害者为女性。[113]女性受害者常常不再在网上发消息，或开始使用男名，将一些职业发展的机会拒之门外。[114]她们也可能会损失本可由广告创造的收入。[115]有一位名为谢丽尔·林赛·西霍夫（Cheryl Lindsey Seelhoff）的女性博主评论道："最后让我们不再发声的正是他人的言论自由权，他们的言论自由夺走了我们的言论自由。"[116]

凯西·塞拉（Kathy Sierra）撰写博客讨论如何设计容易使用的软件，并著有一系列有关网站设计的著作，[117]不仅如此，她还创立了世界最大的社区网站之一JavaRanch。[118]她是一个工作在男人阵地上的女人，为技术设计著书立说。

但这样也不能让一些男人善罢甘休。2007年3月初，有人在凯西的博客上留言"最好有人把你的喉咙撕裂"。[119]那些残暴和诽谤性的消息接二连三地出现在她的网站上，还带了一张用红色蕾丝边内裤捂着嘴脸的伪造照片。[120]有人在凯西的照片旁边放了一个绞索，一位评论者写道："凯西唯一要给我提供的就是那个能套住她脖子的绞索。"[121]还有另一位用户把她的社会保险号和家庭住址贴了出来。[122]

凯西连自己的后院都不敢踏出一步，[123]她联络了当地警察，乔装打扮去圣地亚哥参加技术会议，并作专题演讲。[124]她在网上发布的消息称，言论自由不应该充当网络恐吓言辞的保护伞："难道对他人构成威胁的一张照片或一句评论一定是无害的，就因为它们出现在网上？我们就愿意把自己母亲、姐妹或女儿的的生命押在上面？"[125]

2007年4月初，凯西放弃了她2006年荣登Technorati（著名博客搜索引擎）百佳榜的博客"创造激情用户（Creating Passionate Users）"。[127]尽管2007年3月时她曾说："不管是否还是受攻击的靶子，都会保持低调。"[128]最终她还是恢复了一些公开演讲活动，[129]只不过再也没有重新启动博客。毫不夸张地说，她是被逼着退出了网络。

在线骚扰也能毁灭一个人的线下职业生涯。有时，社交网络上的猎食者的注意力并不集中在向一个目标发送骚扰信息，而是处心积虑四处散播对她的诋毁消息，让负面评价铺天盖地向她袭来。2005年夏天，布里坦·海勒（Brittan Heller）正在准备搬家到康涅狄格州的纽黑文市，在那里开始她耶鲁大学法学院第一年的生活[130]。突然，她在AutoAdmit网站上看到自己成为一则题为"臭婊子要上法学院"的恐吓消息的攻击对象，AutoAdmit是一家为法学学生、教师和律师主办讨论会的网站。这则恐吓消息警告布里坦未来的同学们"小心这个人"，其他用户也纷纷开始对布里坦发布性威胁和向她提出虚假索赔。[131]用户"Neoprag"写着"我一定要上她，这是必须的"，而且说"我还要鸡奸她，一次又一次"。[132]用户"：D"写着："还是不要上为好，她身上有疱疹。"[133]

在朋友提醒她AutoAdmit[134]上的这些骚扰消息之前，布里坦甚至从未听闻过这家网站。AutoAdmit是20岁的贾勒特·科恩（Jarret Cohen）于2004年所创，与当时宾夕法尼亚大学法学院的安东尼·西奥里（Anthony Ciolli）一同合作运营。[135]这个网站的名称意指在考试中取得高分被法学院"自动"录取，网站每月吸引的访问者高达80~100万。[136]

尽管网站的宗旨不过是提供有关法学院和律师事务所的资讯，但那里有数量惊人的帖子存在明显的种族歧视和女性歧视。用户随意选用一个昵称就能发布消息，[137]且AutoAdmit声称未保留发帖人的IP地址，所以也不可能暴露他们的真实身份。[138]有访问者天真地来到网站寻找法学院信息，却掉进了一个网络粪坑。2005年，在该网站上的全部帖子中只有150条是讨论加州大学洛杉矶分校，100条讨论"见习"，100条讨论"乔治城"。[139]对比鲜明的是，250条帖子里含"黑鬼（nigger）"字样，300多条里含"婊子（bitch-es）"，还有几乎300多条含"女性阴部"等污秽之词，300多条有关犹太人（多带贬义色彩），还有200多条有关"同志"。[140]

这些蜂拥而至诋毁布里坦的消息称，她能进耶鲁大学法学院是通过行贿，她和耶鲁大学法学院的一名行政官员是女同性恋关系。[141]于是，AutoAd-mit网站上的网民们觉得光是贬低她还不足够，继而又出现很多帖子教唆他人在各大律师事务所把她的名声搞臭，以使她将来找不到工作。[142]更糟糕的是，因为AutoAdmit上的帖子可以被谷歌检索到，这些骚扰消息将成为潜在雇主对她进行了解的首要来源。布里坦为暑期找工作罗列了几个首选单位，但都被拒绝了，[143]对于这一点，一名法律记者指出："一名耶鲁大学法学院的学生竟然找不到工作，这简直不可思议。"[144]

布里坦并非AutoAdmit的唯一受害者。以优等生的身份以最优异的成绩毕业于北卡罗来纳大学的海德·伊拉瓦尼（Heide Iravani），[145]自2007年1月始也不幸成为了AutoAdmit上百余篇帖子的攻击目标。[146]一位昵称为"丑女人（Ugly Women）"的用户说海德曾被其父亲强奸并怀孕，[147]"Sleazy Z"则力劝网友在她怀孕期间"袭击她的肚子"，[148]其他网友也纷纷表示希望海德被强奸。[149]另有一位网友假借某法学院院长的名义，谎称海德曾与自己发生过关系，以求他让她"通过两门民事诉讼法课程"。[150]

海德被该网站上的这些谣言和恐吓吓破了胆，其中包括那些声称强奸过她的男人们所说的话，她很担心其穆斯林父亲知道了将会有什么样的反应。因为精神上的极度抑郁，海德病倒入院了。[151]其后，同对待布里坦一样，骚扰者们开始将矛头指向她的职业生涯。4月，一位来自AutoAdmit的网友给她的未来暑期雇主发了一封电子邮件，指出"网络上已经存在有关她的各种不良消息"，这些消息将会影响到公司在客户当中的声誉。[152]2007年6月，在对海德这个名字进行谷歌搜索时，前4项结果都是来自AutoAdmit的帖子。[153]

布里坦首先诉诸于谷歌，让其撤下那些诋毁性的帖子。但谷歌的政策是不从搜索结果中转移所谓诽谤信息，而是让用户自己联系网站管理员来解决问题。[154]于是，她联络了AutoAdmit的管理员，但他们没有回应。[155]海德也联系了AutoAdmit，告知他们自己被这些帖子伤害得需要寻求治疗。[156]但安东尼·西奥里拒绝移除那些消息。[157]事实上，他还扬言要是她还一再要求删除那些消息，就将她的这一要求也一并公开在网站上。[158]

所以布里坦和海德行使了第一修正案赋予她们的权利。她们聘用了ReputationDefender，这是一家专业帮人从网站上删除诋毁信息的公司。ReputationDefender代表她们发起公关，极力劝说AutoAdmit回应有关其内容的投诉，并联系了多所法学院的院长。[159]

后来，布里坦和海德分别对AutoAdmit上的28名化名发帖人提出了诉讼。[160]昵称为"AK4"的发帖者争辩说，强制公开他的身份违反了第一修正案赋予他的匿名言论权。他及其他那些发帖诽谤他人的网友竟厚颜无耻地抗议道，揭露他们的真实身份将伤害到他们的情感，断送他们的前程。[161]

法庭意识到，尽管第一修正案在一般情况下会保护匿名言论，包括互联网上的言论，但这项权利并不是绝对的。只要原告能证明信息的诽谤性，就可以依法对匿名发帖人进行起诉，[162]但如果这样做会打击到合理批判，匿名帖则不能被揭露。

在这个事件中，布里坦和海德受到了诽谤和伤害。法庭认为她们揭露"AK47"真实身份的请求在合理性上大于第一修正案下的匿名言论权，[163]于是法庭揭露了"AK47"。至于其他一些用户，例如"vincimus"和"a horse walks into a bar"，则自愿披露了自己的身份，但大多数发帖者仍躲在背后。他们可以在网吧或其他公共场所使用软件来掩盖有关自身身份的任何信息。[164]

随着案子的进展，布里坦和海德的律师们所进行的辩论已经越过诽谤，纳入了许多其他起源于1890年《哈佛法学评论》中《论隐私权》一文的行动理由。他们还罗列了侵犯隐私权、披露信息使他人受到不公正对待，对姓名和肖像的不合理使用，给他人造成精神痛苦等。[165]最后，这起控告匿名发帖者的案件以有利于布里坦和海德的结果落下帷幕。[166]

但是她们的情感伤害并未就此了结。AutoAdmit仍在走诽谤的特色路线，2011年6月就有一条带有种族歧视的消息发布在上面："我认为我有一个很好的办法能解决美国的犯罪问题。"紧跟着有一条评论写道："杀掉所有的黑鬼。"[167]2010年，当布里坦开始以博士后的身份致力于喀布尔的"阿富汗法律教育项目"时[168]（斯坦福大学与阿富汗美国大学合作开设的一个全日制的5年制文学士和法学士兼修专业。——译者注），又有新的矛头指向她。"布里坦·海勒现在正在操纵伟大的反恐法！""我们祈祷布里坦·海勒的宫内避孕器里掉出个定时炸弹来。"[169]

针对妇女和非裔美国人的恶意诋毁消息给法律带来了新的挑战。作恶者亲自对受害者造成伤害时，传统刑法或许还能适用；对于直接恐吓他人的骚扰者，或许也能进行袭击指控。但是对于面向第三方传播的"踹死红毛大会"或"召唤强奸"，法律能做什么呢？这些通信不是直接发生在作恶者与受害者之间，而是面向其他网友甚至整个网络。

文字本身应受到惩罚吗？人们很难确定言论自由是在什么时候变质成了犯罪。洛丽·德鲁的受害者梅根·迈耶（一如受到奥兹·奥斯本的音乐和约翰尼·卡森的影响而不小心杀害自己的男孩们），是否要为她自己的行为负全责？还是说她更像纳迪娅·卡卓吉，显然完全是被坏人推向自杀的境地？面对网络上骚扰女性的色情和暴力消息，法律应做出怎样的反应？

面对文字恐吓，有关自杀和防骚扰的传统法律存在漏洞，而现有的刑法和侵权法补救措施基本上也不足以处理网络骚扰对女性和有色人种造成的各种伤害。[170]如 AutoAdmit 上那些带有骚扰信息的帖子，其杀伤力已经超越了被瞄准的个人。网络性骚扰是对全体女性的贬低和排斥。法学教授丹妮尔·济慈·西特伦（Danielle Keats Citron）指出，诽谤是指对一个人名誉的损坏，而不仅是指性骚扰或其他诋毁性言论给受害人打上的烙印。西特伦主张将民事权利法规运用于女性和少数族裔受到的网络骚扰。

在创建包含网络言论自由权的社交网络宪法时，我们可以设置一些限制。就像纳迪娅的案子，我们应让以教唆方式制造伤害的人担负起法律责任。线下世界的法律诉讼基准，如诽谤罪、隐私侵犯罪、歧视罪，应该也能用在发布有害信息的个人身上。匿名发布者在其内容可能将要造成实际伤害时，应被揭露真实身份。当他们发布的内容为诋毁他人、揭露他人隐私时，他们自己的身份信息也应被公之于众。这样的制约能使针对政治人物、社会机构和服务（比如餐馆点评、医生口碑）的匿名言论受到更好的保护。

然而，控告发布消息者的权利常会成为一项被架空了的权利。也许这个人根本就无迹可寻，这取决于他或她发布内容所使用的网络服务类型或软件。在受害人终于能够从原始网站上把诽谤内容删除时，这些消息可能已在网络上被转发了很多次，或者也可能只是被相同网页或社交网络上的另一篇有问题的帖子所取代了。

从根本上说，Facebook 和 Myspace 这样的社交网络上滋生暴力和有害话语的可能性要小一点，因为大多数人都使用自己真实的名字。不过即便是在这些网站，也不失残暴和欺诈的行为，如瑞安·哈利根（Ryan Halligan）①和洛丽·德鲁的事例。随着社交网络及其他网站对匿名发布的鼓励，潜在的危害甚至会变得更加严重，而潜在的追索权将越来越淡为云烟。在 AutoAdmit

---

① 瑞安·哈利根：因遭到班里同学欺凌和网上欺凌而自杀。——译注

案件中，大多数发布了暴力和诽谤消息的人都无法被识别身份，于是他们做了坏事仍能逃之夭夭，而遭受匿名网络猎食者攻击的目标是无助的。

· 是否可以通过将部分责任转移到社交网络或其他网站本身，来震慑这类帖子的产生呢？当这些网站把特色页面贡献给歧视、自杀、毁谤等话题，或拒绝对任何网络消息进行节制时，它们无异于在怂恿各种反社会行为。此时，它们是否应该承担法律责任呢？

然而，对网站的直接起诉却受制于互联网诞生伊始时所设立的联邦法律。《通信规范法案》（*Communications Decency Act*）第230条已经给了互动性的计算机服务（包括互联网服务提供商和网站运营商）一块护身符，其表述是这样的："在信息是由第三方提供的前提下，任何互动性计算机服务的提供者或使用者都不被视为该信息的制造者或传播者。"很大程度上，该法案的通过给互联网服务提供商提供了许可，让其能对某些网站内容（如儿童色情）进行审查，同时免受侵犯言论自由的指摘。然而讽刺的是，因为社交网络及其他网站本身不用对问题帖子承担任何责任，该法案实际的效果是宠坏了言论自由，滋生出各种网络骚扰事件。

向互联网服务提供商赋予特权在很多情况下是符合情理的。康卡斯特、雅虎、Gmail及其他使人们得以相互联通的服务器，无法拦截人们发送的每一条消息来审查它们是否对他人造成诽谤或落井下石。但是，另一些网站是否也要如此呢？是否应该用规范出版者及传播者的标准来要求它们呢？它们是否需对出现在其页面或通过其页面播放的任何诋毁信息和侵权信息负责呢？

据西莉亚·布莱（揭露纳迪娅·卡卓吉案的教师）估计，互联网上大约存在7000多个自杀网站。[171]纳迪娅和"卡米"相遇是在一个名为alt.suicide.methods的网站上。这类致力于夺取他人生命的社交网络和网站会从见效时间、成功率、疼痛程度、失败后的可能后果等方面，分析比较各种自杀方法。有些网站还包括如何将手枪对准嘴巴以一枪见效的图示，制作毒药的配方，以及获得其他自杀用品的手段。一家颇受欢迎的日文网站不仅教人怎样将马桶清洁剂与硫黄皂混合以制作出一种有毒气体，还教用户计算出特定空间内所需的每一种成分的量，并提供PDF格式的警告标识让用户下载，以便用户就该有毒物质对急救人员和邻居进行提醒。[172]在有些社交网络上，人们有问题可以立马得到答案。网友"Overwhelmed in Orlando"写道："我想自杀，但我不知道该怎样做。"[173]Church of Euthanasia网站立马对他/她做出了回应，详细向他/她介绍了一些自杀方法。

鉴于在关键时候的易获得性、匿名性、互动性、分享性以及对个人具体情况的适用性，社交网络上有关自杀方法的信息不同于书里写的。[174]并且，对于自杀率最高的人群——青少年——而言，通过加入社交网络来寻求自杀方法可能具有特殊的吸引力。

对大部分人而言，以自杀为专题的社交网络听起来很可怕，就像法官诺伊维尔在纳迪娅案件中所谈及的被保护的言论——发布在互联网上的消息是可以被每个人看到的，而不只是某个脆弱的个体。但当网站为欲自杀者提供上述答案，或网站上的人通过私下聊天的方式怂恿自杀（如梅尔彻特-丁克尔对纳迪娅所做的）时，网站是否应该为"致命教唆"负起责任？

那么，像AutoAdmit这样怂恿指名道姓的诽谤行为的网站呢？布里坦和海德控告其管理者之一安东尼·西奥罗时，他躲到了联邦法规《通信规范法案》[175]第230条背后。同样的情况下，《纽约时报》如果发布了由他人提供的诽谤信息就要负法律责任，而各种网站从事相同的活动却能因为"第230条"免责。因此，最后的结果就是她们无法控告安东尼。[176]

不仅如此，安东尼·西奥罗还反咬一口，以侵犯隐私和无故控告为由对海德和布里坦提起起诉。[177]那起案件最后以和解告终，不过结果没有披露给公众。[178]尽管如此，笑到最后的也许还是那两位女性。尽管有很多人发布诽谤消息企图断送她们的前程，最后被撤销的却是一家律师事务所提供给安东尼的工作录用函。事务所的一位管理合伙人说，安东尼创办AutoAdmit这类网站的行为，与事务所的信仰及"律师行业中同行之间相互尊重与合作的原则"背道而驰。这位合伙人写道："我希望我们事务所的每一位律师，在面对（AutoAdmit网站）消息栏里的那种用语与措辞时，都能洁身自好，绕道而行，而你却助纣为虐，把这些话语推向公众。"[180]

在社交网络宪法下，网站本身在什么情况下要为指向具体个人的诋毁、骚扰和性恐吓负责？这是一个棘手的问题，涉及隐私权与言论自由权利的权衡。对一些仅传送消息的互联网服务提供商，如康卡斯特和AOL，以及诸如Facebook和Myspace等大众化的社交网络免责，或许是行得通的。但对于一些主要目的就是诋毁他人、挖掘隐私、性骚扰、诽谤、制造伤害的网站来说，免责就完全不合理了。

处在《通信规范法案》第230条保护下的社交网络或网站，如果不但传播攻击性信息且怂恿或参与到问题行为中，受到问责也并非史无前例，此领域内的司法关注主要是关于种族歧视的案件。联邦的反歧视法律规定《纽约时报》和《芝加哥论坛报》（*Chicago Tribune*）等纸质出版物不得用"没有少数族裔（No minorities）"来划分房产类别。然而，当一群芝加哥民权律师对Craigslist的这一做法提起上诉时，法庭却置之不理。[181]因为Craigslist提供的是"互动性的计算机服务"，受"第230条"的保护。

但这样的结果有意义吗？随着通信从报纸和电视转移到线上资源，对言论自由变质成了恶意教唆的清醒认识显得越来越重要。既然房地产广告已基本上从报纸搬上了Craigslist等网站，社会反对种族歧视的决策不是也应该随之改进吗？

继Craigslist歧视案之后所判的一个案例中，联邦上诉法官亚历克斯·科津斯基（Alex Kozinski），美国最著名的法律专家之一，发现了"第230条"在法理上的一个小小的瑕疵。[182]这起案子涉及Craigslist的一个竞争对手——Roommates.com。人们在这个网站上发布房产信息时，可以从下拉选项框中选择"拒绝少数族裔（no minorities）"。[183]12岁时与在大屠杀中幸存下来的父母一起逃难来到美国的罗马尼亚裔的科津斯基觉得，这个下拉菜单带有煽动非法行为和种族歧视的意味。他毫不费力地成功控告了这家网站，因为它不是一个被动的传播者，而是一个主动提供和引导这种负面内容的实体。

但其他那些不设有下拉菜单的网站呢？在"第230条"下，没有人可以因为服务器发布了诋毁和侵犯隐私的内容而起诉AOL和雅虎。但当一个网站存在的主要目的是鼓动自杀或诽谤，它理应为由那些帖子造成受害者生命终结或陷入悲惨境况而负起责任。不仅法官科津斯基主张对助长恶行的网站追究责任，加州西部法学院的南希·金（Nancy Kim）教授也指出，尽管"第230条"规定法庭不能把网站或社交网络等同于出版商，但这并不意味着法庭不能将它们视为业主。她表示，可以让一些网站承担起"业主责任"，"第230条"的免责应只能授予那些努力阻止伤害发生的社交网络、网站和互联网服务提供商。

归根结底，社交网络是企业实体。它们出售广告，有时也出售商品，如T恤衫，同时提供某些服务。由钢筋水泥构建的实体对于发生在其场所内外的事物，需要承担某种关联责任。比如说，汽车旅馆没有给客房安装门锁，或没有在停车场上安装路灯，那么如果某位女性在它的场地上被强奸，旅馆就需承担一定的责任。酒吧如果为客户供应了过多的酒精，导致客户酒驾回家的路上撞倒了某人，那酒吧也要承担责任。即便是无线电台，如果因举办非现场竞赛而危害到了人们，也将承担责任。[184]

南希·金在她的文章《网站所有权和在线骚扰》（*Web Site Proprietorship and Online Harassment*）中表示，社交网络、网站、论坛和聊天室应受制于与线下企业同样的合理性标准。金要求它们履行业主的责任，采取"合理措施"减少网络骚扰。[185]就同汽车旅馆必须安装门锁和路灯一样，社交网络及网站也必须做一些事情来降低网络骚扰发生的几率。南希·金表示，网站可以通过制约匿名来减少网络失控效应，比如让非匿名的帖子排在匿名帖的前面，同意在某些情形下披露匿名发帖人的真实身份等。如果发帖人在发布诽谤性或侵犯隐私的信息时知道自己的身份有可能会被公开，他们也许会感觉不一样，变得有所顾忌。金还指出，匿名检举揭露应运用于"所发布的消息中有明确指向的网络骚扰受害者；该受害者为非公开的个人；受害者签署宣誓书证明自己就是消息内容所指；受害人给出需要揭露消息发布者真实身份的充分理由"的情况下。[186]因为揭露受限于受害者个人信息和身份已被在线公开的案件，发帖人仍能参与对合法公众话题（如政治）的讨论。业主责任也可以要求网站采取措施对所呈现的内容进行节制，删除具有危害性的网络消息。[187]

"《通信规范法案》第230条为互动性的互联网活动的运营和发展提供了重要的喘息空间，但也招致了一些离谱的不公正的事件的发生，"公民媒体法律项目（Citizen Media Law Project）的萨姆·贝亚德（Sam Bayard）说，"网络运营商（1）作为一个企业聚集一堆人来恶意中伤他人；（2）非常肯定地不去追究消息发布者以帮受到伤害的人找到责任人，却能享受《通信规范法案》第230条的保护，这可以说是不公正的。"[188]

JuicyCampus网站也是一个例证。它是AutoAdmit的大学生版，专门怂恿一些学生发表诋毁言论来攻击其他一些学生。JuicyCampus欢迎内容淫荡、打击笨学生的帖子，宣称某些学生是儿童性骚扰者，同时申明："本网站上出现的所有内容均不代表JuicyCampus的观点，JuicyCampus仅作为互动性计算机服务的提供者，因此根据'第230条'，JuicyCampus不为用户在此发布的任何消息承担责任。"

诸如AutoAdmit、JuicyCampus或exgfpics.com/blog/（前男友发布前女友裸照和吐槽前女友的网站）等网站的商业模式并非被动的信息传输管，而是有意煽动诋毁言论和隐私侵犯，并从中获利。

新泽西州的检察官们争辩道，"第230条"无法保护JuicyCampus免受州《消费者保护法案》（Consumer Protection Act）的惩罚。因为尽管网站已贴出警告不允许发布攻击性内容，但并未提供任何删除这类内容的途径。他们对

JuicyCampus 发起了一项调查，但该网站在调查结束前就关闭了。

社交网络是对言论自由的恩赐。但它们也造就了法学教授布赖恩·雷特（Brian Leiter）口中的"网络粪坑"。对抗骚扰、毁谤、隐私侵犯和歧视的法律需要重新整合，重新活跃起来，把公平正义输送给网络世界。

尽管社交网络宪法把特权给了言论自由，但人们需要做好准备，对自身行为负起社会责任。"社交"网络的核心理念正是推动社会关系和社会交流，但技术本身能衍生出反社会行为。言论的自由在可能对他人招致严重伤害时应受到节制，这些节制不仅针对发出攻击的消息发布者，同时也针对作为"同谋者"的整个社交网络及其他网站。

第八章

场所隐私

I Know
Who You Are and
I Saw
What You Did

每天放学回家后，15岁的布莱克·罗宾斯（Blake Robbins）就像践行青少年的一种礼仪似的，走进卧室，打开苹果笔记本电脑，开始上网。他稍微做一点家庭作业就要跑到社交网络上去查看最新动态，发即时消息给好友，或者用键盘往上敲打自己的个人动态。他的父母和朋友进出房间时，以及他自己洗澡更衣甚至睡觉时，电脑都一直开在那里。

　　苹果笔记本电脑似乎是布莱克通向世界的窗口，但同时它也是世界通向布莱克卧室的窗口。只是布莱克不知道，学校发的这台笔记本电脑用摄像头把他的个人生活尽收眼底，一览无遗。[1]每次他登入或退出，只要不处于睡眠模式，笔记本电脑都可以通过摄像头拍照，捕捉屏幕，并每隔15分钟向学校局域网上传一次图片。[2]

　　5.5英里以外，在宾夕法尼亚州罗斯蒙特市的哈里顿中学，信息服务部门的工作人员会对这些从学生笔记本电脑上收集来的照片进行查看。尽管这种摄像头应该只在电脑被偷的情况下才被开启，信息服务人员却理所当然地采集着有关学生，以及学生家人、朋友甚至老师的成千上万的图片信息。

"这样很夸张，有点像劳尔梅里恩学区肥皂剧。"哈里顿中学的信息服务技术员阿曼达·维斯特（Amanda Wuest）在邮件中写道。

"我知道，但我爱死它了！"这是互联网服务协调员卡罗尔·卡菲罗（Carol Cafiero）给出的回复。[3]

这个富裕的学区向其教职工及2300名学生免费配发笔记本电脑时，[4]负责人克里斯托弗·W. 麦克金尼（Christopher W. McGinley）大张旗鼓地给这个项目做宣传。"每名高中生都会有自己的笔记本电脑——成就21世纪名副其实的移动性学习环境，"他说，"在其他学区还在探索怎样实现这一点时，我们的项目已经整装待发了。我们能走在前沿并非偶然，在劳尔梅里恩，领先，是我们的职责所在。"[5]

麦克金尼没有告诉学生和家长的是，学区另外还花费了143975美元购买到LANrev系统许可，让这些笔记本电脑能接收到学校的远程服务和防盗追踪信号。[6]这使得布莱克电脑上的网络摄像头程序被激活，直到出乎意料地被一位学校管理者传唤的那一天，他才得知原来电脑里还安装了防盗追踪软件。

2009年11月10日，副校长林迪·马茨科（Lindy Matsko）把布莱克叫到自己的办公室，塞给他一张照片。

他不可思议地发现：这竟然是自己在卧室里的照片！

她指着照片上他的手，指责他染指毒品。[7]

布莱克再仔细地看了一眼照片，不知道她在说什么。然后他辨认出了照片里他握在手中的物品，那是他一直在吃的Mike and Ike（美国著名水果糖商标——译者注）糖果。[8]

布莱克惊呆了，"我认为他们完全不应该管到我家里去。"他说。他的父母火冒三丈，他们要回了这张照片，联系了记者。

《费城咨询报》（*Philadelphia Inquirer*）[9]的专栏作家迈克尔·斯默柯尼希（Michael Smerconish）写道："罗宾斯的脸能被看得清清楚楚，从姿势上可以看出他正在和某人谈话，拇指和食指间夹着一样东西，应该就是一块 Mike and Ike 糖，因为形状和大小看起来都和它一样。虽然我们现在有办法确实他手里拿的东西究竟是什么，但这与学区这种'上演真人秀'的做法正当与否无关。"

布莱克的笔记本电脑捕捉了 400 多张照片——其中有他和朋友即时聊天时的屏幕截图、他睡觉时电脑摄像头在他屋里拍下的照片，还有他刚从淋浴房里出来时衣冠不整的样子，以及进入他房间的父亲和朋友。[10]笔记本电脑还传送了 IP 地址，让学校能据此确定其物理位置。[11]

这位专栏作家发现，最麻烦的是对毫不知情的第三方的隐私侵犯，比如布莱克与朋友在互联网聊天时被截图。聊天记录被删节，斯默柯尼希无法判断布莱克和朋友在聊什么。"30 年前，当这项技术还没有诞生的时候，我知道这个年龄的我在谈论什么。"斯默柯尼希写道，"女孩、体育运动、老师、管理员、啤酒聚会。只是顺序也许不是这样的。"[12]

随着布莱克·罗宾斯事迹的传开，该学区的其他学生家长——尤其是女生家长——都开始担心自己的孩子也被窥视了。高二学生萨凡纳·威廉姆斯（Savannah Williams）说通常她"换衣服、做作业、洗澡、不管做什么"时，卧室里的笔记本电脑都是开着的。[13]教职工克里斯汀·贾沃克（Christine Jawork）则早就觉得自己的笔记本电脑有些怪异。于是，当学生告诉她笔记本上绿灯无缘无故就亮起来了，她便拿胶布把摄像头封了起来。[14]

哈里顿中学引起了人们的担忧。该校的信息服务部门通过网络摄像头收集了 30564 张照片以及 27428 张屏幕截图[15]。

布莱克的父母对此义愤填膺。他们觉得，在人们家里对人们进行监视算得上是一种犯罪。但又一次，法律无力胜任对社交网络和数字设备的管理。

美国联邦调查局就该学区是否触犯刑事窃听法进行了调查，但结果并未提起公诉。检察官赞恩·梅莫杰（Zane Memeger）说："政府若要对一起刑事案件提起公诉，首先必须有确凿无疑的证据证明被起诉的人在行为产生时带有犯罪动机。但在此案中，我们并没有找到这样的证据。"[16]

在听闻这种偷偷摸摸在人家里进行摄像监视的行为就这样被放过了之后，参议员阿伦·斯佩克特（Arlen Specter）和罗宾斯一家一样震惊了。斯佩克特悲叹罗宾斯事件引发了"法律是否已落在科技发展之后"这样一个问题，[17]后来他引入了《2010年秘密视频监控法案》（*Surreptitious Video Surveillance Act of 2010*）作为对联邦《窃听法案》的补充，明确规定在他人居所内秘密获取视觉影像属非法行为。[18]参议员拉斯·法因戈尔德（Russ Feingold）——该补充法案的共同支持者——评论说："美国竟没有一部联邦法规可以保护人们不在自己家中遭到监视，这是很多美国人怎么也没有想到的。"[19]不幸他们提议的这项法规并没有被通过，最后只能无疾而终。

既然刑事诉讼不可能，罗宾斯家庭便开始诉诸民事法庭。2010年2月11日，布莱克同父母迈克尔和霍莉·罗宾斯（Michael and Holly Robbins）对劳尔梅里恩学区提起了诉讼，对他们侵犯隐私的行为申请索赔，并要求他们停止对学生和教职工进行监视。[20]他们还试图从那些厌倦了计算机上的cookie的人们所争取来的法律那里寻求庇护——投诉对方违反《窃听法案》[21]中有关非法拦截电子通信信息和《存储通信法案》中有关未经授权获取他人电子通信内容的规定。[22]但因法庭认为只要有一方授权（本案中学区一方已授权），拦截和获取数字通信内容都可以不算作"违法"，两个法案中的规定在过去并没有起到作用。因此，即便罗宾斯的案子受到审理，或许也不应对联邦法规抱有太大的期望。

诉讼提起不到几个小时的时间里，校方相关人员便开始粉碎证据。在学校负责人的命令下，他们不仅关闭了受监视电脑上的防盗追踪软件，还开始删除收集到的照片等数据。[23]

法律诉讼使学校不得不告知其他监控对象实情，并要求学校允许学生及家长查看剩下的图像资料。贾利勒·哈桑（Jalil Hasan）这才知道短短两个月时间里，有1000多张照片从自己的计算机中上传到了学校——469张由网络摄像头拍摄，543张是屏幕截图。[24]这些照片暴露里他在卧室里的样子，以及和家人朋友在一起的样子。这些监控一直进行着，直到布莱克提起诉讼那一天才停止。"看到这些照片时，我真的吓坏了。"贾利勒说。[25]

他的母亲法蒂玛·哈桑（Fatima Hasan）告诉《费城咨询报》，他们从费城搬家到这个风景如画的城郊学区，就是为了帮儿子找一个"安全的环境"上学。

"但当我看到这些照片时，"她说，"我盯着这些抓拍，就感觉在问自己'我究竟是把孩子送到了一个什么样的地方？'"[26]

贾利勒也雇了罗宾斯一家的律师马克·霍茨曼（Mark Haltzman），他递交了第二份诉状，里面写着："如果不是罗宾斯提起了团体诉讼，可以说，现在贾利勒的笔记本电脑只要一打开，就会继续呼呼地忙着拍照和捕捉屏幕。"[27]

罗宾斯和哈桑两个家庭气恼的都是家的神圣受到了侵犯。且从宪法基本原则的角度说，隐私权是自由社会的一个构成部分。美国宪法《人权法案》中赋予了这项权利相当的分量。

学区向媒体透露，他们为这个案件所花的费用达120万美元。[28]这一招挺管用，因为很多担心赋税可能增加的家庭没有选择与罗宾斯家庭站在一条战线上。这些家长倡导，与其表现出对孩子遭受秘密监控的担忧，只要学校不再继续，事情就算告一段落。[29]

但这里涉及的原则问题——人们家中的隐私权史无前例地受到了侵犯——就足以使美国公民自由联盟不再袖手旁观。联盟发表了非当事人陈述意见。[30]"人们在家中的隐私权是神圣不可侵犯的，"[31]联盟的律师写道，并引证了联邦上诉案件，"人们居于自己家中，不受不合理的政府侵入，是宪法第四修正案的核心意义。"[32]

美国公民自由联盟在宾夕法尼亚拥有1000位成员，其中一些成员的孩子也就读于劳尔梅里恩学区。该联盟主要关注的是科技案件这条线，其中包括美国最高法院对擅自使用热感仪器确定他人是否在家中种植大麻这一案件的判决。"与凯洛案中的红外热感手段相比，住所内部的秘密视频监控是一种更严重的侵入和暴露。事实上，视频监控所引起的'情节尤其严重的侵犯个人隐私'事件已促使一些法院做出决定，要求政府只有在提供'特殊需求证明'的前提下，才能展开这类搜索。至少有一家法院已把这一监控行为描述为'奥威尔式'"。①

学校管理者声称他们事先不知道计算机具有监控学生的性能。而事实是，在管理层授权购置这些计算机和防盗追踪软件时，供应商就已对远程跟踪性能做出了说明。学校信息服务部的工作人员把装有布莱克·罗宾斯照片的文件夹放入副校长的电脑中，正是因为这样，这名副校长才找来布莱克问他手里拿的是否为毒品。[33]

有些学生早已发现了防盗追踪软件的存在，也表达了他们的担忧。2009年，学生会的两位同学曾对他们的高中校长当面提出对这款软件侵犯隐私的顾虑。[34]《费城咨询报》报道："学生领袖告诉校长，对于任何监控，所有的学生至少都应该收到正式的警告。"[35]校长却没能在全校范围内就这一政策通知广大学生，也没有做出任何改变。

布莱克和贾利勒的律师马克·霍茨曼提出证据表明，在配发笔记本电脑前，在信息服务部实习的一名学生也曾向部门负责人提起过跟踪会带来的危险。这名学生给信息服务部的负责人弗吉尼亚·迪梅迪欧（Virginia DiMedio）发电子邮件，说该软件能让学校对这些电脑进行远程操控，这是一件"非常惊人"的事，应该告知学生和家长。而迪梅迪欧回复说：

---

① 源于英国小说家乔治·奥威尔的名字，可以释义为"受严格统治而失去人性的社会"。——译者注

> 我非常确定的是，学区技术人员不可能监控在家的学生……你不要
> 担心，放松一点。[36]

迪梅迪欧把整个电子邮件的内容发送给了互联网技师迈克尔·波比克斯（Michael Perbix），波比克斯也给这名学生写了回信：

> 对"老大哥"的担心是有道理的。不过，我向你保证，我们绝不会耍
> 任何"老大哥"的手段，特别是，在电脑没有连接局域网的情况下。[37]

因为这些不靠谱的保证，外加波比克斯提醒他不要向外透露他实习期间所得知的秘密事件，这名学生最后没有把他的担忧扩散给其他人。然而，保证做出后不到几个月的时间，信息服务部就有员工开始对正在上演的"肥皂剧"——他们从远程获取的图片内容——评头论足。

甚至学区自身的法律团队都把信息服务部描述为"西部荒野（Wild West）"，因为"那里极少有官方政策，没有操作规程，也没有员工考核标准"。[38]有些信息服务部门的工作人员以非常轻视的态度对待防盗追踪软件的使用，似乎对这种偷窥乐在其中。

被监视的不仅有学生，还有教师。有一位教师曾询问信息服务部的同事如何让网络摄像头不工作，但对方却不允许她那样做。配给教师的12台笔记本电脑中，有3805张被拍摄的照片和3451张屏幕截图被上传。[39]其中一些是由于笔记本失窃而被连接激活的，但一半以上的教职工电脑里，系统会无缘无故地被激活。

布莱克起诉三个月后，学区同意遵守法庭的命令，永久性停止远程激活学生电脑上的网络摄像头，并承诺在学生和家长查看完全部捕获的图像资料后销毁这些文件。[40]又5个月过后，2010年10月，学区决定避免庭审，支付总共61万美金以了结这两起官司，这笔花费的大部分流向了受理这个案子的

律师。[41]

但在全世界范围内，摄像监控遇上社交网络更是如虎添翼。就在同年秋天，罗格斯大学（Rutgers University）的一年级新生泰勒·金文泰（Tyler Clementi）有一天晚上请室友达伦·拉维（Dharun Ravi）让自己在宿舍独处一会儿。于是达伦走出宿舍，但是离开前他打开了自己的网络摄像头。他溜达到了朋友莫莉·魏（Molly Wei）的房间，然后用莫莉的电脑登录了Skype，偷看泰勒和他的约会对象。[42]

达伦觉得这下有料可爆了。他跑到Twitter上对他的150个粉丝发了一条消息："我进了莫莉的房间，打开了我的网络摄像头，他竟在和一个花花公子亲热。耶！"[43]

两个晚上过后的2010年9月21日，达伦又在Twitter上发了一条消息："任何有iChat（苹果推出的一款即时通信软件。——译者注）的人，有胆量就在晚上9点半到12点找我开视频聊天。是的，那件事又发生了！"[44]就在泰勒和他的恋人"上演"他们最私密的戏份时，达伦和莫莉就在她的房间里偷看着。

当18岁的泰勒发现了这件事后，他气坏了。他是一名性格安静、金发碧眼的小提琴手，因此他跑到社交网络上去寻找建议。应该和室友撕破脸皮吗？还是应该报告学校？不管怎么做，都会引发对他性取向更多的讨论。

与此同时，达伦的朋友正在他的Facebook页面上对他不得不与男同性恋同住一个屋檐下表示同情。面对达伦在Facebook上获得的支持，泰勒惊呆了。他在一个同性恋聊天论坛里吐糟："那些人的评论基本诸如'你是如何做到再回去的？''你还好吧？'和他一起的那些人都把我和男生亲热看作是丑闻，而我想的是拉倒吧……是他在偷窥我……难道他们都看不出这样不对吗？"[45]

2010年9月22日，泰勒·金文泰驾车一小时从学校来到乔治华盛顿大桥。他坐在停在桥边的车里更新了Facebook状态："我要跳下华盛顿大桥了，对不起。"[46]10分钟之后，[47]他进入了另一个世界。[48]

警察思忖着该如何是好：达伦和莫莉是否算是犯罪呢？这算是网络欺凌吗？这算是仇恨犯罪还是谋杀？就算参议员斯佩克特提议的《2010年秘密视频监控法案》被写进法律，也保护不了泰勒，因为视频录制者——他的室友——能合法进入他们的公共空间，这代表他可以对其中任何位置进行视频监控。

2010年9月，案件展开第一步，检察官以隐私侵犯罪对莫莉·魏和达伦·拉维发起刑事指控。莫莉·魏被允许参加专为初犯设立的审前干预项目，并被命令进行300个小时的社区服务，接受网络欺凌方面的教育和培训，改变生活作风，并从事全职工作（在校期间从事兼职工作）。[49]

泰勒在秋天去世，但是法律诉讼真正开始已经是在这学期将要结束时了。莫莉同意指证达伦，所以2011年4月，检察官对达伦提起了上诉，控告他侵犯他人隐私，因性取向恐吓他人，干扰法庭取证（删除Twitter上邀请收听的消息）。[50]达伦并没有认罪，他缴纳了2.5万美元保释金后获得释放。[51]

每一天，世界各地都有同龄人在专门纪念泰勒的Facebook页面上表达对他的悼念。参与到纪念活动中来的已经达到13.8万多人。尽管从来没在生活中见过泰勒，但他们赞赏他的才华，谈论着从他身上获得的启发，以及现在他们如何反抗欺凌。他们告诉他，不管他现在身处何方，希望他仍然在拉他的小提琴。

诸如太阳微系统（Sun Microsystems）公司的斯科特·麦克尼利（Scott McNealy）这样的技术业内人士也许会说："反正你已经没有了隐私，就随它去吧。"[52]但为布莱克·罗宾斯和泰勒·金文泰的遭遇所惊吓的任何人当然都不愿意放任隐私遭到侵犯。不管是布莱克还是泰勒，都有权利对自己的私密活动不被公开抱有合法期望。但在社交网络的年代里，隐私这个概念会走多远呢？

人们在住宅内的隐私权处于美国宪法的核心位置。宪法第四修正案提出："人民的人身、住宅、文件和财产不受无理搜查和扣押的权利，不得侵犯。"

但受到保护的不只有家和宿舍。美国最高法院认为，宪法第四修正案"保护的是人而非场所"。正如前述警察窃听查尔斯·卡茨所使用的公用电话亭一案所表现出的，法庭愿意保护人们有合理隐私期望的任何活动。

社交网络是公开还是隐秘的？假如一位女性邀请20个人到自己的家中，警察没有基于合理理由的搜查证是不能进入的。若她的上司没有被邀请来参加这个聚会，那么他也不能通过电子手段窃听聚会现场的谈话。但如果这位女性是在Facebook上有20位好友呢？这样的圈子是私密的还是公开的？警察、上司等第三方人员是否能把她在此说过的话用于对她不利的目的呢？

对于这些能追踪我们到天涯海角的科技产物——手机摄像头、计算机、能通过分析背景噪音来确定位置的智能手机应用程序，以及手机和计算机上能提示照片拍摄地点的数字图像编码中，我们应该怎样理解？

一些人因为意识不到潜在的后果，便不忌讳地在社交网络上公开自己的家庭住址等地理信息。2009年，英国间谍约翰·索沃斯（John Sawers）爵士的妻子雪莱（Shelley）在Facebook上发了几张照片，照片显示约翰穿着速比涛（世界著名的泳衣制造商SPEEDO公司的运动品牌。——译者注）泳衣，出现了他们的几位亲戚，并提示了他们所在的位置，此后，约翰的特工身份就变得不那么隐秘了。[53]作为MI6[①]的未来领导者，索沃斯的个人信息本是政府高度保密的内容。但这样一条平常的Facebook状态就将他和他的家人置于危险境地，导致一些英国政客呼吁让他退出。所幸，最后首相戈登·布朗（Gordon Brown）还是同意了对他的任命。[54]

在新罕布什尔州，一个盗窃团伙根据人们在Facebook上发布的动态消息确定他们的家里是否有人，并据此偷袭了50多个家庭。[55]在Facebook及其他

---

① 英国陆军情报六局又称秘密情报局、军情六局，缩写为SIS，代号为MI6。——译者注

社交网络上签到，可能会将你的位置泄露给盗贼。甚至还存在一款计算机软件专门在社交网络上搜索关键词"度假"，帮助窃贼锁定外出度假者的房子。

还有一些实例显示，人们对在社交网络上发布的消息可能会泄露什么毫无概念。比如说，用苹果手机拍摄的照片中会嵌入一串名为"地理标签"的元数据。在你发布狗狗做游戏、订婚戒指、要出售的汽车等照片时，这些地理标签就能指示拍摄该照片的物理位置。一些免费软件能轻易解码信息，并在谷歌地图上提示具体的位置。因此，安全分析师们就一个新的问题——"网络窥探（cybercasing）"提出了警告，意思是指不法分子能根据你不经意间在网络上透露的信息，谋划从偷盗到绑架儿童等任何犯罪活动。[56]

一些贩卖个人信息的数据整合商也会透露人们所处的物理位置。Spokeo免费公布人们的家庭地址和手机号码，并低价出售人们在互联网别处发布过的照片、视频等附加信息。2011年，Facebook也开始同第三方网站和开发商共享用户的住址和手机号码，而表面上却让用户以为自己的信息只会对朋友可见。[57]在给Facebook的信中，美国国会议员爱德华·马基（Edward Markey）和乔·巴顿（Joe Barton）表达了对这一举动的担忧。[58]Facebook停止了共享，但其"全球公共政策"副总裁马恩·列文（Marne Levine）表示，在提升用户对信息共享的控制力以后，Facebook还将恢复与第三网站及应用的信息共享。[59]

此外，还有一些网络骚扰者恶意暴露你的位置，陷你于危险之中。伊丽莎白·思拉舍在Craigslist的"随意接触"板块中公开前夫新女友17岁女儿工作地点的行为不就是一个典型例证吗？[60]因此开始有男人跟踪这名女孩，因为思拉舍制造的假象让人以为女孩对随意的性行为感兴趣。面对检察官的指控，伊丽莎白辩说，这些地理信息早已存在于女孩的Myspace页面上，并因此成功脱罪。

我们社交网络宪法中的场所隐私权，应该在隐秘信息不论是被有意还是无意曝光的情况下，都能为人们提供保护，它应该与美国保护隐私权的悠久历史一致。它也应当与美国宪法第四修正案保障"人民的人身、住宅、文件和财产"的隐私权保持一致。

社交网络应被视为私密场所，因此根据社交网络宪法，如果你的地理信息出现在了社交网络上，第三方将不能视之为公开。伊丽莎白·思拉舍、Facebook和Spokeo均可因未经允许私自传播他人的地理信息受到指控。利用网络摄像头及其他设备向互联网发送画面，应被视为侵入他人的物理空间，应受到额外的刑事处罚。

我们的社交网络宪法还应包括通知和请求同意的正当程序权利，要求提供应用软件或设备的单位在你使用该软件或设备时，就可能泄露地理位置发出警告。供应商应该允许人们能够简单地取消该功能。目前来说，禁用地理标签需要经过多个菜单操作，且取消的同时可能会关闭GPS功能，这样一来，谷歌地图等应用程序就无法使用了。

我们多数人都不愿意把完全陌生的人邀请到自己家里，或者张扬自己在性方面的经历，或者公开自己贵重物品的位置。然而，社交网络配合数字设备，就能做到这些。只有在社交网络宪法中声明场所隐私权，我们才能确保我们对安全和隐私的诉求及对个人生活的掌控得到了充分的保护。

第九章

信息隐私

I Know
Who You Are and
I Saw
What You Did

24岁的阿什利·佩恩（Ashley Payne）是一名高中教师。[1]在一次暑期旅行中，她参观了历史上闻名遐迩的爱尔兰圣詹姆斯门啤酒厂，并上传了一些照片到Facebook上，其中一张照片里，她正在啤酒厂品尝一杯爱尔兰黑啤。尽管她已经将Facebook设置为非公开，[2]却有人冒充学生家长，给她所就职的学区负责人发了一封匿名电子邮件，[3]表示她对阿什利在Facebook上发布的"不良"内容——那张喝啤酒的照片和一条叙述阿什利玩"疯婊子宾果游戏"（亚特兰大一家餐馆里玩的游戏名称）的状态更新——表示担忧。[4]

　　2009年8月27日早上，阿什利返回学校——距离学区负责人收到该邮件不到两个小时的时间，即被校长找去谈话，[5]校长让她辞职，理由就是她在Facebook上发的那些信息，否则学校将勒令她停职，这样的话，她将再也不能从事教学工作了。校长要求她当场做下决定，同时警告她："这个事情你是赢不了的。"无奈之下，她当时就辞掉了这份工作。[6]

几个月后，阿什利以违反《乔治亚州公平解雇法案》（*Georgia Fair Dismissal Act*）的罪名起诉学区，因为校长当时并未告知她其实有权要求走正当的听证程序，而校长本身最多只能勒令她停职10天。[7]她至今仍在为这起诉讼忙活。"我不觉得这点事情就应该影响到我的工作，因为我的所作所为不过同其他成年人一样罢了，假期里喝点酒，并且我能为我的行为负责。"[8]乔治亚州职业标准委员会（Georgia Professional Standards Commission）同意她的看法，该委员会主要调查针对教师的道德投诉，必要时禁止有问题的教师继续教学活动。他们认为，那张Facebook照片不足以构成制裁阿什利的理由。[9]但由于阿什利已经提出了辞职，所以在法律上，委员会无权恢复她的职务。

阿什利的私人照片可以成为引起公众恐慌的理由吗？漂亮姑娘举起杯子喝啤酒而没有表现得淑女般端庄，仅仅这样就能代表她没有能力从事教学工作吗？她发了700多张度假时拍的照片，其中仅10张是在她喝酒时拍的。[10]然而给学区负责人发送匿名邮件的"家长"宣称，自己十几岁的女儿曾说："妈妈，今天晚上我要和我的婊子们一起出去逛逛。"把她吓得够呛。这位家长觉得，要不是看了阿什利·佩恩女士的Facebook，女儿嘴里不可能说出这样的话来。

但是，阿什利的Facebook页面是设置为非公开的，她也没有加任何学生或学生家长为好友，而且这位"家长"的说法也有些可疑。难道一名生活在亚特兰大的10多岁少女除了老师的Facebook外，就从没有在别的地方听说过"婊子"这个词？

事实上，没有证据能够表明匿名邮件真的来自学生家长。邮件发送后不久，发送者的邮箱账户就被删除了。《亚特兰大宪法报》（*Atlanta Journal-Constitution*）记者莫琳·唐尼（Maureen Downey）对这封长篇大论的邮件中的用语进行了详细的分析，推测出该邮件其实出自一位与阿什利有过节的教师之手。"我之所以这样认为，有好几个理由，"唐尼写道，"首先，除了教师，很少有人能像这位作者一样准确使用标点符号，特别是引文内的标点符号。而且在学术界以外，我还从没遇到过有人觉得必须用'社交网站'这个词来对Facebook进行解释。"

"另外，你什么时候听过家长能信口谈论英语中的头韵手法？"[11]

"多数家长可能会说'我的孩子是阿什利·佩恩小姐文学课上的一名学生'，但邮件中是这样写的：'我的女儿是一名小学生，正在修佩恩小姐开设的文学课。'①"

"为什么这样说？因为只有身为一名教师，才知道教师一般会同时给多个班级开课，于是不由自主地采用了这样的措辞。"[12]所以，这封匿名邮件的发送者很可能根本不是学生家长，而是对阿什利怀恨在心的同事。

像阿什利·佩恩这样在网络上发布了看似无害的内容却反受其害的还大有人在。社交网络信息的漏洞给人们带来过婚姻破裂、饭碗丢失、上学被拒的遭遇，甚至引发自杀。学校、雇主、贷款单位、信用卡公司以及很多其他社会机构都学会了从社交网络上寻找消息，作为对人进行评价的依据。

一项2008年开展的调查发现，平均每10名高校招生专员中就会有1名表示，访问申请人的社交网络页面是他们决策过程的一个环节。[13]有些是收到申请人的邀请后进行访问，另一些则只是因为页面没有设置成隐秘状态。他们中有38%的人称，看到的内容会对申请者的评价造成不利影响。[14]其中有一位调查对象说自己曾因社交网络上的一条评论拒绝了一位申请者，因为这位申请者在这条评论中"毫不谦虚地说自信能顺利通过这所学校的评价，并说他根本没想过要上这所学校。"

根据凯业必达（CareerBuilder）的一项调查，1/3的雇主表示他们不会雇用Facebook上有饮酒或过于暴露服装照片的人。最近就有一位大学毕业生在

---

① 英语中表示"小学生"的单词pupil与佩恩的英文Payne押头韵。——译者注

一家大型经纪人公司应聘工作时，原本安排好的面试在最后一刻被取消了。公司在电话里对他说，在看到网站上他饮酒的照片后，没有公司还会再录用他。这也太不可思议了吧？经纪人可是要与嗜酒如命的电影明星打交道的——如查理·辛（Charlie Sheen），而且他们自己肯定也饮酒，却因为Facebook上一张饮酒照片而为难一位应聘者？

而且面对这种事情的发生，这位应聘者无法采取补救措施。即便他立即删除照片甚至关掉页面，那也晚了，照片还是能在互联网上被找到。因为存在一个叫做"时光倒流机"的程序（参见www.waybackmachine.org）能在不同的时间里持续对网站进行屏幕截图，并将它们作为历史资料保存到互联网档案中。所以说，你未成年时饮酒的照片、你对那份无聊工作的牢骚或对你那恐怖父亲的抱怨，或许至今还能从"时光倒流机"的档案中调出来。有位律师被一家大型律师事务所解雇了，原因就是他在自己的社交网络页面上发表过几句看上去带有"厌女情结"（misogyny）的词句，那些可是发表在6年前呢！

从2007年开始，在蒙大拿州的波兹曼，你若要应聘警察或消防员的工作，就得列出所有社交网络的账号——还有密码！[15]2009年6月19日，该地区因群众的强烈不满取缔了这一政策，[16]但其他雇主却学会了以类似的方式窥探雇员的另一面。[17]马里兰州的一名管教局员工罗伯特·柯林斯（Robert Collins）在母亲去世后休了为期4个月的假期，[18]当假期结束后他打算重返岗位时，却被要求到管教局接受一次谈话。柯林斯说，约谈者"开始询问我在哪些社交网站上有账号，然后又要了用户名和密码等用户个人登录信息"。[19]他还说，"当时感觉就像如果不说，我的工作就不回来了"。[20]最后他妥协了，把Facebook密码给了对方，职位也得到了恢复。

柯林斯联系了美国公民自由联盟，该组织强烈要求马里兰州管教局调查此事。管教局表示，他们将以口头或书面的形式告知应聘者，透露有关网络账户信息纯属自愿行为。[21]但美国公民自由联盟则认为，在求职的背景下，该单位的这一举动并不能做到让公开私人信息成为真正自愿的行为——它还是强制性的。[22]

人们常常会在社交网络上发表自己最为个人的思想，言谈就如与朋友的私人谈话，很多用户得知社交网络被一些社会机构和法庭认定为公共场所而非隐秘空间时，都非常吃惊。基于社交网络的数据汇总，让人们有了侵犯隐私的概念。例如，麻省理工学院的一个研究项目创造出了"同性恋雷达"，其原理是利用一个人在社交网络上的好友信息来预测这个人是同性恋的可能性，准确率达78%。[23]

人们在向互联网上传内容时，有时并没有意识到自己正在不经意间泄露隐秘信息。Fitbit是一种可携带的设备，健身爱好者们把它夹在衣服上，跟踪记录他们的饮食以及所进行的卡路里燃烧运动。这种仪器含有一个三维运动传感器，可计算运动者在每项运动中所燃烧的卡路里。当在自己的家中或健身俱乐部使用Fitbit时，他的信息就会被上传到互联网，被添加到Fitbit网站上他自己的日志中去。根据Fitbit的联合创始人詹姆斯·帕克（James Park）所言："信息共享是（用户）实现健康计划的一个重要驱动力。"[24]

Fitbit的使用者们不知道他们的日志是公开的，能被谷歌搜索到。有约200个Fitbit使用者的日志中含有一些他们生活中的尴尬细节——从是否中断了节食，到何时有性生活，持续多长时间以及消耗了多少能量等，这些内容都能通过网站搜索引擎在他们的Fitbit用户名下寻找到。[25]2011年6月20日，一位用户的日志如下："性活动：积极主动、精力旺盛；早晨11:30开始，持续一个半小时。"[26]假如记录者的配偶不在家，她其实正和情人在一起，这些信息被人看到会怎样呢？若是老板或家人看到了又会怎样？随着科技对人们一言一行的跟踪记录，人们可能在不经意间，把原本连最要好的朋友和最值得信任的心理医生都不会告诉的秘密抖给了全世界。

社交网络信息几乎搅和了人们线下世界里的每一项活动。例如，警察发现他们如果在Facebook和Myspace上稍微虚张声势一下，就有可能会被刑事案件的被告人扭曲为暴行或腐败。芝加哥的一家律师事务所中，一名合伙人在新同事加入的第一天将他们召集在一间会议室里，他事先在会议室的四面挂满了他们每个人最不雅的照片——照片来源于社交网络。"这就是你们的未来。"他说。

一名54岁的教师正处在使用抗生素的第三个疗程，因为之前的病刚好，她就又从学生那里传染了呼吸道疾病。她在Facebook上发表了自己的抑郁情绪，以为只会被几个朋友看到，所以还半开玩笑地说，这群孩子简直就是"细菌袋子"。但她因此丢了工作。[27]她不知道Facebook的默认设置已经从隐秘改成了公开。

直接来自社交网站页面的信息作为证据，如洪水般地涌入司法系统。传统上，当一个人的健康状况或个人行为涉及某些案件时，法庭才会授权公开这些情况。比如，如果我告你追尾了我的汽车，导致我头部受伤，你的律师便有权获得我的医疗记录，以查看在事故发生前我是否已有颈椎问题等。如果我要在离婚官司中争夺孩子的抚养权，我丈夫的律师便可以向法庭申请许可访问我的邻居，以调查我是否是一位好妈妈。

但在传统案件中，另一方的律师是不能陪我及我的伴侣去参加聚会、访问我小学二年级时就认识我的人或调查我最喜欢的电影和书籍等。这些信息基本上都被认为与案件无关——而且获得的代价太大，耗时较长。然而如今，法官无需多思考一分钟，就会同意辩方律师访问当事人Facebook所有信息的请求，这些信息中可能有私人聚会的照片、老同学的消息、反映个人喜恶及行为的线索等。更糟糕的是，这些信息可能不仅无关痛痒还会引起偏见，但仍被呈到法庭上。假如你以前的配偶最喜欢读《圣经》，而你最喜欢的书是《沉默的羔羊》，那么猜猜看，最后谁会赢得孩子的抚养权？如果你在网上表现得比真实的自己更加健康更加无畏，这个假象同样也会回过头来困扰你，你可能会因此输掉一份健康保险索赔或一起员工赔偿案。

现在，几乎每一起人身伤害案都与社交网络脱不了干系，法庭总会从中获取个人医疗信息。继沃尔玛员工控诉工作引起持久性头痛和颈椎疼痛之后，科罗拉多州联邦法庭便传唤了Facebook、Myspace和Meetup.com等网站上的资料来质疑他的控诉。[28]医院一名文职人员因座椅坍塌而全身多处受伤，不得不进行4次手术，用钢筋和螺丝来固定脊柱和颈部。作为被告方的座椅公司获得法庭许可，对她现在以及过去发布的Facebook及Myspace信息进行了全面的访问。[29]法官认为，如果有照片显示她在微笑或旅行，就代表她仍有能力享受生活，她的身体受到的损伤并没有那么严重。但是，谁规定受重伤的人就不可以在网络上逞强一下呢？

新泽西州几位未成年少女起诉天际蓝十字盾（Horizon Blue Cross Blue Shield）①不覆盖有关饮食失调的医疗费用。[30]该组织辩称，这类失调是由情感压力和社会压力所致，并非医学状况。法官准许他们获取女孩们所写的有关饮食失调的内容，包括社交网络上和相互间及亲友间的电子邮件通信内容。案件最后以该组织拓宽承保范围覆盖饮食失调而告结，但在一些其他案件中，单单是曝光社交网络信息的司法授权或许就足以让原告放弃这场官司，以防将自己的隐私信息公之于众而遭受侮辱和精神痛苦。

有这样一个例子。威斯康星州有一位残疾妇女在离婚官司中要求获得配偶赡养费。但她的丈夫力求法庭参考她最近在Match.com上的资料，那里声称，她拥有积极的生活方式。法庭最后拒绝了这位妇女的要求。[31]

康涅狄格州也发生过一起类似的案件，但法官的裁决却不一样。康涅狄格州的这位妻子患有三处椎间盘突出，左腿患有永久性神经损伤，还患有经常性偏头痛。她想开始新的生活，于是在社交网络上罗列了"骑自行车、滑旱冰、泛舟、散步以及……瑜伽"等内容，为的是不让别人对她表示同情。[32]她的丈夫企图把这些信息用作她并无残疾的证明，但是法庭正确评估了这些

---

①美国新泽西州一保险组织。——译者注

文字中的"水分"，认为它们只能代表这名妻子对"社交关系"的期望。最后，法庭命令这名丈夫部分承担妻子的生活需求（同时妻子应归还丈夫的贵重物品，包括他的年鉴、一把小的白色柳条摇椅，还有一架西尔斯台锯）。

前述"随意接触"案件本不应该被认为与强奸案件或性骚扰案件有关，但是很多法官认可了来自Facebook和Myspace账号上有关性方面的证据，其他一些法庭则拒绝这样的请求。内达华州的玛丽亚·马克尔普兰格（Maria Mackelprang）在工作中受到性骚扰（包括被强迫实施性行为），在她提起诉讼后，她的上司向法官申请访问玛丽亚两个Myspace账号下的所有邮件，不仅如此，他还想要登录她的社交网站页面，企图证明既然她愿意与其他人发生性行为，那么与上司发生性行为就不是什么大不了的事了。不过，联邦法官拒绝了他的请求。因为这种访问不仅是对他人隐私的侵犯，而且可能会引起尴尬。法官认为，它反映了一个错误的观念，那就是认为如果人们有过性行为，这"会使他们在情感上对性骚扰产生一定的抵抗力。"[33]

我们的私人信息正在被司空见惯地从社交网络上一点点剥下来，而且我们对此常常一无所知。我们登录社交网络时都以为自己正进入一块私人领地，殊不知一旦我们像鱼儿一样上钩以后，社交网络就过河拆桥，重新制定了游戏规则［参见《Facebook隐私侵蚀策略：时间轴》（*Facebook's Eroding Privacy Policy：A Timeline*）］。

即便我们特意把页面设置成非公开状态，社交网络还是能够从中捣乱，做不利于保护隐私的坏事。2011年，伍斯特大学的乔安妮·库兹马（Joanne Kuzma）对60家社交网站的隐私策略进行了分析研究，其中包括Facebook、Myspace和LinkedIn。好消息是被调查的社交网站中92%已制定了较为全面的隐私政策；坏消息则是37%的网站都含有第三方cookie插件，并且90%含有网络信标。这些隐私入侵者能够追踪记录用户浏览某网页的次数、他在某网站内的浏览记录以及输入该网站表单的所有信息（包括信用卡信息、社会保险号等）等。[34]剑桥大学的研究者开展的另一项调查显示，Facebook 和 Myspace 等社交网站使得用户很难确定自己的隐私设置。[35]该论文作者表示，社交网络之所以这样做，是因为担心人们在认识到隐私保护的局限性以后，不再愿意注册成为用户。[36]

《连线》(*Wired*) 杂志技术专栏作家艾略特·范布斯柯克 (Eliot Van Buskirk) 说："我们建议你不要发布任何不想让营销者、司法机构、政府（或者你母亲）看到的内容，特别是在 Facebook 继续将越来越多的用户信息公开化，甚至送入其他公司手中，把解开魔方——尤其是隐私控制的责任扔给用户之后。"[37]

社交网络上的隐私问题甚至让那些顶级的技术专家们烦心，他们中的有些人被 Facebook 在隐私设置方面反复无常的标准惹恼了。创建伊始，Facebook 允许用户完全掌控他们的隐私设置。但是后来，《连线》的瑞安·辛格 (Ryan Singel) 说道："它背弃了自己的隐私承诺，把你的很多信息默认为公开。"[38]这一改变发生之后，你再也无法使你的姓名、居住城市、照片和好友成为隐秘信息，你的目标、嗜好及人脉都是公开的，除非你把它们完全从你的档案中删除。辛格表达了这种失控给他带来的挫败感："我希望我的档案只对好友可见，而不让老板看见。但做不到。我想要在不被妈妈或其他任何人知道的情况下支持一个反堕胎团体，但我也做不到。"[39]

即使是那些 Facebook 确实允许你保密的信息，想要真正掌控，仍是一件费力的事情。《纽约时报》用一张颇为复杂的图表指出，"在 Facebook 上进行管理隐私信息，你需要浏览共 170 多个选项的 50 项设置条目"。[40]

话说回来，在 Facebook 上至少到最后你还能找到网站的隐私声明，并通读篇幅长达 4.5 万个单词的"隐私常见问题解答"。[41]而那些数据整合商从社交网络页面、搜索条件以及电子邮件中获取个人信息时，并不会提供一个简易的方法，让你发现自己被盯上了。

广告商通过数据汇总和定向输出广告来为公司谋取更大的利润。出于类似的商业目的，你的 Gmail 账户下的电子邮件也会被进行文本分析。但是，对你个人脾性的潜在分析则不只是商业范畴内的行为了。公共卫生官员和心理学家会通过文本分析来辨识搜索过传染病及自杀相关信息的人们。在这个过程中，他们对个人输入搜索引擎的关键词和在社交网络上发布的消息进行分析，当事人则在心安理得地以为自己没有受到任何监视，但是这种侵犯隐私的行为害多益少。

文本分析作为一种排查自杀、欺凌及其他问题行为的手段被提倡。2009年，维多利亚大学研发出一种算法，专门用来寻找有自杀倾向的社交网络用户。[42]研究者通过分析自杀遗言，将与自杀有关的单词及表达汇集成册，然后使用自动抓取工具来根据这些相关词汇的使用频率对Myspace上的个人博客进行评估。根据他们的说法，文本挖掘技术能被用来"将预防自杀的广告导向最高危的人群"，或者向他们发送网络消息，询问他们是否需要帮助。

但是鉴于文本挖掘和算法的局限性，通过这样的方法来把人定性为"有自杀倾向"是有问题的。因为从设计上来说，这种算法捕获的"假阳性"会多于"假阴性"[1]，那些没有自杀倾向的人可能会被误列入"高危"行列。文本挖掘技术无法根据语境判断，因此捕获的常是诸如叙事、引文、小测试之类的无关资料，尽管它们看似包含了一些据称与自杀相关的字眼或负面措辞（如，"又忘记带了钥匙！我都恨不得杀了自己。""不管我病得多严重，我都不会想要自杀。"）。[43]

这种类别划分可能会被长期存储在数据库里，成为令人烦恼的事。如果有可能，个人要到什么时候才能摆脱这种由算法确诊的"自杀倾向"？预防自杀的组织和执法部门是否将对这些人进行更严密的监视？雇主是否会因为这一不太理想的"类别"而不愿意雇用他们？

监视社交网络用户，无论是出于他们自身的利益还是为了助推行为定向广告等商业目的，都是对个人隐私权的侵犯，人们社交网络上的所有消息和

---

① 假阳性：化验结果显示疾病存在，但实际上却是不存在的；假阴性：报告上写的是阴性，疾病不存在，但其实这个结果是错的。——译者注

照片都应被视为隐私。只要一个人期望获得隐私，并且期望合理，传统的法律即为人们提供隐私保护，这两个条件对于社交网络来说都已具备。而且，对社交网络信息的隐私保护将同时也对个人与社会有利。

最初，Facebook以私密空间的姿态吸引了人们。2005年，它的名字还是"Thefacebook"，其隐私政策是这样表述的："上传到Thefacebook上的个人信息，不会被你所设置的群组以外的任何网站用户获取。"

Facebook的整体结构的核心便是用户必须选择某些人以建立自己的朋友圈。与Twitter和YouTube这类本来就是给全世界人看的网站不一样，社交网络培养的观念是，"你只在和一群熟悉的人交流互动"。不论网站有怎样的隐私设置，当他人希望与你成为好友时，还是需要征得你的同意。这样的过程会让你感觉到，对于允许谁进入这片数字化的私人领地，你拥有控制权，就像你能掌控自己家的房子一样。要是在Facebook上发布消息和在厕所墙上涂鸦没什么区别，这种申请好友的机制还有什么必要存在呢？

Facebook的结构根本——你以为你只是在对好友讲话——正是人们比以往任何时候更加愿意在网络上透露个人生活细节等信息的驱动力所在。他们就这样放心地把自己的情感、个人喜好、对周遭人与事物的感受、为家庭奋斗的目标、性生活、值得夸耀和应被谴责的行径等都拿到这里来谈论。

人们以为自己所发布的内容会被当作隐私来保护，这种直觉是基于一份信念：社会应当保护隐私权。性、健康、生命中的重大抉择和个人信仰等话题在传统上一直受到隐私保护——而它们也正是人们最乐意在Facebook及其他社交网络谈论的内容。Myspace上还有各种表情功能，供人们直接用来表达自己的情绪。坚持社交网络信息为隐私的主张，与路易斯·布兰代斯等人1890年发表于《哈佛法学评论》的那篇重要文章中所阐述的基本隐私权思想相一致，正是这篇文章奠定了今日隐私权法之基础。

"我们的宪法创立者们承诺的是保障那些利于人们追求幸福的条件，"布兰代斯在成为美国最高法院的一员时说，"它（宪法）认可人类精神、情感和智力的重要性，承认物质不是人类痛苦、快乐和满足感的全部来源，因此致力于保护美国人的信仰、思想、情感和知觉。"

保护Facebook及其他社交网络上信息的隐秘性也代表着对场所隐私权的承认。人们访问社交网站往往是私人性质的，且大多在家里。网络空间是一个场所，你的Facebook页面就是你在这个场所中所拥有的不动产。事实上，对一些人来说，这个场所可能就是他或她最为隐私的一部分。

微软研究员兼社交网络专家丹纳赫·博伊德（Danah Boyd）解释说，年轻人愿意把个人信息放在网络上是因为，他们觉得网络比实体空间更加隐蔽。"孩子们一直很介意隐私，只是他们的隐私观念同大人有所不一样，"她在接受英国《卫报》（*The Guardian*）采访时说，"作为成年人，我们基本上会把家当作一个非常隐私的地方……而对年轻人而言却不是这样。他们无法控制让谁进出自己的房间或整所房子。结果就使得线上世界带给他们更多的安全感，因为在那里，他们似乎具有更强的掌控力。"[45]

侵犯网络空间隐私的后果的严重性，并不亚于线下世界里的隐私侵犯。费城律师协会（Philadelphia Bar Association）曾谨慎地把Facebook页面比作一个人的家。2009年，该协会的职业指导委员会决定，不允许律师添加对手的证人为"好友"，以免他们寻找证据抨击证人。即使这个人社交网站上的信息是公开的或同意接受任何好友请求，委员会也不愿意侵入他的私人领域。"不论受害者自身的网络行为谨慎与否，或是否会轻易上当，欺骗就是欺骗。"委员会写道。一位律师则称，这种"假交友"行为与人身事故案件中被告律师们的惯常做法——在公众场合对原告进行录像以示他没有真正受伤——没什么区别。委员会表示不能同意这种观点，因为他们认为社交网络属私人空间。尽管律师能在公众场合对证人录像，但以假交友的手段获取信息，就好比以操作工的身份潜入对方家里，秘密安装摄像机。

隐私不完全等同于保密。正如2001年的一项法庭判决中所认可的："要求获得隐私权并不代表要求'完全的保密，因为人们有权利通过定义亲友

圈子来选择向谁揭开自己日常的面具’，‘已透露给少数人的信息仍然属于
隐私’。"[46]

那位坚持辛西娅·莫雷诺的Myspace页面不应被视为隐私的法官显然没
有正确领悟这一思想，那位认为一旦邮件被接收者打开，其所含的信息便不
再是隐私的法官也是如此。如果你告诉一个人一条隐私，就等同于你告诉全
世界，那么这不是好法律。很多案例中，当事人已披露过一次的信息依然会
受到保护，防止被进一步地公开。假如说，你告诉医生你表现出某种通过性
传播的疾病的症状，法庭不可能说，好吧，反正秘密已经泄漏了，《国家咨
询报》（*The National Enquirer*）或佩雷斯·希尔顿（Perez Hilton）[①]拿去发表
也没关系。再比如，有人给你写信抱怨自己的另一半，并不代表你能把这封
信发表在一本有关婚姻的书籍上，除非明确获得发信者的允许。再举个例
子，1986年，杰罗姆·大卫·塞林格（J. D.Salinger）就通过声称版权的方
式，成功地阻止了他人公开自己写给其他作者的一些信件。

社交网络隐私权的案件应遵循其他私人空间（即使发生在公共场合）的
隐私权判例。例如，一些州已立法保护员工在业余时间的行为，如前述案例
中阿什利·佩恩参观啤酒厂的行为。当年谁会预料到，当初存心保护烟草行
业的立法者们，在法律上为社交网络官司中的员工们埋下了希望的种子呢？
当人们开始努力劝阻吸烟时，亲烟草的立法者们制定了新的法律（至今仍在
17个州适用）：禁止在工作场所以外的地方歧视员工的吸烟行为。[47]至少有8
个州的立法者更进一步地采纳了"禁止歧视员工使用合法商品（或者，按照
明尼苏达州的措辞，'合法消费品'）"的法规。[48]于是，一些律师开始争辩
说社交网络是合法商品，所以应该受到保护。[49]如果真的是这样，这样的法
律应能保障佩恩（或者其他人）不会因为发布了自己的饮酒照而被解雇。还

---

①原名马里奥·拉万德拉（Mario Armando Lavandeira），化名佩雷斯·希尔顿，美国著名
的八卦天王。好莱坞任何一件明星丑闻，他不是参与报道就是涉嫌其中。其博客曾被评为
"好莱坞最讨厌的网站"。——译者注

有4个州（分别是加利福尼亚、科罗拉多、纽约和北达科他）的法律表示禁止歧视雇员在个人时间里从事的合法活动，[50]这对于在Facebook上发表了尴尬（但合法）内容的员工或许也可以是一道保护。这些州禁止雇主根据雇员在非工作时间里的合法行为，做出不利于他们的决定。[51]

纽约州的法规覆盖范围最广。它是这样规定的：雇员不能因在办公室以外合法使用消费品或合法从事娱乐活动——包括"运动、游戏、健身、阅读、观看电影电视等，以及其他兴趣爱好"——而受到惩罚。[52]因为上社交网络也属于一种娱乐活动，所以它处在被保护范围之内。另外，其中特别提及的阅读和影视也能保护个人在Facebook上的"喜好"一栏。最爱电影是《穿普拉达的女魔头》（*The Devil Wears Prada*）的时尚杂志实习生或最爱书籍为《美国精神病人》（*American Psycho*）的年轻牧师，都不应因为在社交网络上所透露的喜好信息而遭到开除。然而，如果员工使用了雇主的设备或其他财产，法律就失去了对他们这些行为的保护力。这意味着，如果员工用公司发的手机或电脑登录Facebook，他就要倒大霉了。[53]

其他一些判例承认社交网络是私密空间。联邦立法规定，不允许雇主歧视对某种疾病有潜在遗传倾向的健康员工，禁止他们从雇员的病例中获得遗传信息或要求雇员进行基因检测，这时候还必须考虑存在这样一种可能：员工在发布一个"在看某医生路上"的状态消息时，直接透露了自己所患的疾病，或者通过加入某个相关组织的行为，间接隐射了自己的身体状况。2010年，同等就业机会委员会（Equal Employment Opportunity Commission）明确禁止雇主因员工发布在社交网络上的基因信息而对他们产生歧视。[54]

隐私保护对个人和社会有重要意义。即使我们处于一个外向型文化中，人们仍然渴望隐私。2010年皮尤研究中心（Pew Research Center）[①]的一项调查发现，年轻的成年人（18—29岁）与年纪更大的用户相比，更加在意自己

---

① 美国的一间独立性民调机构，总部设于华盛顿特区。——译者注

的网络隐私；65%的社交网络成年使用者会更改隐私设置，以限制自己的信息分享对象。[55]而其他人中的很多可能只是单纯地以为Facebook页面本来就是私密的。

用隐私权学者查尔斯·弗里德（Charles Fried）的话说，对隐私信息的控制是尊重、友谊、爱、信任和个人自由的根本。[56]我们通过一点一点剥落自己的信息来实现与他人的亲近，每一次新的揭露都表示着更多的信任。在不同环境中展现我们不同的方面，是健康的行为。我们需要在不受以前的数字生活的干扰下继续探索和成长。

私人发布的消息和电子邮件的泄露，是一种情感上的灾难。实际上，心理医生和哲学家们完全不同意Facebook创始人的理念——所谓的人应该是"透明"的。哲学家赛拉·博克（Sissela Bok）说："保密的能力是个人在集体生活中的一个安全阀……精神病被描述为自身与外部世界之间界限的破裂：发疯的人'像堤坝崩溃的洪水一样流入外部世界'。"

隐私也是我们在更大的社会里维持文明与尊严的方式。耶鲁大学法学院院长罗伯特·波斯特（Robert Post）说："'隐私'是一个简单的标签，我们使用它来识别集体的某个方面，我们需要让集体保持很多不同的方面。保持标签纯净的重要性，比不过保持这种集体生活形态的重要性。"[57]

正是一次隐私侵犯摧毁了凯特索拉斯（Catsouras）一家关于文明与尊严的信念。18岁的妮姬·凯特索拉斯（Nikki Catsouras）一天下午开着父亲的保时捷911外出兜风，她完全符合一个典型的青少年的形象——一个有追求的摄影爱好者，又一次打破了父母不许她开那辆保时捷的规定，并且出门前几分钟还向父亲保证自己会安全无事。[58]那天正好是万圣节，妮姬后来变成了一团血肉模糊的形象在电子邮件和网站上被人转来转去。[59]离开家一刻钟后，妮姬驾着保时捷以每小时几乎100英里的速度撞上了一个混凝土建造的收费亭——当场死亡。[60]现场处理事故的警察出于例行调查的需要，对着受损的保时捷和妮姬那像是被斩首了的头部拍了50多张照片，并上传到了警察局的电脑里。[61]这片辖区的一名调度员艾伦·里奇（Aaron Reich）从中精选了9张令人毛骨悚然的照片，通过电子邮件发送给了他的家人和朋友，[62]他宣称，发送这些图片的意图是要提醒人们小心驾驶。[63]尽管他的发送对象只是一小部分人，[64]但这些人又继续转发。用加州上诉法院的话说："它们就像恶性的火焰风暴一样蔓延到了整个互联网。"[65]大约2500家网站[66]——其中很多充斥着色情与死亡方面的内容，都特别展示了妮姬惨不忍睹的尸体。[67]甚至还有人冒充妮姬本人建了一个Myspace账户，上面放了一些特写妮姬头部的照片，并配以文字说明："我脑子就剩这么一点了：你看，里面没多少。"[68]

妮姬的尸体已经发生了严重的扭曲，以至于验尸官都不同意给她的父母看。[69]但就在妮姬死后几天，她的父亲收到了一封电子邮件，邮件打着工作联系的标题，里面却含有一张妮姬悬挂着的头的图片和两句话："呜呼，爸爸！""嘿，爸爸，我还活着。"[70]他即刻意识到这些东西来自网络。因为害怕这些照片继续泛滥，他辞去了房地产经纪人的职位，换了一份收入更低但可避开互联网的工作。[71]他和妻子都不再允许妮姬的姐妹们使用互联网，当有同学扬言要把妮姬的照片放在她一个妹妹的储物柜里时，父母便决定把这个孩子留在家里自行教育。[72]

凯特索拉斯一家也曾尝试过让妮姬尸体的悲惨照片从网络上消失。他们发邮件给谷歌、Myspace以及各种其他网站，要求它们撤掉那些照片。[73]一位亲戚连续一个月每天花13个小时央求网站管理员，[74]但很多网站都借着美国宪法第一修正案的权利拒绝了他们的请求。[75]就像一个网站的站长所说："当我们看到这些照片时，一个正处在花样年华的少女就这样被无情地剥夺了生命，我们开始审视自己的生死，会突然发现这些事情怎么就这么轻易地发生了……我们有权查阅这些照片，这项权利不应受到侵犯。"[76]

因为无法摆脱这些图片，妮姬的父母及三个姐妹一同向法院起诉了加州公路巡警局（CHP）、里奇和另外一位调度员托马斯·奥唐奈（Thomas O'Donnel）——正是他把照片发送到了自己个人的电子邮箱中。[77]诉讼理由为调度员及其所在部门没有尽到他们的责任，侵害了妮姬及其家人的隐私，并有意给这个家庭造成了精神创伤。[78]初审法庭的结论是，尽管泄露照片是"完全应该受到谴责"的行为，但这个案子并不能成立，因为任何权利都已随妮姬的死亡而终结了。[79]

为了继续上诉，他们对房子进行了二次抵押以支付诉讼费，继续上诉。[80]加州上诉法院惩处了加州公路巡警局及其工作人员，指责他们"故意使得一具支离破碎的尸体成为骇人听闻的八卦话题"。[81]与初审法庭不同，加州上诉法院裁决的罪名是加州公路巡警局未能履行对凯特索拉斯家庭的谨慎义务，"并非出于官方目的"而把妮姬的照片放在网络上，而是"为了制造耸人听闻的八卦"。据法庭称，"在这个互联网轰动效应的年代，这些惊悚的照片因为其特别的冲击力而在万圣节这一天被成千上万的互联网用户转发"是可以预料到的。并且，法院判定在线发布妮姬的照片侵犯了凯特索拉斯一家的隐私权，因为它本身构成了一种"对隐私生活病态的、耸人听闻的窥探"，而不是出于正常的公众利益或执法目的；它同时允许妮姬的父母提出精神索赔。尽管凯特索拉斯一家的官司还没有结束，加州上诉法院的决定已经为有关网络隐私侵犯的其他案件打开了法律诉讼之门。[82]

我们的社交网络宪法所确立的隐私权应能涵盖你和其他人在社交网络上发表的有关你的内容，以及任何基于你的所写、所阅、所观做出的有关推断。如果我们认真看待社交网络隐私权，一些事情将迎刃而解。你将能够把控他人对自己的信息收集，阻止数据整合商窥探你在线发布的消息，除非你特别同意他们这样做。你也将能掌控你的信息被用作什么用途。如果你在社交网络上的互动可以像在家里窃窃私语一样，而不是像在广场上喊话，你就受到了保护，没有人会因为你所说过的话而对你产生歧视。如果你的雇主或学校或信用卡公司本就不该看到这些信息，他们就没有权利依据这些信息对你不利。不论你将社交网络空间设置为哪一种公开等级，社交网络空间的私有化将确保你的信息不被他人用作对你不利的目的，从而保证个人和社会的权益不受侵害。

在什么场合下隐私可以被窥探应受到严格的限制，即使是对司法体系而言。就在此刻，还有一些律师和法官在民事案件、抚养权案件和刑事案件中把个人发布的任何消息都视为"准予捕猎的鸟兽"，其结果是，很多可能会引起偏见的信息被准许进入法庭，对最后的裁决产生不公正的影响。如，一位女性因为在男朋友的Myspace页面上发表了一点有关性的内容，就因此在争夺孩子抚养权的官司中败给了前夫。在Facebook上装扮成"帮派分子"的青少年，会在其他案件的判决中被从重量刑。

我们的社交网络宪法应该只在严格限制的条件和法庭授权下，才允许他人从社交网络取证。在所发布的网络消息可以直接作为犯罪或构成其他危害（如勒索、收买陪审团和诈骗等）的证据时，允许取证似乎是恰当的。但如果一个人仅因为发布了自己的病情——如受伤或残疾——就卷入了是非当中，这应该不能构成另一方窥视其社交网络信息的理由。相反，应该让诉讼的另一方通过以往常用的方式——比如医学检查——来寻找证据，而不是通过社交网络信息，因为这将有可能暴露当事人生活中最为隐私的一些方面。

社交网络宪法对隐私权的承认，将使我们能向其他保护社交网络隐私权的工业化国家看齐。纵观整个欧洲，有关数据采集的众多法律和条约都能覆盖我们今天在美国看到的这些隐私侵犯行为。在社交网络宪法下，社交网站的默认政策和设置都应该是：当隐私信息可能被第三方获得时，网站应通过特定的机制反复警告用户放弃隐私权可能带来的后果，并尽量披露什么样的人将会利用他们的信息从事于什么样的目的。只有在用户收到多次警告后仍然表示同意的情况下，网站才可允许第三方获取其相应信息。

Facebook 隐私侵蚀政策：时间轴[1]

自成立伊始，Facebook 经历了巨大的转变。刚创立时，它是一个由你自主选择交流对象的私人交流空间。不久，它就变成了一个平台，在这个平台上，你的很多个人信息都被默认为公开。今天，它已经让你无从选择，不得不任由某些内容被公开，并成为 Facebook 与其合作网站共享（以服务于定向广告）的资源。

为更好地阐明 Facebook 在隐私权上的政策转变，下面我们从这些年 Facebook 的隐私政策中摘录了一些典型的语录。仔细看，一次一个小变化，你的隐私就这样不见了。

Facebook 隐私政策，2005 年前后：

上传到 Thefacebook 上的个人信息，不会被你所设置的群组以外的任何网站用户获取。

Facebook 隐私政策，2006 年前后：

我们理解你也许不想让你在 Facebook 上分享的信息被全世界的每一个人看到，这就是为什么我们将对信息的控制权交给你自己。我们的默认隐私设置会让你的信息仅向你的学校、你所在的地区以及我们事先告知的其他合法社群公开。

Facebook 隐私政策，2007 年前后：

能够获取你提交到 Facebook 上个人资料信息的，必须至少属于你在隐私设置中所指定的小组（如，学校、地理位置、朋友的朋友）之一的用户。你的姓名、你学校的名称和你的头像都将能由 Facebook 搜索引擎获得，除非你更改隐私设置。

Facebook 隐私政策，2009 年 11 月前后：

Facebook 的初衷是使你能够简便地与任何你所希望的人分享你的信

---

[1] Kurt Opsahl, "Facebook's Eroding Privacy Policy: A Timeline," Electronic Frontier Foundation, April 28, 2010, www.eff.org/deeplinks/2010/04/facebook-timeline.

息。你可以通过隐私设置，自己掌控在Facebook上所分享的信息数量以及分布方式。你应检查自己的隐私设置，以在必要时根据自己的偏好更改设置。你每次分享信息时，也要想到自己的设置……

设置为"对所有人公开"的信息属于完全公开的信息，可以被互联网上的任何人（包括未登录Facebook的访问者）查阅，能被第三方搜索引擎查找到，能在Facebook以外与你产生联系（比如在你访问其他网站时），也可能会被我们及其他人不受隐私限制地导入和导出。对于你在Facebook上发布的某些类别的信息，Facebook的默认为"对所有人公开"，你可以在隐私设置中查看和更改默认设置。

Facebook隐私政策，2009年12月前后：

一些类别的信息，如姓名、头像、好友列表、关注页面、性别、地理位置以及你所在的网络类型，是被视为对所有人公开的，其中还包括Facebook增强应用。这些信息不能进行隐私设置，不过你可以通过你的搜索隐私设置来限制他人寻找到这些信息。

Facebook隐私政策，自2010年4月：

当你连接一项应用或一个网站时，它就能获取你的通用信息。通用信息这个术语的内容包括你和你朋友的姓名、头像图片、姓名、用户名、联系人，以及任何你在公开状态下分享的消息……你在Facebook上所发布的某些特定信息默认隐私设置为"对所有人公开"……因为沟通是一项双方的行为，你的隐私设置仅能控制允许谁看到你个人页面上的联系信息。如果你不喜欢这些联系信息被公开，你应该考虑删除它们。

总而言之，这一系列政策告诉了我们一个清晰的故事。Facebook最开始靠着提供对个人信息简单有力的掌控，吸引了成为其产业核心的数量庞大的用户。随着它的不断发展壮大，它本可以选择保持甚至升级这些掌控。但相反，它所做的是一边限制用户保护个人信息的选择，一边缓慢但坚决地让自身——及其广告合作商——获取越来越多的用户信息。

第十章

提供参考还是信息过量?
社交网络与子女抚养权争夺

I Know
Who You Are and
I Saw
What You Did

杰拉尔丁·布莱克（Geraldine Black）在打官司争夺曾孙的抚养权，而且是"荷枪实弹"。她的孙子，即孩子的父亲，正在监狱中服刑。据杰拉尔丁及其家人所言，孩子的母亲也是一个不可靠的人。毕竟，这位母亲的Facebook主页上有一篇她在庆祝"全国大麻日"的帖子，她还在帖子中呼喊"点上火吧！"[1]家事法庭的法官欣然采纳了这个证据，把原本在母亲身边的孩子判给了曾祖母。经母亲上诉以后，上诉法院的法官又把孩子判回给了她——撤销原判并非因为从Facebook取证的不正当性，而是因为在母亲身边孩子身体健康以及情感发育看起来处于良好的状态。

你所发布的任何内容都有可能反噬你——在抚养权案件中尤其如此。但社交网络上的信息能在多大程度上反映父母的能力呢？难道吉米·巴菲特（Jimmy Buffett）Facebook主页上的61.6万名粉丝都不是好父母，因为他们会粉一个歌唱醉酒放荡的人？要是他们分享了吉米的那首《为何不醉》（*Why Don't We Get Drunk*）和里面的歌词"我刚刚买了一些哥伦比亚的大麻，你和我，我们来把它抽光光"呢？再如果有人称自己喜欢塞缪尔·柯勒律治（Samuel Coleridge）的作品呢？他可是出了名的瘾君子！还有，假如她加入了一个支持医用大麻的Myspace群组，又会怎样呢？是不是一个父亲在YouTube上观看了一些带有厌女色彩歌词的说唱视频，他就要因此失去对女儿的抚养权？用谷歌搜索过"儿童色情"的人又会招来怎样的成见呢？

社交网络正在改变人际关系开始与结束的方式，五分之一的关系开始于社交网络；同时社交网络上的信息也成了婚姻破裂时的确凿证据。美国婚姻律师学会（American Academy of Matrimonial Lawyers）进行的一项调查发现，81%的离婚律师见证了近5年内社交网络证据使用率的增加。[2]这些证据大部分来自Facebook和Myspace，二者分别占66%和15%。

能表明婚姻中的一方有不忠行为或危险生活习惯的证据，可帮助其配偶从离婚中获得更高的经济赔偿或孩子的抚养权。离婚律师会通过搜寻社交网络上的信息，使案子有利于己方。美国婚姻律师学会会长琳达·丽娅·M.维肯（Linda Lea M. Viken）叙述了一场她经历过的抚养权争夺战，她发现男方在Facebook上发过一条动态："单身无子人士，想要找点乐子。"[3]这类信息很被婚姻律师们看重，正如离婚律师肯尼斯·阿特舒勒（Kenneth Altshuler）所说："Facebook使得一个人的诚信缺失问题很容易暴露出来，这是打赢官司的关键所在。一旦你抓到了他们说过谎的证据，他们所说的别的话法官都不会相信了。"[4]

Facebook国度的人难道是在社交网络到来以后变得更爱说谎的吗？如今，人们在网上相遇比在现实中要容易得多，也更容易重新联系高中时期的前男友，或与曾经的爱人旧情复燃。ashleymadison.com就是一个专门以蠢蠢欲动的已婚人士为目标、催化婚外情的网站。

但综合社交网络的方方面面，我们并不能认定如今的不良行为，或者说不良行为的迹象,真的多于上一个时代。也许你没有从你丈夫的衬衫上闻到其他女人的香水味,而是看到了他不小心在Twitter上公开发了一张淫秽的照片,并@了一个女人;或者就像一起在康涅狄格州发生的案件那样,你的丈夫和他的女性朋友在Facebook上互送"爱情鸟"之类的小礼物,并发布一些隐晦对话。(丈夫:"不在Facebook上聊了……对我公开。"女性朋友说:"哈哈,好吧。雷达之下,低空飞行……"[5])

在一件令人惊异的案子里,一名女子从Facebook上知道了她的现任丈夫刚刚同别人结婚了。在意大利阿玛菲(Amalfi)漂亮的海岸边,琳恩(Lynn)嫁给了她的白马王子约翰·弗朗斯(John France)。婚礼照片非常惊艳,承办方甚至在自己公司的网站上也挂了一张。后来他俩有了两个漂亮的孩子,并在俄亥俄州有了自己的房子——所以,琳恩以为这是一桩美满的婚姻。

但是之后在Facebook上,琳恩在另一名女子的公开页面中瞥见了一场盛大的婚礼。[6]仪式是在迪士尼乐园举行的,新娘打扮得像公主一样,新郎则像一位王子。但这位女士的这场梦幻婚礼对琳恩来说却是噩梦,因为画面上的那位王子不是别人,正是琳恩的丈夫约翰。约翰不久就搬去和他的新妻子一起生活了。他趁回俄亥俄州看望自己的孩子之机,开车把他们接到了佛罗里达州那位公主新娘的家里,琳恩的孩子开始出现在那名女子的Facebook页面上。于是,琳恩开始了一场夺回抚养权的艰难官司。她先是起诉离婚,但约翰声称他们在意大利举行的婚礼并不具有法律效力,所以他的重婚罪名不能成立。为琳恩与约翰举办婚礼的那家意大利婚庆公司不同意约翰的说法,他们发表声明:"意大利的合法婚姻在全世界都是有效的,我们搞不懂为什么会有人在这上面说谎。"[7]琳恩的律师则指出,如果这桩婚姻是无效的,那么约翰自愿与琳恩一同提交夫妻联合纳税申报单的行为就是"对美国国税局……保险公司以及银行的欺骗。"[8]

离婚案件律师也会通过社交网络上的照片来调查夫妻另一方私藏的财

产。在纽约的一个案件中，丈夫没有工作，自称没有足够的经济能力抚养小孩。但搜索 Myspace 可以发现，他其实是一家很火的布朗克斯①夜总会的合伙人，但他在那里用的是另外一个名字。⁹一名 38 岁的男子在怀疑已分居的妻子有秘密收入后，便雇用侦探调查她，侦探直接访问了社交网站，并在 Facebook 上找到了她在加勒比海阿鲁巴岛（Aruba）的照片和在夏威夷毛伊岛（Maui）的丽思卡尔顿酒店用晚餐的照片。在关注了她的 Twitter 后，侦探还发现她的娘家正成功经营着一家餐馆，而她正忙于扩张餐馆的生意，就这样，他们顺藤摸瓜发现了她的隐蔽财产。¹⁰

对社交网络信息最常见也是最麻烦的利用，通常发生在有关抚养权的案件中。现在，有很多法官根据网络上的一些帖子和标签迅速判案，却忽略了这些信息只是人们数字身份的投射。很多数据不问前因后果就被用在离婚和子女抚养权案件上，人们会因为曾经"没脑筋"地在网上发表过一些有关自己思想和生活的言论，就失去了探视孩子的权利。比如明明已经结婚了还说自己是单身，或暗示自己并不反对吸大麻。在很多案子中，法官不会再去寻找更多的证据来证明孩子是否真的处在危险中。但是，这些网络言辞就意味着你一定是位不合格的父亲或母亲吗？

我儿子一个月大的时候，我的一位朋友见他坐在婴儿车里，便解开他衣服最上面的两颗扣子，把一串猫王风格的项链戴在了他的脖子上，然后在车里放上一瓶密封的杰克丹尼威士忌酒，给他拍了一张照片，然后又把项链和酒都拿走了。我当然知道这是个玩笑，但如果我把那张照片放到社交网站上，结果会怎样呢？儿童与家庭服务部门（Department of Children and Family Services）可能会找上门来，不让我带孩子。佛罗里达州的一名女子就碰上了类似的事，她在孩子身边放了一杆烟枪并把照片放到了网上，因为她觉得这样很搞笑，结果她就遭到了州内相关部门的调查。¹¹幸而不管是烟枪还是

---

① 鸡尾酒的一种。——编者注

孩子身上都没有发现有毒品存在，她终于还是保住了自己作为母亲的权利。但是假如她当时卷入了离婚纠纷，那么她的丈夫就很有可能利用这张照片来说服法庭剥夺她的抚养权。

既然我们的社交网络宪法包括联网权、言论自由和隐私权，我们就不得不考虑如何在家庭背景下理解这些权利。那么在抚养权案件中，人们在社交网站上发布的消息和照片能作为对他们不利的证据吗？或者，是否应该有其他核心权利来消除这种可能性？

大多数人没有意识到，美国宪法对亲子关系有着强有力的保护，不论父母已婚还是未婚。作为自由与隐私权利的一个组成部分，一个人生育和抚育孩子的权利是我们这个社会的核心要素。亲子关系不能被轻易解除，除非父母一方抛弃子女，忽视子女或是一名不合格的家长。美国宪法主张，为人父母是"公民基本权利"之一。[12]美国最高法院把它描述为"比财产权宝贵得多"的一项权利。[13]

除能与亲生子女接触这一基本权利之外，父母还有权决定如何抚养子女。以往联邦政府或州政府对父母的育儿方法给予不当的制约时，美国最高法院都会出面干涉。一个世纪之前，家长们曾经对禁止学校教授外国语言的州立法提出抗议。再近一点的20世纪70年代，规定孩子在16岁以前都必须接受义务教育的州立法也遭到了阿米什教徒父母①的反对，因为他们的传统是孩子上完初中以后就在家中接受教育。[14]这两个例子中，最高法院的权衡结果都是同意由父母来担任如何养育孩子的主要决策人："对孩子的监护、照顾和培育的责任首先应由父母承担，履行家长义务既是他们的基本职能所在也是他们的自由，这是国家无法提供也无法阻碍的。这一点对我们很重要。"[15]

在解决立法禁止学校教授外国语言所引起的争端时，最高法院引述了希

---

① 阿米什人是美国和加拿大安大略省的一群基督新教再洗礼派门诺会信徒（又称亚米胥派），以拒绝汽车及电力等现代设施，过着简朴的生活而闻名。——译者注

腊哲学家柏拉图（Plato）的思想——孩子应该在集体环境中长大，从不认识他们的父母，以及古代斯巴达人的提议——国家代替父母养育男孩。最高法院对这两种观点加以批判，认为："尽管这些教育方法得到过伟大人物的赞同，但他们关于个人与国家关系的思想，完全不同于我们现今制度所依存的观念。任何立法机关将那些限制强加于任何一个州的人民身上，都是在对宪法及宪法精神施暴。"[16]最高法院肯定了父母可以灵活决定该如何教养孩子，称："这个联邦国家的所有政府都依托于自由这一基本理念，而任何一个州若想对生长于其中的孩子进行整齐划一的教育，都是这一理念所不能容忍的。"

尽管存在这些对父母身份的集中保护，但近年来在面对一些难缠的离婚官司时，法庭却犯了不少错误，它们没有站在足够高的角度来分析宪法权利，而是草率地给出了一些不尽公正诚实的判决。有时，成见、偏见以及不当的社会道德标准成为了强迫父母一方放弃抚养权的依据。而社交网络则把这个问题放大了。

直到20世纪初期，孩子还被视作父亲们的财产，如果父母离异，抚养他们的权利会自然落到父亲的手里。后来法院确立了"幼年"原则，认为年纪小的孩子与母亲在一起会更好。到20世纪70年代，"幼年"原则彻底被废除，在平等观念的影响下，法庭对夫妻双方的权益给予同等的重视，目的是确保"孩子的最大利益"。

但即便是这一高尚的最大利益标准，也会因为偏见而被扭曲。直到近几年，法庭才愿意承认一个人的宗教信仰、性取向、年龄和低收入不能成为迫使其将抚养权让给另一方的理由。但如今，社交网络又把偏见带回来了，在一人是否能保有抚养权的问题上混淆视听。

同在雇佣关系背景下发生的案件一样，一旦某人在Facebook上展示他曾经饮酒——尽管诸如此类的行为在线下世界中是完全合法的，这些照片就会使得他作为父母的资格受到质疑。尽管有时候这样的事情是能说得过去的，比如，这位为人父母者可能还没有成年，或者治疗师已警告过他不能饮酒。但这样就真的足以限制一个人当父母的权利吗?

决定孩子的抚养权该归谁所有或决定是否要终结某人身为父母的权利,应以孩子能否得到最大利益为标准。这就需要评估父母如何对待孩子,家庭环境是否安全有益,获得抚养权的父母一方是否能培养孩子与另一方的良好关系,以及孩子自身的意愿(如果孩子已经达到一定年龄)。

但是,根据一位父亲/母亲在社交网站上的信息来完成这些评估是不妥当的,社交网站上的信息及照片应该仅在与孩子的最佳利益直接相关的情况下才能被使用。否则,这些材料可能会不合时宜地使法官对这位父母产生偏见,导致不公正的裁定。

社交网络使问题变得更加复杂,因为它能揭露一个人生活中从前不会被法官了解到的一面。理论上,这听起来似乎是一件好事,但处理抚养权案件的法官(大多为白人、年长、相对富裕)与他们在案件中面对的父母之间存在着巨大的阶级差异。如今,法官能瞥见完全不同于自身的那些人的生活方式,在访问这些人的Facebook或Myspace页面时,法官也许会因为与作为父母合格与否毫无关系的其他方面而对这些人产生排斥心理。人们往往会在社交网络言论中流露出最本真的自我。但如果被用到法庭上,其中的一些言论与其说是提供证据,不如说是会引起偏见。

目前,法官们已经太过热衷于认可数字证据,夫妻一方甚至能够被允许访问另一方的整个硬盘。纽约发生过一起案件:丈夫的工作单位花旗银行给他发了一台笔记本电脑,他有时会让孩子在上面做作业。当妻子把这台电脑带到法官面前时,法官二话不说就授权她复制整个硬盘的内容。花旗银行介入其中,称电脑是公司资产,不属于这位丈夫个人。法庭则坚持因为他的孩子在上面做过作业,所以该电脑的掌管者是这位丈夫而非他所在的公司。法官还说,那台电脑就和家庭中没有上锁的文件存放柜没什么区别。[17]

保障你曾发布的内容不会让你在抚养权案件中反受其害的唯一方法就是从来不设社交网站页面,或者只在那里表现出十分幸福的样子,只展示你与孩子在一起时积极正面、光彩焕发的时刻（也许这样也不够保险，因为它表示你对孩子的生活参与得太多了，不能给他们成长所需的足够空间）。撤销你之前创建的页面或者删除你在社交网站的所有信息也无济于事，因为诸如"时光倒流机"这样的软件早就捕捉下了这些页面的屏幕截图。

由于为人父母是一项高回报、高要求，同时又令人沮丧的工作，有时人们可能会不假思索地在社交媒体上吐苦水。你有没有在Twitter上说过你不想要孩子？有的话，这样的话可以被用来剥夺你的抚养权吗？得克萨斯州还真有这样一起案件：一位爸爸在Myspace上写了类似的一句话，结果法庭采纳了它作为证据，对他造成了不利的后果。[18]那么，如果你在Match.com的资料里没有提到过你的孩子又会如何呢？是不是就代表你是一个很差劲的妈妈？假如你说了"我爱摩托车"或"我爱我的苹果电脑"，就是没有提到孩子，别人又会怎么想呢？会不会认为你是一个把孩子看得比这些财物更轻的人？对亲子关系的基本保护意味着人们不应该把这些关于孩子的只言片语掺入案件当中，除非它们直接指明了父母将会对孩子进行精神或身体上的伤害。没有就孩子发表过任何言论（或者表达自己没有孩子的言论），也不应该被用来指证某人身为父母不合格。

同样，法庭也不应该根据父母在Facebook或Myspace上所设置的情感状态或者所发表的有关愤怒或抑郁的一般性陈述来分配抚养权。一位争夺抚养权的母亲指称丈夫脾气很坏，还打印了一张他的Facebook页面呈上法庭。上面有一句："你有种再和我纠缠下去，我会打到你服气为止。"[19]这样一句话就一定能说这位丈夫会虐待自己的孩子吗？或许这正是他对孩子保护的一种表现呢？

有关父母生活方式的信息又会产生怎样的影响呢？难道一位女士在Facebook上的照片里显示她身上有666刺青①，就代表她会教孩子崇拜撒旦？一位

---

① "666"在《圣经启示录》中暗指迫害基督教徒的罗马暴君尼禄，而后词意扩大，泛指恶魔、撒旦、反基督教者。——编者注

筋疲力尽的父亲在Myspace上写下了自己多么需要酒精、女人和大麻的话，法庭就此认为，"他的Myspace页面进一步证明了他的生活方式无益于一个孩子的健康成长"。[20]其配偶甚至无需费力去寻找他是否真的购买和使用过大麻，就可以成功地让他失去做父亲的权利。

另一个案件中，YouTube上的一段视频显示一位本应照看孩子的父亲却正在参加一场聚会。[21]在抚养权官司中，这样的视频能不能被用作证据呢？如果这位父亲能够证明他已妥善安排其他人照顾孩子，那么这个"证据"是否就可以算作无效了呢？

而女性一旦在社交网络上谈及性生活一类的话题，就会面临彻底失去孩子的风险。法官们似乎持有一种狭隘的观念，认为女人如果有性方面的想法或行为，就不可能是一位好母亲。一名女子在她男朋友的Myspace页面上发表了几句尺度有点大的评论，结果法庭就把孩子的抚养权判给了她的前夫。[22]还有一名女子把自己描述为"足球妈妈"①，但她在网上晒的几张求交往的性感照让她同样失去了孩子的抚养权。[23]除了这些例子以外，一位女性的Myspace页面上有她和不同男人在一起的照片，还有她和几个喝醉了的人混在一起的照片，法庭看了这些照片后，也把孩子判给了她的丈夫。[24]有时，如果当妈妈的让孩子在她的社交网站页面上看到一些刺激性的东西，也会被法官认作是不合格的表现。一位妈妈分别给7岁和10岁的两个女儿创建了Facebook页面，母女相互加了好友，于是孩子们可以看到她的页面。[25]里面有一些穿着内衣的照片被法官认为姿势过于挑逗，于是把两个孩子判给了父亲。

凯西（Kathy）和罗伯特·利普斯（Robert Lipps）于2007年9月结婚。结婚4个月后，罗伯特所在的国民警卫队被征召至伊拉克执勤。丈夫走后，

---

① 足球妈妈：一般指家住郊区、已婚并且家中有学龄儿童的中产阶级女性。媒体有时候会把这类女性描述为忙碌或不堪重负，并且时常开一辆小型货车。此外，足球妈妈们给人的印象是把家庭的利益，尤其是孩子的利益看得比自己的利益更重要。——译者注

凯西觉得很孤单，并且发现自己怀孕了。在怀孕期间，她和另外一个男人好上了。丈夫在她的 Myspace 页面上看到了两个人亲吻的照片后得知了此事。[26]

当然，在丈夫远在他乡为国作战时，背叛他是一件令人不齿的事。但人们分手的原因通常有很多种，距离只是其中之一。难道会爱上别人，就表示你一定是个坏妈妈吗？

孩子出生以后，罗伯特请假回来了一趟又离开了。凯西搬去和新男朋友及他的母亲一起生活，由男朋友的母亲帮忙照看孩子。执勤期结束几个月以后，罗伯特提出离婚，并寻求对孩子的紧急监护权。法官似乎对女子怀孕期间另寻新欢并且还把照片发到 Myspace 上这件事义愤填膺，他对凯西说："我不知道你父母做错了什么，而且我也相信他们没有错。我想对于任何一位父母而言，有一个这样不知廉耻的孩子都是一场噩梦。坦白说，你真的是毫不知耻。"[27]法官同意了离婚，并把孩子的抚养权判给了罗伯特，尽管他除了那次短短的假期以外根本没有见过孩子，更别说照顾。现在，凯西的前夫带着孩子住到另一个州去了，凯西在律师和法官的建议下也不再见她的男朋友了。她说："世界上的任何一个男人都不值得我为他永远失去儿子。"但事实却正是如此，就因为一张 Myspace 的照片。

那么这样的事情会发生在一名男性身上吗？我们来假设有一个叫阿诺德·施瓦辛格（Arnold Schwarzenegger）的男子，他在妻子怀孕期间和女仆发生了关系。那么男性法官会不会也指责他不知廉耻，并剥夺他作为 4 个孩子父亲的权利呢？前国会议员安东尼·韦纳（Anthony Weiner）在 Twitter 上发表的淫秽内容又给他带来了什么影响呢？法官是否会因为他在妻子怀孕期间发表这些内容而让他与妻子腹中的婴儿断绝父子关系呢？

处在离婚官司中的人很多是带着怨气的，他们也许会在自己的 Facebook 页面甚至朋友的 Facebook 页面上发表一些对前任的负面评价。但是，这些情感的宣泄并不能代表他在获得共同抚养权后会不公正地对待另一方。一些法院在发现当事人流露出不愿与另一方共同探访或抚养孩子的迹象时，就剥夺了他们的抚养权。南卡罗来纳州的一家法院将单独抚养权判给了一位母亲，这一判决在某种程度上就是根据另一方的Myspace页面内容做出的："其实我觉得有点愧疚（对妻子），因为她辞掉了工作来照顾我的孩子们。或者，也可以不用这样。如今我在经济上比她更有能力抚养孩子，如果她能退出或被迫退出，我就能提供给她们应得的生活，甚至更好……我有一份美好的生活规划，还有一位理想伴侣，我唯一的目标就是能让孩子们和我们共享这一切。"法庭因此认为这个案子中，母亲将比父亲更能经营好孩子同另一方的关系。[28]但是并没有证据表明这位父亲给女儿们看了他的那个页面，或者正在计划阻止她们见到妈妈。而且，谁又能说母亲就没有说一些话来离间孩子和父亲之间的感情呢？即便这些话没有被发到Myspace上。

在孩子年龄大一些的情况下，他们自己的Facebook或Myspace可能被用来决定抚养权归谁。2010年威斯康星州发生了这样一个案子：女儿把自己的性感照发在Myspace上，导致了抚养权被转移到父亲手里，因为法庭认为母亲没能看管好孩子。[29]但青少年发布的不当信息能成为拥有抚养权的一方失职的证据吗？在帕丽斯·希尔顿（Paris Hilton）和"性短信"流行的时代，这样的事难道不会发生在任何一位父母身上吗？

也有一些法庭开始限制对社交网络信息的使用，这似乎是比较恰当的。在一起案件中，丈夫获得了两名幼女的抚养权，几年后，伊丽莎白·盖尼（Elizabeth Gainey）请求法庭重新考虑这一分配。她不仅引出了与前夫在一起后女儿健康状况下降的证据，还试图引证前夫同其现任妻子创建的Myspace及其他网站账号下的内容。她想让法官考虑他们在社交网站上发的那些照片和链接会对女儿产生不良影响，其中包括这位新妻子穿着法国女仆套装的照片，一部含有把裸女卖为奴隶这一特写镜头的电影预告片，一张查尔斯·曼森的照片，以及麦当劳（Ronald McDonald）脸部中枪的视频。当法官否定了这些来自Myspace的证据后，伊丽莎白继续上诉，称前夫个人网页上这些大尺度和带有暴力色彩的内容表示他当不了一位合格的父亲。[30]上诉法庭的意见是，初审法庭有权不认可来自 Myspace 的那些材料，但需要调查女孩们的健康状况是否真的达到需要重新考虑抚养权的程度。这个决定似乎是正确的——焦点应放在孩子本身的状况上，而非大人们在 Myspace 上发的那些乱七八糟的东西。

但这不是说社交网站上的信息绝对不能用于抚养权案件。一般来说，即使那些信息证明了父母有可能做出不端行为，也只能用作促进深入调查的引子，而非成为夺走父母权利的绝对理由。一名女子在网上说她曾吸过毒，不过是在孩子睡着的时候，仅凭这个是否应该让孩子离开她？或者至少可以让她去进行尿检，以便法庭查明情况是否真实，或她的吸毒行为是否还在持续。

更麻烦的一则案例是一名女子同一个曾虐待过儿童的男人重新组成了家庭。她的孩子们宣称他们也受到了这个男人的虐待，她在 Myspace 上嘲弄孩子小题大做。[31] 在其他很多案例中，一些与养育孩子无关的网络信息被当成了剥夺抚养权的证据。但与这些案例不同，此处，这名女子发布的内容与其母亲角色之间存在直接的关联。这应当立即引起他人的关注和干预。

高度重视社交网络信息的法官们却不见得一定会从孩子们的最大利益出发。被判拥有抚养权的也许不是最佳的一方，而是因为不会操作而从来没有创建过 Facebook 和 Myspace 页面，或者狡猾得只会在上面发一些甜言蜜语的那一方。

对社交网络信息的关注也促使夫妻双方互相监视，甚至不惜昂贵的代价，聘请专人侵入配偶的电脑。在这个过程中，与该电脑中的内容利益相关的第三方或对该电脑拥有财产权的第三方的权益被忽略了——比如前述花旗银行员工的案例中，公司的权益诉求没有得到回应。而且，如果妈妈或爸爸因为黑了对方的 Facebook 页面而被关进监狱，孩子就不可能获得最大利益。

佛罗里达州的贝弗利·安·奥布赖恩（Beverly Ann O'Brien）悄悄在其

丈夫凯文(Kevin)的电脑上安装了监控软件。该软件每隔一段时间就自动捕捉丈夫的电脑屏幕,包括正在显示的消息、电子邮件及网站窗口。法庭不同意将这些屏幕截图用作证据,称这名妻子违反了佛罗里达州禁止秘密拦截他人"有线、口头或者电子通信内容"的反窃听法规。贝弗利并未就此善罢甘休,反而争辩说自己并没有违反法规,因为她所安装的软件并非"拦截"电子邮件等通信内容,而是在它们显示于屏幕上的时候,将它们拷贝下来发送到硬盘里。对此,法庭表示不赞同,法官说:"女方当事人认为,这些通信内容在她获得前已经被储存下来了。因为一旦文本信息可见于电脑屏幕,通信内容就不处在传输过程中,所以不能算作是可拦截的对象——我们不能同意。我们不相信在如此一瞬间的时间内,能够通过电子存储而非信息拦截的方式来获得信息。"[32]因为取得的途径不合法,贝弗利最终无法用它们来指证丈夫。

相反,在处理一个极为类似的案件时,纽约法官则同意采用这些证据,理由为女方通过从男方电脑中拷贝的方式获取了邮件内容,而非在传播过程中对其进行拦截。于是在离婚官司中,这位妻子成功利用了这些邮件来对抗丈夫。[33]阿肯色州也出现过一个类似的案例,丈夫通过在妻子电脑中安装一款软件获取了她的密码。[34]但他被判违反了联邦《存储通信法案》和阿肯色州关于计算机侵入的法律。

还有一些前夫或前妻更加处心积虑地使用阴谋诡计。安吉拉·沃尔科特(Angela Voelkert)在孩子抚养权问题上与前夫大卫(David)展开了一场激烈的争夺。她冒充17岁女孩"辣妹杰西卡",在Facebook上勾搭大卫,以获取对他不利的信息用于庭审。[35]2011年,安吉拉请求法庭下达对大卫的限制令,并附上了几页Facebook的打印材料作为证据。在这些资料里,大卫透露他在前妻的汽车里安装了追踪仪,[36]还说:"只要没了她,我和孩子们就不用躲起来了,我就能想做什么就做什么,无需担心再也见不到自己的家人。你可以在你学校里找些人,那里肯定有黑道,我们花上一万美元就可以干掉她。那样我和她就一点关系都没有了！"[37]

警察依据大卫在前妻汽车中非法安装 GPS 追踪仪的行为逮捕了他[38]，并对他的谋杀前妻计划展开了调查。他被监禁了 4 天，直到他说服检察官，他早已得知虚拟账号的幕后其实是前妻，只是想要故意陪她玩到底。他还拿出了一份在回应"杰西卡"之前留下的宣誓书，这份文件的时间已经获得公证，是在他回应来自"辣妹杰西卡"的好友请求之前。文件描述他当时就怀疑那是自己的前妻，上面还写道："我跟这个人说的话都是假的，因为我要获得能够证明前妻正在又一次企图破坏我生活的有利证据……我绝对不想离开我的孩子，也非有意伤害安吉拉·沃尔科特或任何其他人。"[39]大卫·沃尔科特自己保存了一份，另一份交由一位亲戚保管。

另外一起案件是这样的：当事人前夫的新任妻子在网上冒充前妻，给自己发了一些恐吓信息。正在与前妻争夺抚养权的前夫把这些信息呈送到了法庭上，法庭经调查发现这些信息并非前妻所发。但如果在其他案件中当事人无法通过电脑取证来证明恐吓信息并非自己所发，法官就会采纳这些假证，导致冤假错案的发生。

尽管在离婚法庭上，揭露配偶丑闻甚至伪造丑闻会被判有罪，但法官通常会命令夫妻双方上交他们全部的社交网络信息，有时甚至是整个电脑硬盘。这些法官是依据人们在社交网络上留下的内容来对当事人进行道德和法律的双重审判，其中就包括是否要剥夺他们为人父母的权利。

养育孩子是人的重要权利之一，当社交网络信息涉及这项权利时，我们的社交网络宪法该如何限制对这些信息的使用呢？人们会往社交网站上发一些愚蠢的内容，但那些不经大脑的只言片语就足以强迫一个人放弃自己的孩子吗？儿童抚养权案件中的法官们有相当大的自由裁量权，但裁量的标准——为了孩子的最大利益——却是模糊的，并且现场没有陪审员来帮助厘清社交网络行为的道德标准。

我们的社交网络宪法能提供怎样的原则，以在家事纠纷（尤其是有关抚养权的纠纷)中为法官提供指引?在抚养权的判定中,父母们的隐私权、自由权,以及他们得到公平审判的权利,应该对第三方采集和引证他们的社交网络信息起到制约作用,除非这些信息明确透露出某个孩子眼下就可能遭受到伤害。

在我们的社交网络宪法下,社交网络上什么样的信息能被用作证据,以及这些信息能引出什么样的结论,应该受到更严格的限制。如果社交网络信息能受到基本权益的保护,极少被允许搜查或引证,法庭对抚养权的判决将会建立在父母对待儿童的实际行为及态度上,而不再受父母在数字世界中虚张声势或引诱之类伎俩的影响。

I Know
Who You Are and
I Saw
What You Did

鲁弗斯·西姆斯（Rufus Sims）在法官雪莉·斯特里克兰·萨福德（Shirley Strickland Soffold）的法庭上面临背水一战。他的诉讼委托人并不是一个真正值得同情的被告——安东尼·索维尔（Anthony Sowell）有强奸罪前科，这次被指控大规模谋杀，并面临死刑。[1]警方在他家房子的三楼发现两具尸体，楼梯下发现一具，爬行空间①也发现两具，[2]还有五具尸体被埋在院子里，地下室水桶里还有一个颅骨。[3]早在一年之前，索维尔已经被指控在这所房子里犯下强奸罪。[4]一位浑身血迹的赤裸女子在路上拦下警察，控诉索维尔将自己强行拖到他的家里，企图强奸她，她因为跳下窗户才得以逃走。警察在索维尔家的垃圾箱里找到了她的沾满血迹的衣服，他因此被逮捕。但指

———————————
① 建筑物的屋顶或地板下供电线或水管通过的槽隙。——译者注

控后来被撤销了，因为警察认为受害者并不可信。[5]后来，无论是警察还是假释官都没有对他的房子进行搜查。[6]"没有人知道这个家伙是一个猎杀者——司法系统掉了链子。"他的邻居小雷蒙德·卡什（Raymond Cash, Jr.）对美国广播公司新闻频道（ABC News）说。[7]

鲁弗斯曾受理过很多棘手的案件，习惯了在媒体或博客上阅读到对其委托人的一些令人发指的控告——其中有些是真实的，有些则不是。但2009年11月，《克利夫兰老实人报》（*Cleveland Plain Dealer*）的网站却发了一篇不同寻常的帖子。帖子的目标不是委托人，而是鲁弗斯本人。这位昵称为"法律小姐"的匿名人士评论了鲁弗斯在法官萨福德的法庭上处理过的另外一起案件，案件涉及城市公共汽车司机安吉拉·威廉姆斯（Angela Williams）在人行横道上杀害一位行人。[8]尽管鲁弗斯已成功地把指控降低到车辆过失杀人，被告只需入狱服刑6个月，"法律小姐"却评论"鲁弗斯·西姆斯损害了其委托人的利益。他只需要闭上那张废话连篇的嘴巴就好，到底是什么让他自以为法官会按照他的方式来思考和看待问题？随便找一个其他律师，结果都会比现在的好。伙计们，这不是什么难搞的官司。她（司机）完全可以雇一个经验丰富的律师来帮助自己……"[9]

是谁这样针对他呢？安吉拉·威廉姆斯的家人或朋友？曾遭他拒绝的委托人？还是以前得罪过的朋友？尽管在司法领域受过专业的培训，鲁弗斯却根本无法撤销这个帖子。根据"第230条"，他人不能强迫网站撤销这篇帖子，并且网站不对其内容承担任何责任，即便其中存在毁谤、种族歧视或虚假性；鲁弗斯也没有途径可以找出这位匿名发帖者的真实身份。

对匿名发帖人的保护是有一定道理的。关于公共事业的自由言论应该受到鼓励，尤其是对诸如司法体系等重要话题的言论，如此匿名是应当被允许的。但是，就一场热烈的讨论而言，发言人的身份难道不重要吗？如果不知道发言人的真正身份，他人又如何判断他所说的话可信与否呢？

"法律小姐"是这家新闻网站的常客。她发表过80多次言论，评论的话题有法庭案件、体育运动，甚至关于一些记者的亲属。在一篇帖子里，她就评论了该报记者詹姆斯·厄温格（James Ewinger）的一位亲属的精神状况，[10] 给该新闻网站的编辑带来困扰。编辑通过向网站发布消息的软件，查找到了"法律小姐"的电子邮箱，然后根据这个电子邮箱用谷歌搜索找到了这个人。[11]

原来，使用"法律小姐"账号的就是雪莉·斯特里克兰·萨福德法官，难怪她发布的帖子里所谈到的多个案例都是她曾经主持过的。

鲁弗斯得知说自己有"一张废话连篇的嘴"的人竟然是法官后火冒三丈。于是他采取行动，提出要把她从索维尔的案子中撤换掉。[12] 但萨德福拒绝撤换，宣称发布那些评论的是她女儿，而非她本人。并且她还反咬一口，控告这个新闻网站侵犯自己及女儿的隐私，索赔5000万美元。

而在这桩官司之前，这位法官已经和这家网站闹得不可开交了。在民诉法院任职的16年期间，她多次批评过这家报纸对其法庭的报道。1996年，该网站的法庭记者詹姆斯·厄温格报道了法官萨福德给一位犯信用卡诈骗罪的女子所提的建议：找个男人。

"男人很容易搞定，"她对这位被告说，"你坐到公交车最高的座位上，穿条短裙，跷上二郎腿，立马就能招来25个，其中有10个愿意把他们的钱给你。这是事实。"萨德福还说："如果你吸引来的还不到10个，你就把两条腿张开一点，然后再跷，保证他们会为你停下脚步。"[13]

在对"法律小姐"发布的内容进行更深入的调查后发现，这位法官及其女儿同时在使用这个电子邮箱账号，一些帖子有可能为其中任何一个人所发，如2009年10月关于模特海蒂·克拉姆（Heidi Klum）决定使用其丈夫西尔（Seal）的姓氏的评论。[14] 不过网站申请查看的公共记录显示，其中一些评论发自法官在法院内使用的那台计算机。[15]

鲁弗斯·西姆斯为索维尔的案子感到焦虑。"这表现了她对我个人的藐视和成见，也许她会轻易将这些看法转嫁到我的委托人身上。"他说。他并不相信说那些狂言妄语的是她的女儿。"我觉得这说不过去。有人也使用法官的账号？拉倒吧，悉妮（法官的女儿）有什么理由要那样做？我不明白。"

悉妮·萨福德（Sydney Saffold），23岁，之前是一位法学学生。她主动承担了对所有这些帖子的责任。[16]但即使她真的是指责鲁弗斯的那个人，她又是怎么知道这些事的呢？她是出席了庭审，还是从她母亲那里听来的？即便这些帖子真是她发的，让这位法官审索维尔的案子似乎仍是不妥的。难道就不存在一些压力迫使她对鲁弗斯不利，以证明自己的女儿是对的？"法律小姐"明明发了80篇评论，[17]但为什么被问及发布数量时，悉妮说的是："很多，5次以上。"[18]

在鲁弗斯思索自己的选择时，萨福德法官正在继续起诉《克利夫兰老实人报》及Advance Internet公司（报纸网站的创立者），控告它们违反了网站的隐私政策。萨福德对该报说："看看你们干的这些好事！真让人烦恼！"[19]

该报编辑苏珊·戈德堡（Susan Goldberg）争辩道，网站的行为是正确的。"如果一位在任法官在公共网站上随意评论她审理过的那些案件，我们不去揭发她，她就永远不会被曝光，那会造成怎样的后果？"戈德堡问道，"对被告而言，这些被评论的案件都是重罪和生死攸关的事情。我认为，不去揭露她才有违我们的使命，会损害我们作为新闻机构的可信度。"

戈德堡认为这种揭发是出于公众利益，这看起来似乎令人信服，但她和网站收到了一些其他发帖人的抗议，他们仍坚持保持匿名性是非常有必要的。

最终，萨福德撤销了对《克利夫兰老实人报》的起诉，同Advance Internet公司私下达成了和解。[20]Advance Internet公司如今已不再允许新闻网站的员工获取发布者的电子邮箱。[21]

鲁弗斯·西姆斯则成功阻止了这位法官对索维尔案的参与。[22]俄亥俄州首席大法官保罗·法伊弗（Paul E. Pfeifer）下令她不再参与这起案件，并提出了一个客观公正的人会发出的理性质问：为什么一名法官会通过个人账号对在她面前打过官司的律师置以极具个人观点的评价？[23]法官萨福德则继续否定自己是评论的发布者，"在'法律小姐'发表评论的同时，我的电脑也正在访问Cleveland.com，这纯属巧合——两件事在同一个时间发生，但二者之间没有联系。"她说。[24]

在任何社会中，司法系统都是不稳定的。这个系统需要大量的投入，人们必须相信努力一定会有回报。那黑色的法袍，庭审开始时的"肃静、肃静"，法院大楼的经典木雕及大理石，这些方方面面的精心设计都旨在唤起人们对司法的敬畏感。有谁愿意服从一位穿着夏威夷衫、戴着棒球帽的法官的判决呢？

这种对敬畏感的需求解释了为什么律师和法官们要遵守的道德规范中包括"避免出现不得体的行为"。在这种道德守则下，法官也不能让人认为他们在利用自己的职位给案件结果施加不恰当的影响。

陪审员也会受到一些规范的约束。他们必须在脑子里树立这样的观念：法律程序不是关于真相本身，而是基于可以取得的证据做出评断。如果证据是通过不正当手段取得的（如没有搜查令进行的搜查），就不应该考虑它们。与案件无关的或是对被告不公正的证据也不应被采纳。审议前，法官应当毫不迟疑地告诫陪审员们该如何理解某项法律条款，或者案件双方的法律责任。法官和律师必须对案件保密。违反这些规范的人不得参与到相关案件中，甚至应该被撤销律师资格。

陪审员不应被与案件本身无关的情感（比如与被告曾有过的交情）或被任何从新闻媒体处接收到的其他信息所左右。他们也不能与他人讨论案件，这样才能在做决定的时候不受亲戚朋友的影响，完全依据自己的判断。他们不能独自到访犯罪现场，也不能独自展开调查。

在社交网络和其他互联网发展的产物到来之前，管束陪审员是很容易的。如果案件受到了当地媒体的强烈关注，法官可以命令变更审判地点，在另外一个地方对该案件进行审理。如果法庭担心受到外界影响，还可以把陪审员隔离起来。

但现在的案件庭审就像我们生活的其他方面一样，正在被搜索引擎和社交网络重塑。伴随着大部分美国人对社交网络的使用，各种帖子和Twitter消息不断给公平受审这一基本权利提出新的挑战。如果你在受审，被人冤枉，生死未卜，而法官在庭审的时候却在发Twitter，没有把注意力放在你身上，你会作何感想？如果检察官与一位陪审员成了"好友"，甚至还发生了性关系，你又该怎么办？还有，要是陪审员把你的案件发到她的Facebook上，让她的朋友对是否该对你定罪进行投票呢？随着社交网络对刑事司法程序的入侵，这些情况都是真实发生过的。

2009年，乔治亚州54岁的法官欧内斯特·伍兹三世（Ernest Woods III）在Facebook上勾搭了35岁的漂亮女子塔拉·布莱克（Tara Black）。[25]这本来没什么好大惊小怪的，但塔拉正因欺诈盗窃罪受审，成为其法庭上的被告。[26]于是在回复他时，塔拉向他请求帮助。她曾经不谨慎地发了一张朋友举着啤酒的照片，而这位朋友当时正处在缓刑阶段，这张照片里的内容违背了他的缓刑条件。[27]所以塔拉在Facebook上的过失又把他送回了监狱。她询问，法官能否帮助这名男子，介入这件事。她告诉这名法官，要是他能帮助自己，她的一个女朋友会加倍报答他，后来又补充说这只是个玩笑："哈哈，我不是真的要贿赂你。"

法官拒绝为这名缓刑犯提供帮助，倒是愿意在她本人的案子上给她一些建议。《富尔顿县日报》（*Fulton Country Daily*）分析了两人之间长达33页的通信内容，发现这位法官签署了一份对她的释放令，而被告只需提交一份保证书，无需现金担保。他告诉她他会说服地方检察官尽量推迟对她的起诉，以使她能够有时间筹钱还清债务，并说一旦钱还清了他就能撤销案件。另外，法官还提醒她不要对任何人讲起这些安排。"只要没有人知道，我在背地里还能帮到你更多。"他这样写道。

邮件内容还透露法官到过她住的公寓，帮她付过房租。"好吧，我不得不厚着脸皮请你帮个忙。"她直言不讳地向他借700美元以支付房租。他问450美元够不够，她回答道："我的天呐！够了。"

这些邮件曝光以后，伍兹法官声称它们是伪造的，后来又改口说其中一些内容是伪造的，却并未指明是哪些内容。随着对其司法行为的调查即将展开，他主动提出了辞职。伍兹已经到了国家养老金计划规定的年龄。

"我把它称作退休，"他对《富尔顿县日报》说，"我只是厌烦了生活在显微镜之下。"[30]

显微镜之下？他不是布拉德·皮特（Brad Pitt），不是走到哪里都会被狗仔队盯上的名人，他是一名越过了道德界限的法官，哪怕他只给被告发了一条消息。[31]但话说回来，社交网络已如此渗透进我们的生活，不断对宪法与伦理构成挑战，司法系统各个部门的参与者都在背离原有的道德与法律架构。

40%以上的法官会使用社交网络。但司法体系中，法官的平均年龄会大于其他部门人员，且会较为关注自身行为表现得是否得体，这是法官职业道德规范的训令（尽管有伍兹这样的事例出现）。其他参与者（如出庭律师）则较为年轻，且对网络生活更加习以为常。调查显示，2008年律师群体中使用社交网络的人数比例为15%，两年后这一比例上升到了56%。[32]

伊利诺伊州的一位助理公设辩护律师克里斯廷·佩什克（Kristine Peshek）发表了一篇博文《律师业前的禁忌——生活、法律和贫困防御中的冒险》。[33]她的博文没有设密码，是公开的，[34]文内直接提到了委托人的名字、由名字引申而来的代号或是他们的监狱身份号码。[35]她描述一位委托人"是在替他贩毒的人渣哥哥服刑"，另一位"站在法庭上呆若木鸡"，还说一位法官是"一个十足的混蛋"，称一位陪审员是"'无厘头'法官"。[36]

在2008年4月的一篇博文中，她提到了一位被指控伪造止痛药处方的委托人，这种药的名字叫盐酸曲马多片剂。她说这位委托人宣称自己在被量刑期间未曾服用任何毒品，但在他们离开法庭时，委托人告诉了她自己其实在用美沙酮。佩什克在文中写道："呵！你想回过头来告诉法官你对他说谎了，你对量刑前的调查人员说谎了，也对我说谎了？"这个帖子发出去的结果是，佩什克被指控从多方面违反了职业道德规范：没有让委托人在法庭上纠正自己的欺骗行为；没有在必要时向法庭报告自己已知的事实，以免助长委托人的犯罪或欺骗行为；自身行为不诚实，故意欺骗他人，陈述不实；不能公正对待司法行政；有扰乱司法公正和质疑司法权威的倾向。[37]佩什克因此丢了工作，并于2010年5月18日被伊利诺伊州律师注册和纪律委员会取消律师执业资格60天。[38]

法官和律师并不是司法体系内唯一受到社交网络干扰的人员，有些人已经养成了一种对社交网络的严重依赖性，以至于不去互联网搜索或在网友中调查一番，就什么主意都拿不定——比如要不要购买某款汽车，要不要与男朋友分手。当英国一位陪审员在面对一起性骚扰和绑架案不知所措时，她把案情发到Facebook上，说"我不知道该怎样选择，所以我来做个调查"。[39]她的一些朋友进行了回复，极力表示应该定罪。同美国一样，英国宪法也保障公平受审权，所以陪审员进行决定时受到的影响只能来自法庭内部。于是这位陪审员被撤离了这起案件，另外11位陪审员最后对当事人的决定是无罪释放。[40]

陪审员对Facebook、Twitter和Google的使用曾导致多起误判。2009年，仅一家法院就有600位潜在陪审员在表示曾对案件进行搜索或与他人探讨后被撤销资格。[41]

点一点鼠标或用智能手机简单搜索一下，陪审员就能发现律师们不为人知的一面，找到被告以前做过的坏事，评估证人的可信度，甚至通过谷歌地图再度到访犯罪现场，但所有这些行为都是对公平受审权的侵犯。网络搜索所揭露的信息来自法庭之外，让被告律师没有机会纠正信息的不准确性，或对信息提供者进行反复询问。

社交网络和搜索引擎也可能使陪审员搜索到故意提供虚假信息或使用公

关手段动摇陪审员的人。辩护律师多伦·温伯格（Doron Weinberg）说，在菲尔·斯佩克特（Phil Spector）①谋杀案的审理过程中，有一位博主发布了一些虚假的有害信息，其中还提到了斯佩克特的所谓自首。[42]在玛莎·斯图尔特（Martha Stewart）②的证券欺诈案中，这位绝对的完美主义者一直经营着一个叫Marthatalks.com的网站，试图主导舆论。该网站每天都会更新庭审动态，发布支持信和报纸评论，还有斯图尔特说自己清白的话。网站的启动几乎紧随着对她的起诉，并在一开始的6个月时间里就吸引了1600万人次的访问。[43]

在这个找餐馆、找工作、找爱人都如此依赖社交网络的时代，让陪审员们不用类似方法进行与案件相关的信息搜索是很难的。事实上，很多犯了错误的陪审员觉得自己不过是在获取更多的信息来履行责任罢了。

宾夕法尼亚州有一位名为格雷琴·布莱克（Gretchen Black）的中学图书管理员，她被传唤作为一起案件的陪审员。案件涉及一名男子被指控把女朋友一岁大的婴儿摇晃致死。[44]她以生活中一贯的方法开始了这项工作——搜索。

据称，被告曾非常用力地摇晃这名女婴，导致她脑部受伤，视网膜脱落和颅骨骨折，[45]11号陪审员格雷琴上网搜索了更多有关视网膜脱落的信息。经过审议，陪审团判定被告未构成一级谋杀罪。当他们转向更轻的罪名——过失杀人罪和三级谋杀时，格雷琴主动提供了她在网络上的搜索结果，但是首席陪审员并没有直接采纳她的观点，而是将她的违规行为告诉了法官。结果是：对是否该判处这名男子轻一级罪名进行复审，并且格雷琴本人可能面临刑事处分。

卢泽恩县（Luzerne County）助理地区检察官迈克尔·沃夫（Michael Vough）对格雷琴提出了蔑视法庭的指控，指出法官曾多次重申陪审员不得

---

① 菲尔·斯佩克特：美国著名唱片制作人和作曲家，后被控谋杀女演员拉娜·克拉克森（Lana Clarkson）。——译者注
② 玛莎·斯图尔特：作为美国"家政女王"和全美家庭妇女的偶像而闻名，1976年创立了Omnimedia公司。——译者注

运用互联网对案件进行搜索。其后，法官指派了一名辩护律师来代表格雷琴。"她只不过想成为最好的陪审员。"格雷琴的律师向路透社表示。案件刚开始审理时，她曾举手询问是否可以向公诉方证人提问，结果当然未被准许。格雷琴的律师称，她知道自己不可以上网对案件本身进行搜索，但并没有意识到对相关问题的搜索也是不被允许的。

在格雷琴这样的陪审员从网络上获取有关证人、被告或者案件中某个概念的资讯时，对案件的审理就已经掺入了杂质。以往在一些性骚扰和乱伦案件中，陪审员会去调查受害人的Myspace和Facebook资料，根据他们呈现过的文字及图片来对他们的诚信度做出假设。强奸案件中，法庭本不应许可对受害人的性行为史进行采证，但陪审员会根据社交网站上的照片把人归结为"本来就放荡的女人"。

有一起案例是这样的：一位行为学专家坚持并已证明一位乱伦受害者患有对立违抗性障碍（ODD）①，但他没有对这种疾病进行解释。[46]一位陪审员对此进行信息查找，结果发现ODD的行为表现涉及说谎。显然，这样的信息会让陪审员们对受害人产生怀疑。因为这些信息来自于法庭之外，律师无法盘问其有效性。上级法院撤销了此次判决，称当这位陪审员的违规行为曝光之后，法官本应立即逐个询问陪审员是否能继续保持公正。[47]

另一些案件里，陪审员的违规行为涉及的是有关被告的信息。克莱德·夏普勒斯（Clyde Sharpless）驾驶的卡车绊上了电话线杆上的电缆，杆子倒下砸到了唐·西姆（Dong Sim）的车，导致她的丈夫和儿子身亡。陪审团认为克莱德对此负有法律责任。

后来发现，有一位陪审员在庭审期间私下里对克莱德之前的驾驶记录上网进行了调查。克莱德对此提出控诉，法庭则认为陪审员的做法没有害处。她所访问的网站仅显示了克莱德之前的一些交通违章记录，这位陪审员称不

---

① 主要表现为明显不服从、对抗、消极抵抗、挑衅等。——编者注

记得看到过他使用违禁药物或酒精的记录。陪审员保证，她所看到的信息没有影响到她对案情的考量，并且她也未曾与任何其他陪审员分享这些信息。[48]但不上网搜索不应该是一条明线规则吗？我们能够相信在面对法官时，这位陪审员会愿意透露自己不仅违背了法官的命令，还因此对被告作出了不公正的判决吗？

一位陪审员在使用iPhone手机查找"谨慎（prudence）"这个词——过失杀人罪定义中的一个重要法律词汇①——后，把找到的结果同其他几位陪审员讨论。[49]直到被告被定罪以后，他的这一行为才被曝光。上诉法庭因此给予被告一次复审的机会，称，"尽管我们面临的是科技带来的新领域——利用智能手机快速在词典中查找，但投诉人所控诉的行为绝非当今才有的稀奇事。陪审员不得考虑有关被告本人和庭审现场以外的其他信息，这是一项自古就有的法律制度。"[50]

陪审员在社交网络上的不当行为不仅涉及不恰当的引入，还包括不合时宜的输出，比如在Twitter或Facebook上发布与案件相关的信息。巴里·邦兹（Barry Bonds）②被查出疑似使用类固醇，在上诉中，他的前任女友证明了二人在一起的时候他的身体变化，并指称这种变化是由类固醇所致。他的辩护律师克里斯蒂娜·阿格达斯（Cristina Arguedas）争取到了一项针对陪审团的法令：禁止发Twitter，因为她担心他们会上传一些有关此案的猥琐内容或针对此案进行在线搜索。法官告诫陪审员们不得"私下里以口头或书面形式，通过电话或网络途径谈论此案，其中包括但不仅限于电子邮件、短消息、网络聊天室、博客、网站评论等"。[51]

如果庭审现场的旁听者或记者能就证人的证词发Twitter，为什么陪审员就不可以？顾虑在于，陪审员发的消息会扭曲审判。举个例子，如果一方的

---

① 在"过失杀人罪"的定义中会出现"act without prudeuce"，意为"欠谨慎的、由疏忽所致的行为"。——编者注
② 巴里·邦兹：前美国职棒旧金山巨人队的球员，目前是自由球员。——译者注

律师读到了陪审员发表在Twitter上的内容并引用证据材料来回应他，那会怎样？如果陪审员夸大和扭曲法庭事实来吸引更多的粉丝呢？再或者如果有人在Twitter回复中向这名陪审员透露他不应该知道的更多有关被告或受害者的信息呢？

2010年，路透社对"陪审员义务"这个短语在Twitter上进行了为期三周的监查，结果发现Twitter上平均每三分钟就会冒出一条来自陪审员或潜在陪审员的消息。[52]一些陪审员忽视了自己的法定义务，在所有证据到齐之前就拿定了主意。"尽管有这些证据存在，我还是希望判决无罪。"一位陪审员在Twitter上这样写；另一位则说："陪审员的义务都是浮云，我已经决定了，他有罪。哈哈！"甚至还有一位没被选中参加案件审理的潜在陪审员大言不惭地说"有罪！他有罪！我能看得出！"[53]

在投资人起诉Stoam Holdings一案中，法官警告陪审员不得进行网络调查，但允许他们在休庭期间使用手机。[54]一名沃尔玛的员工乔纳森·鲍威尔（Jonathan Powell）担任了这起案子的陪审员，他趁着休息时间在Twitter上发布了和这个案子有关的消息。他将自己的Twitter设置为可以对外发送信息，但屏蔽进来的信息。他发的很多都是Twitter上常见的无聊信息，但在判决结果出来的那天，他发了这样一条信息："'那么，乔纳森，你今天做了什么？'呀，其实没什么。我只不过让某人失掉了1200万美元！"其后他又加了一条："呀，没有人再买Stoam Holdings的股票了，真糟糕，他们也许要不复存在了，他们的钱包掉了1200万美元。"[55]

鲍威尔说："所有关于Stoam Holdings的Twitter消息都是判决下来以后才发布的。"但Stoam Holdings的辩护律师之所以能获得复审的机会，正是因为他在庭审前后及庭审过程中发布了这些信息。[56]

如果陪审员泄露消息，应如何处置他们呢？在判决公布之前就将结果用Twitter发布出来，是否可被认作是内幕交易？如果是的话，本人或帮助他人通过内幕交易获益是可被判监禁的。

　　社交网络已经与人们的日常生活密不可分，这让司法体系内的人很难戒掉随意加他人为好友或随意发表评论这种条件反射行为。巴尔的摩市市长希拉·迪克森（Sheila Dixon）因挪用公款受审时，有5名陪审员在Facebook上互相加为好友。马里兰巡回法庭法官丹尼斯·斯威尼（Dennis Sweeney）因此介入调查此事，对这些陪审员们进行盘问。一位年龄比法官小30来岁的男陪审员后来在Facebook上说："法官滚一边去！"当65岁的法官因为这条评论再度质问他时，他说："嘿，法官大人，那些只是Facebook上的玩意儿！"[57]迪克森最后认罪了，承认自己行为不妥，法官也因此无需再思索是否该因为陪审员们的Facebook"友谊"而裁定本案审判无效。

　　人们在使用社交网络方面存在着代际差异，因此需要确立新的机制确保陪审员不在网络上寻求和散播案件的相关信息。菲尔·斯佩克特的律师多伦·温伯格希望法庭能强制收取陪审员们在Facebook、Twitter等社交网络上的账号，以使法官和律师能够监控他们是否违反禁令跑到网上去对案件说长论短。但这样的举措似乎严重侵犯了陪审员们在庭审现场以外的言论自由权。

　　另有一些辩护律师提议在整个庭审期间使陪审员与互联网完全隔离。乍一看，这似乎同庭审中陪审员不得看报或看电视等已确立的规定相似，但在人们的生活高度依赖于社交网络的今天，让一个人完全放弃网络，也许就像让他不使用手机或发誓沉默一样困难。这样的要求会因为侵犯联网权而违反社交网络宪法。

　　传统上来说，在司法体系中，陪审团在提供陪审服务时做什么不做什么，取决于法官的说明和指令。但陪审员需要的不只是一个标准的指令，他们需要懂得为什么法庭以外的信息出入会受到禁止。图书管理员格雷琴·布莱克说，她知道他们不应该调查有关当事人的信息，但不知道有关证据的信息也不能查询。陪审员苏珊·丹尼斯（Susan Dennis）说她知道不许发Twitter，但不知道博客也不行。作为一名潜在陪审员，她在博客上说检察官是

"廉价西服先生"，"招人厌"，而辩护律师"还算彬彬有礼。我想和他共进午餐。他很可爱"。路透社公开她的博客后，引起了法庭的关注，于是她被取消了参与案件的资格。[58]

法庭有责任指导新的陪审员，具体指明陪审员可以做什么，不可以做什么，以及为什么要这样规定。美国诉讼律师学院（The American College of Trial Lawyers）强调了告知陪审员为什么要遵守规则的重要性。它提议律师这样说："法庭承认，这些规则和限制条件会对那些你们认为平常而无害的活动造成影响，我也非常肯定地告诉你们，我非常清楚我请求你们避免的也是你们日常生活中非常寻常、非常重要的行为活动。然而，法律需要这些制约来保证当事人受到公平审理，而公平审理的基础，就在于双方都有机会对审理所依据的证据发表言论。如果你们中有一人或多人从外部获得额外的信息，这些信息可能是不准确或不完全的，或者因为某种原因不适用于本案，但当事人将没有机会对它们做出解释或反驳，因为他们压根不知道这些信息的存在。这就是为什么仅依据庭审内部的信息来进行裁决是如此重要。"[59]

美国诉讼律师学院还制作了一张表格让陪审员签署，让他们承认自己有责任不参考社交网络。里面甚至还包括一则信息示例，陪审员可以将此信息发给亲戚朋友，提醒他们在案子结束以前不要转发任何有关该案的消息，也不要询问自己对案件的任何评论。[60]

美国法院行政管理办公室（Administrative Office of the United States Courts）则对陪审团的信息输出有明确的指示，其中明确告诉陪审员，不要在Twitter、Facebook、Myspace、LinkedIn和YouTube上谈及案件。第九巡回上诉法院（The Ninth Circuit Court of Appeals）和坐落于硅谷所在地（网站公司聚集地）旧金山湾区的联邦上诉法院，对于陪审员也有类似的规定，但没有具体指出需要回避的社交网站名称，因为他们认为，除了目前的5大社交网站外，将来还会出现各种新的网站。

法庭内的有识之士也在怀疑新的指令是否会使问题变得更糟，这些指令事实上也许是在往陪审员的脑中植入使用社交网络的想法。"这就好像是在对孩子说，不要把豆子塞到鼻子里去。"美国法院行政管理办公室的法庭政策管理主任亚伯·马托斯（Abel Mattos）对加利福尼亚《每日商论》（*Daily Business Review*）说。[61]

法官和律师对社交网络的不当使用可以使他们失去法律从业资格，但对于行为失当或因不慎运用社交网络导致误判的陪审员，该处以怎样的惩罚呢？禁止他们再度成为陪审员似乎算不上什么惩罚，因为很多人本来就没有在陪审团服务的意愿。

到目前为止，对这类陪审员的惩罚都是轻微的。乔治亚州一起强奸案中，一名陪审员因为通过谷歌搜索信息而被法官罚款500美元。同网络搜索行为一样，在网络上随意谈论案件的陪审员也不大会遭到监禁。例如，密歇根州的一位陪审员在Facebook上写了一句"告诉被告他们有罪是一件好玩的事"，法官除了把她替换掉外，只是罚了她250美元，并让她就公平受审权撰写一篇5页纸的文章。[62]

不过，加利福尼亚州的处罚已经开始严厉起来了。自2012年开始，新州法提出，对不遵守法官禁令，擅自使用社交网络、Twitter和网站搜索引擎调查或谈论案件的陪审员，最高可处以6个月的监禁。[63]

一般情况下，法官是不愿意给陪审员判刑的，尽管在案件需要重新审理时他们已给国家造成了数十万美元的损失。但是如果庭审前的陪审员指示非常明确到位——已经向陪审员说明了庭审期间禁用社交网络的重要性，那么在这种情况下，对一些行为不当者处以监禁，也许能对其他陪审员起到警示作用。

陪审员对社交网络的滥用引发了一个问题：是否陪审员们一直都在违抗法官的命令，侵犯被告公平受审的权利？Twitter的公开特性是否只是在警示一个早在网络诞生之前就已经存在了的问题？

陪审员同亲人朋友谈论案件可能已持续了几个世代，一些人甚至去图书馆查资料或者请求专家帮助自己拿主意。但随着信息录入输出的便捷化，网络使得陪审员们更易于也更可能违反规定。到目前为止所发生过的那些戏剧性情节给我们提供了一个机会来更新一下我们的集体记忆，为什么公平受审权如此重要。我们的社交网络宪法要像其他保障公民权利的宪法一样，阐明享受这些权利的同时也要承担不滥用它们的责任和义务。我们已经知道了一旦滥用权利，我们便将失去它，例如因言论而将他人推向自杀的深渊。同在线下世界里一样，网络权利终止于对他人权利构成侵犯的那一刻。所以尽管我们有联网权，公平受审权仍是真实存在的，法官和律师应为误用社交网络而受罚；法院应建立更好的说明和指令，并对无视这些规则的陪审员处以刑罚。

第十二章

公平受审权

I Know
Who You Are and
I Saw
What You Did

在西弗吉尼亚州的马丁斯堡，警察接到了一个盗窃报警电话，窃贼不仅偷了两枚钻戒，洗劫了保险柜，还在作案过程中用受害人的电脑查阅了自己的Facebook主页，却忘记了关闭面面。[1]所以警察得以立即锁定目标，逮捕了他。

但是他们真的没抓错人？在这个案子中，他们应该是没有。但试想一下，通过访问显示犯罪迹象的Facebook主页来锁定目标，是多么简单的一件事。我们可能知道或者猜得出某些家人或朋友的登录密码，或者回答几个安全问题就能进入他们的电子邮箱或社交网站账号。20岁的经济学专业大学生大卫·克奈尔（David Kernell）能根据公开信息回答萨拉·佩林（Sarah Palin）网页上例行的安全问题——比如，生日、邮政编码和"遇见丈夫的地点"，来重设她的密码，从而轻而易举地登录到她的邮箱中。[2]他还把她的新密码透露给其他人。[3]

美国宪法第五修正案赋予人们不用被迫自证其罪的权利。在第五修正案的保护下，我们可以不去指证自己，但我们的Facebook和Myspace信息能被用来指证我们吗？如果个人主页上的一些内容其实不是本人发的，而是其他人带着陷害无辜嫌疑人或伪造不在场证明的目的故意所为，法庭是否能足够敏锐地觉察到？司法系统如何区分线下真实的我们与我们在网络上根据美好愿望（或者说表现出坚强、富有或年轻的意愿）而构建的另一个自己？

你所发布过的任何内容都有可能回过头来成为你的困扰。万圣节的时候，雷蒙德·克拉克（Raymond Clark）把自己装扮成一个魔鬼，脸涂成红色，眼睛四周画着夸张的黑眼圈，头上顶着两只角。这种节日里，全国有不计其数的人，包括我的一位当心理医生的朋友，都会选择类似的魔鬼装。但是，在雷蒙德成为谋杀耶鲁学子安妮·乐（Annie Le）的嫌疑人时，媒体对他Myspace上魔鬼装照片的扩散，导致他在案件审判前几乎就被定了罪。[4]

检察官会用人们放在Myspace和Facebook上穿着帮派色彩服装或打着某个帮派手势的照片，指证嫌疑人涉嫌帮派活动。但司法系统真的应该迈出这一步吗？受人欺负的初中生上传这样的照片，也许只是想向他人证明自己的强大。若是按洛杉矶警察局对帮派色彩的指导原则，我们大部分人都可能被归类到某个团伙中。他们认为，"蓝色、棕色、黑色或红色的格子衬衫"（常春藤联盟的名牌大学里大部分穿着时髦的学生都可能这样穿）就能代表帮派特征；"过度喜欢黑色或纯色套装"（想想纽约艺术节的开幕式吧）"也是卷入帮派活动的信号"。[5]

威斯康星州的杰里米·特拉斯蒂（Jeremy Trusty）的Myspace主页上有一段对一部短篇小说的描述，这是有关一位法官被谋杀的故事。[6]主持他的离婚案的法官杰拉尔德·拉博斯（Gerald Laabs）盯上了这段话，并且在法庭上多加了几个保安。一位法庭雇员听到杰里米在大厅里对人说："我们可以直接进去，对所有人开枪。"于是他被抓了起来。

在对他妨害治安行为的审理中，检察官引用了那段短篇小说介绍。杰里米对此提起上诉，理由是他的 Myspace 主页在宪法第一修正案的保护范围之内，但法官驳回了他的申辩，称没有任何先例表示这样的内容应该受到保护。但是法庭在这里采证 Myspace 内容，是不是近乎于为了撒气而惩罚对方？如果我们会因为把自己读的书的内容发布于社交网站上而受到惩罚，那么成千上万的恐怖片和悬疑片的爱好者们会被怎样呢（我会被怎样呢？因为我曾安排自己小说里的一个角色去炸毁白宫）？

社交网络已经成为警察的好朋友——当然，让他们自己陷入尴尬的情况除外。国际警长协会对 48 个州和哥伦比亚特区的总共 728 个执法部门进行的调查发现，这些部门有 62% 在刑事调查中会使用社交网络，[7]一些窃贼因把与赃物的合影发到网上而被警察找到。搜索请求数据也在寻找嫌疑人方面帮了警察大忙，差不多一半的执法机构称，社交媒体为他们破案提供了帮助。[8]例如，罗伯特·帕特里克（Robert Petrick）杀妻案的证据就来自于他的谷歌搜索数据，里面包括"脖子""折断""断裂"等关键词，以及发现其妻子尸体的那个湖的地形分布和水深的搜索记录。[9]

社交网络信息可以被用来发现犯罪行为，证明被告有犯罪或说谎倾向，弹劾目击证人，证明被告或者与被告关系密切的人恐吓证人，证明更长刑期的合理性。但目前在刑事案件中，对社交网络信息的收集与使用是与美国宪法原则及我们即将面世的社交网络宪法背道而驰的。为了实现司法公正，美国宪法赋予了公民广泛的权利。有些权利用来保护公众，有些用来保护被告。但在社交网络被用以揭露可能的犯罪行为以起诉犯罪者或从重判处犯罪者时，这些防止不恰当政府行为的宪法保护常常被人们抛到脑后。

禁止不合理搜查个人及财产的宪法第四修正案，是用来帮助我们防止警察闯入家中，阅读我们的私密文件或仔细检查我们的财物以寻找证据的。同时，第四修正案也禁止警察对行走在大街上的人们进行例行搜查。如果执法者想要通过这样的方式取证，就需要相当的证据——相当合理且带有明确个人指向的可疑迹象，能指示某人很可能犯了什么罪或者将要犯什么罪。大多数情况下，他们需要获得授权令，而获得授权令就要先说服法官，他们对这个人的怀疑是有理据的。

在第四修正案中，国父们把隐私权置于犯罪预防之上。当然，警察会因为不被准许进入个人的家庭中排查可能正在发生的犯罪活动，错失寻找挪用公款者、勒索敲诈者和虐妻者的机会。但在找到窝藏罪犯的人之前，他们可能不得不侵犯很多良民的隐私，而这是没有必要的。国父们不希望发生这样的事。

即使警察有证据显示某个社区或群体的整体犯罪几率高于其他地区或群体，他们也没有权利进行此类搜索。在城市的某些社区中，人们确实会有更大的可能私藏非法武器，但这不代表警察能对每个人搜身检查，以查获这些武器。对于宪法这杆秤来说，和无辜良民的隐私受到侵犯比起来，这些收获是不值当的，即便这样做能让警察在发现犯罪行为上收获颇丰。因此，警察在对一个人或他家进行搜索之前，必须先取得对他的合理怀疑。

第四修正案也保护人们不受歧视性执法。如果警察不需要获得对特定个体的合理怀疑就行动，他们可能会凭借自己的偏见和成见来决定要搜查谁的身体和房子。我之前的一位编辑曾是出版界级别最高的非裔美国人，他在去别的城市旅游时常会租一辆捷豹，但他总是会被警察拦下，因为警察看见一位黑人开捷豹，就会认为他是偷来的。在没有具体的可疑证据的情况下，数据汇总会助长歧视性行为。统计数据显示，一些贩毒者出现在机场时身上往往携带较少的行李，并且流露出紧张的神情。在一个案子中，一位非裔美国人因此受到搜查，而且警察确实在他身上查获了毒品，而一位持异见的法官则质疑说这样的搜查是不当的。他指出，自己在乘飞机时有时也会感到焦虑不安，但很少会被警察拦下。他说："也许是因为我的着装和举止。我相信正是由于这些因素再加上我是白人这个事实使得我很少被拦下。"[10]试想一下，在找到一个携带毒品的人之前，警察要拦下多少无辜的黑人。

有些人认为，这种针对特定人群的做法是合理的，因为这些群体表现出了更高的犯罪率。然而，多项研究得出的却是截然相反的结果。例如佛罗里达州的一项研究发现，在怀孕期间，白人女性滥用违禁药物的可能性稍高于黑人女性。但是黑人女性遭起诉的可能性则是前者的10倍。[11]另一项研究结果表明，因毒品犯罪被捕的人当中有80%—90%是年轻黑人，而实际上，美国仅有12%的吸毒者是黑人。[12]

在线下世界里，在没有正当理由的情况下进行搜查是不被允许的，而在社交网络上，警察却能对人们的信息进行常规搜查，一些犯罪指控纯粹依据存在于社交网络中的照片。在坐落于芝加哥郊区的葛兰巴德南区中学，一位身兼区副治安官职务的雇员搜索了学校运动员们的Facebook主页。他在他们的派对照片里发现了未成年人饮酒的情况，因此把4名男孩驱逐出队，并对他们提出指控；其中一位男孩的阿姨（派对就是在她家举办的）也被指控为诱导青少年犯罪。[13]在另一件案子中，一位16岁的男孩在Myspace上发了一张他本人拿着父亲手枪的照片。尽管在家中存放枪支是合法的，且他拿那把枪也获得了父亲的准许，陪审员仍给他定下了青少年持枪罪。[14]

有时，布下数字捕捞网的不仅是警察，还有普通公民。佛罗里达州一位19岁的女子蕾切尔·斯蒂灵格尔（Rachel Stieringer）把自己11个月大的宝宝一张握着大麻烟枪的照片发到Facebook上，因为她觉得这很搞笑。随即有一位得克萨斯州的男子联系了佛罗里达州儿童与家庭服务部门，该部门因此对她抚养孩子的能力进行了调查。幸好孩子的药检结果呈阴性，没有被从妈妈身边带走，[15]不过孩子的妈妈还是因为持有毒品工具（烟枪）而被警察拘留了。[16]这种烟枪在美国到处都能买到，包括在一些公司的网站上，比如Grass-city.com。普通公民也可以根据Facebook照片来开展犯罪调查？在这个烟枪事件中，是不是应该在确定孩子安全无恙之后就撤销案件？

有时，一些喜欢探根究底的人会在网络上搜寻问题行为的迹象——比如虐待动物。当4chan上出现的一张照片看上去是一名男孩在虐待小猫时，网民们积极发挥自己的计算机技能，找出了这名男孩，并报告给了警察。

其他动物权利活动家也会穿越网络，不放过任何违反保护濒危物种法律法规的行为。两名美国人——24岁的亚历山大·拉斯特（Alexander Rust）和23岁的凡妮莎·斯塔尔·帕姆（Vanessa Starr Palm），在巴哈马度假期间，在Facebook上发了几张抓到一只蜥蜴和正在烤肉的照片。[17]这些照片引起了巴哈马警察的注意，他们以杀害濒危物种的罪名逮捕了他们。蜥蜴不仅受到巴哈马法律的保护，同时也在《濒危野生动植物种国际贸易公约》的保护范围之列。巴哈马国家信托会（Bahamas National Trust）执行董事称，这两名美国公民"在美国法律下也将同样受到指控，因此在与美国建立了外交关系的其他国家里，他们的行为将被指控。"[18]

单单这几张照片就足以让这两名美国人被关进监狱吗？并非所有的蜥蜴都属于濒危物种，并且他们到底是在明目张胆地与法律对着干，还是只想重现《幸存者》（Survivor）中的桥段，尚不能确定。从凡妮莎最近的Facebook主页上可以知道，她目前是"停止虐待动物"团体的一员。那么这是不是代表了她在忏悔呢？还是她仅想把自己表现得无辜一点？

在一些其他案件中，执法部门设置了"虚拟议员"来用社交网络寻找违法者。得克萨斯州就有这样的例子：边界沿途安装了摄像头，人们注册登录后便可对它们进行操作，观察和报告非法穿越边界者。这些摄像头覆盖了各种公共空间。不过，若是一名"虚拟议员"通过移动摄像头把触角伸到了警察到不了的地方，如邻居家的窗户，该怎么办呢？

让普通老百姓成为"虚拟议员"巡逻于社交网络的情景，与2007年获得奥斯卡最佳外语片奖的影片《窃听风暴》（The Lives of Others）中所描绘的警察国家①有着惊人的相似之处。影片以20世纪80年代中期的德国为背景，秘密警察组织斯塔西②对一名剧作家的公寓进行了窃听。进行窃听的特工曝光了剧作家的一项犯罪证据——拥有一台没有登记过的打字机，并用它写了一篇批判政府的文章。与他从窃听中获知的夫妻生活细节相比，这点罪证可谓小巫见大巫。

20世纪80年代的德国同50年代美国的麦肯锡时代一样，邻居检举邻居成风。1989年柏林墙倒塌之后，后来在《窃听风暴》中饰演斯塔西特工的乌尔里希·穆埃（Friedrich Hans Ulrich Mühe）发现了关于他自己的斯塔西文件，这表明他的演员同事中有人检举了他，而他的妻子遭人算计，透露了有关他的信息。[19]所以在被问到他如何为《窃听风暴》中的角色做准备时，他回答说："我只需回忆就行了。"[20]

公民在搜罗社交网络上的犯罪证据时，他们的行为会同警察搜查一样引发很多问题，牵涉到很多无辜人士的隐私。那些明明没有犯罪，照片或文字却被提交给警察的人，会因遭受调查而蒙上污名。最重要的是，这些由普通公民进行的搜查很可能是带着种族歧视或报复心理的。

很多案例中，老百姓把社交网络信息发给警察只是为了满足自己的报复心或是获取其他利益。差不多有一半的青少年会上传含有自身不合法行为的照片，主要是未成年人饮酒，但不是所有人都会受到检举。把罪证传给警察的都是一些什么样的人呢？常常是这些青少年竞争对手的父母。如果照片中的孩子被勒令休学或驱逐出队，他的竞争对手就能获益。

阿什利·佩恩因为上传假期参观啤酒厂时的饮酒照片，迫于压力辞掉了工作，幕后黑手很可能就是某位对她心存嫉妒的同事。

① 政治学术语，描述了一种国家，其政府认为自己是人民的监护者，有法定权力，可以在缺乏法律程序的前提下，直接违反人民意愿，以行政力量控制人民，指导人民如何生活。——译者注
② 斯塔西，也译作史塔西，民主德国国家安全部，被认为是当时世界上最有效率的情报和秘密警察机构之一。——译者注

应该用什么样的标准来管理警察对人们Facebook主页的访问呢？我们的社交网络宪法把社交网络视为私人场所，所以执法人员对此进行搜查之前必须具备正当理由。执法人员不能通过让老百姓"代理"搜查或自行寻找罪犯的方式来绕开这些规定。防止网上"人肉"搜索——不论是被执法人员还是被其他公民搜索——与社交网络宪法赋予的对隐私的高度保护是一致的。

社交网络信息一旦流入法庭，就会带来更多的问题。美国宪法第六修正案赋予公民公平受审权；第五修正案规定，"不得在任何刑事案件中被迫自证其罪；未经正当法律程序，不得剥夺任何人的生命、自由和财产"，这些宪法权利对人们的哪些信息可以被用于刑事案件中提供了依据。法官应该确保证据真实、与案件相关及可证明性，杜绝偏见。然而实际的情况是，一些案件中很多"证据"未达到基本的证据标准就被采纳了，很多家事案件就是如此。

打个比方，我在网上反复说过，"我恨我的丈夫，总有一天他会罪有应得"。不妨来考虑一下4种不同的情景。第一种是几个月后，我跟他离婚了；第二种是几个月后，我俩大吵了一架，他开始对我动手，我跑向卧室的抽屉拿出一把枪，盛怒之下对他开了枪；第三种是数月后，我经过几个星期的潜心谋划，终于把他杀了；第四种是数月后，他开枪自杀了。

后三种情形中，我的丈夫都死了，那么我的那句气话会得到怎样的考量？很可能它会成为我"预谋杀人"（在很多州意味着死刑）的"证据"，尽管真实的情况是，我是盛怒中无法把持自己而对他开了枪，或者他是自杀的。回过头来看社交网络上的那些东西，也许能发现，它们并不能成为可靠的证据。

但是，社交网络上的内容和其他数字信息已被用于指证犯罪或犯罪预谋。莫里斯·格里尔（Maurice Greer）受到严重谋杀指控，部分原因是他曾在Myspace上发过一条消息，"砰，脑袋开花，你就死了"，还有一张他本人裤腰上插着一把枪的照片。[21]一位警察作证，这把枪看上去同一名受害者被杀害时作案者使用的枪一模一样。这种衡量证据的方法与一般的取证法有着天壤之别。一般情况下，在一把枪与被告人之间建立联系要首先经过指纹识别、弹道分析等一系列科学验证。而有了社交网络，照片上露在外面的模糊不清的手枪柄也能与谋杀武器产生关联。这起案例中还有很多其他对莫里斯不利的证据，但上诉法院对社交网络内容的准入创下了一个危险的先例，这可能会导致无辜的人因为数字化的自我所表现出的类似罪证而受到无谓的指控。

量刑方面也少不了社交网络消息的掺和。在罗得岛州，就有一名罪犯因为Facebook上的照片而被从重判处20年有期徒刑。照片拍摄于被告约书亚·立顿（Joshua Lipton）酒驾引发交通事故牵连三辆汽车并造成一名女子重伤[22]之后两个星期，照片上他一身万圣节装束，穿着一件亮黄色的连体裤，上面有黑色的"囚徒"两个大字，还穿着一件黑白条纹的贴身内衣。[23]交通事故中的一位受害人看到了这些照片并报告给了检察官。在量刑听证会上，检察官声称这些照片表现出立顿没有悔改之意，因此应判处监禁而非准予缓刑，这一诉求得到了法官的赞同。[24]

有些法庭会依据社交网络信息——如指证帮派关系的照片——从重判罚。在阿肯色州，布列塔尼·威廉姆森（Brittany Williamson）和三位朋友殴打了一名14岁的少年并偷走了他的项链。在量刑过程中，法官根据一张带有黑帮标志的照片，加重了对她的判决。[25]相反，上诉法庭则不同意初审法官应允检察官从这类图片中武断引证的做法，并为她减掉了由这张照片引起的附加刑罚。[26]上诉法庭主张，社交网络上的照片需经过鉴定才能使用——例如，有照片拍摄时在场的人或能说明照片未被修改的人作证。

如同在抚养权案件中一样，社交网络上关于女性性生活的内容常常让她们自己反受其害。女性如果受到性侵害，显示她们性方面的帖子和照片就会被利用来削弱她们的证词。尽管显示她们曾发生过的性行为或关于她们穿着的证据一般不应当被法庭受理，但现在，受到指控的强奸犯们正在借着她们

Facebook 和 Myspace 上的性感照片或文字绕开法律的惩罚。他们的看法是，这些内容不是用来表现她们的性行为史的，而是质疑她们可信度的。

对于受到男性亲属或母亲男朋友性虐待的年轻女子而言，一张放在 Myspace 上的性感照能让法官对她们的看法大打折扣，认为她们是咎由自取。但这样的照片可以作为证据被采纳吗？年轻女子受到侵犯后变得不忌讳性，也并非不同寻常的现象。毕竟，这种伤害所带来的心理影响之一就是容易使女孩觉得，自己唯一的价值不过是一个性交对象。

社交网络从用户那里搜集各种人物关系信息，其中有不计其数的调查会就性经历询问 Myspace 和 Facebook 成员。青少年可能不会如实回答这些问题，相反，他们可能会谎称自己有性方面的经验以故作老成，有时甚至会让朋友替自己参与调查（即便是成年人，也会准许朋友为自己建立 Myspace 档案）。

照片或者性经历调查可以作为证据来质疑乱伦受害者吗？一位13岁的女孩终于鼓起勇气告诉老师，她曾多次遭到父亲的强奸，体检结果也证实她所遭受的暴力虐待，[27]她和她的兄弟还展示了被父亲用皮带殴打过的证据。这位禽兽不如的父亲每次殴打她之前都要先扒掉她的衣服，并在她告诉老师的一年前就开始对她进行性侵。每次他都说这是最后一次，但后来却多次继续。这位父亲被定罪时提起上诉，称法庭不许他引证女孩的 Myspace 主页是错误的。他表示希望得到一次重新审理的机会，这样就能把女儿主页上那些暗示性的照片拿来作证。他还搬出女儿参与过的一项调查的回答，测试的问题是"发生过性行为？"女孩给了肯定回答。但是她称，这是由她的一位朋友帮她填的。

上诉法庭主张，尽管受害者之前的性行为不应在强奸案中被考虑，但 Myspace 主页可以成为判断这名女孩可信度的依据。不过法庭仍未同意给予复审，因为还有其他更强有力的证据能够证明这位父亲的性侵虐行为。尽管如此，法庭准许从人们社交网络上的性感照或测试结果中取证的声明预示着它对女性在遭到强奸时获得公正保护之能力的削弱，这是令人不安的。

与此相对的是，一些法庭会阻止社交网络及其他网站信息的进入，除非这些信息是客观的，且与案件有充分的相关性。[28]例如，被指控邮件诈骗的一位非裔美国人试图证明事情其实是由一个白人至上主义群组所为。她搬出了网络上一段带有种族主义的粗言暴语，并把这段话指向了这个群组。法官则认为，被告不能证明这些言论确实由该群组所发，并且这些言论是会引起偏见的。

社交网络上的文字和内容应如何为司法体系合理取用呢？在一名女子已被通缉逮捕却逃出了司法管辖范围后，警察监视了她的中学聚会主页，在她从聚会回来时逮捕了她。当有证据显示两名被领养的孩子受到了虐待时，警方从养父的Myspace主页上寻找到了更多的证据。法庭准许引用这位父亲在那里同孩子们的对话，他说这种事情就像"小熊在半夜里吃到了奶油夹心饼"。检察官认为，这里说到的其实就是他对两名男孩进行的性虐。[29]法庭的意见是，这些聊天记录与其中一位受害者的证词一致，因此可以被采用。

在犯罪本身发生于网络空间内时，如威廉·梅尔彻特-丁克尔教唆他人自杀的案件，社交网络上的信息具有高度的相关性，在通过鉴定的前提下应被采纳。社交网站信息及其他电子通信信息也曾得到恰当的使用，来揭露拉拢陪审员或恐吓证人的不良企图。

米格尔·洛佩斯（Miguel Lopez）抓住女朋友安吉拉·冈萨雷斯（Angela Gonzales）的头发，并在她手里抱着他们16个月大的孩子的情况下，把她的头往公寓的地板上磕。[30]他因此受到了法庭的审判。为了解救男朋友，安吉拉试图在Myspace上追踪一名陪审员，并向他替男朋友求情，让他不要判他袭击罪。[31]起初，安吉拉告诉警察，米格尔在她说没有钱给他买香烟时大发雷霆。[32]后来她想说他没有打过自己，自己脸上的那些淤青和擦伤是因为偏头痛时的呕吐引起的[33]——尽管他以前曾多次对她施以暴力。[34]陪审员把他们在Myspace上的对话告诉法官以后，法庭把他调离了此案，米格尔被判家暴重罪，[35]安吉拉最后也因干预陪审员而入狱。地区检察官杰夫·赖西格（Jeff Reisig）说："受害者自己也成了罪犯，让人觉得很遗憾，但同一位已经当选的陪审员进行私下交流，有损于司法体系的公信力，是不能被允许的。"[36]

安托万·莱瓦尔·格里芬（Antoine Levar Griffin），外号"酒鬼"，因在马里兰州一个酒吧的卫生间里枪杀另一名男子而再度受审。他的堂兄丹尼斯·吉布斯（Dennis Gibbs）出庭作证，称他曾亲眼看见安托万拿着枪追赶受害者一直到女洗手间。[37]安托万的辩护律师对证人说的话表示质疑，因为他在现场对警察以及在初审法庭上对陪审团说的是，安托万没有进洗手间。

这时丹尼斯解释说，他起先说谎是出于害怕。安托万的朋友曾威胁过他，他说："就在上一次审理之前，安托万的女朋友威胁我说，我要是出现在法庭上，就是在找死。"

辩护律师询问他是否真的受到这样的威胁时，检察官提供了一张据称属于安托万女朋友的页面，上面写着："放了酒鬼！以牙还牙！你是谁你自己最清楚！"

辩护律师对这份证据颇为不满。他们怎么知道这个页面是他女朋友的？它只不过是属于一个名叫SISTASOULJAH的人。他们只得到了打印该网页的警察的一句证词，说这是真正的Myspace页面。

法官准许辩护律师在陪审团不在场的前提下向这名警察提问。

"你怎么知道这就是她的页面？"

"从主页上她和'酒鬼'的照片，她使用'酒鬼'这一昵称，提及的孩子，以及她的生日，都可以知道这就是她的页面。"

尽管辩护律师表示反对，法庭还是采纳了这张Myspace页面。当事人格里芬被判二级谋杀罪，辩护律师继续上诉。2010年5月，上诉法庭注意到，马里兰州没有判例可以为如何鉴定社交网络证据提供指导，而"其他司法管辖区也缺乏判例"。法庭称，"我们还没有发现过任何一个记录在案的上诉判决，是处理Myspace或Facebook资料中某些被打印出来的内容的真实性的。"[38]

法庭还称，它能看出社交网络信息会是"非常宝贵的"，因为"社交媒体网站的设计目的使它们成为一片肥沃的土壤，孕育出'有关我们对周遭事物、对自身感受（身体上的和情感上的）、计划及内心动机等的各种言论'"。[39]

上诉法庭也看到了困难。这与互联网时代早期，美国在线上的一封帖子能通过账单记录从而追溯到发帖者本人的情形已大有不同。今天，互联网上的任何人都可以匿名发布消息。但在该案中，照片及其他客观信息似乎确实与被告的女朋友非常相符。被威胁的证人本身也能证实他在Myspace上见过这个页面，所以法庭愿意规定，社交网信息可根据"内容和语境"获得"具体情形下的认证"。

这一次，法庭搁置了被告对社交网络帖子可能已被篡改的担忧，不过确实也有一方伪建社交网络或电子邮件证据来对付另一方的案例。丹妮尔·玛丽·希特（Danielle Marie Heeter）以丈夫前妻的名义建立Myspace账号，给自己发送谩骂的信息，[40]以为这样就能抹黑他的前妻，让她失去对儿子的抚养权。她在发送的那些消息里称自己（现在的妻子）是"淫妇"，并说："对了，还有一件事，当我获得了我儿子的抚养权以后，我向你保证，不许你接近他一步。就像我以前对你说过的——你消失掉比较好。"[41]

面对警察，丹妮尔矢口否认那些信息是自己发的。但检察官发现，在一次她登录自己的Myspace账号时，这些消息也正同时发自她的电脑。陪审团裁定她犯了欺诈重罪（缓期执行），因为她企图通过制造前妻不可靠并残忍至极的假象，来对这起抚养权案件施加影响。

假使法庭相信这些帖子是"前妻"所为，那会是什么结果？如果她不能把消息源头调查清楚，就会失掉自己的儿子，且并不是每个人都有充足的经济能力来雇用一名网络数据方面的专家来协助审理的。在"社交媒体世纪庭审"中，一位防御专家对4万多个博客、社交网站及Twitter消息的分析，帮助了凯西·安东尼（Casey Anthony）①的律师为委托人量身定制他们的庭审战略。⁴²起诉方没有社交网络分析师，而辩护团队的庭审顾问艾米·辛格（Amy Singer）却能监视在线信息，估量任何一方的公众舆论——从凯西穿什么样的颜色最好看到她为什么有罪。当博主们开始对凯西的父亲乔治·安东尼（George Anthony）进行批评时，辩护团队便以更强的攻势对他提问。用辛格的话说，在线消息在"指责乔治"方面为团队提供了一种尺度上的把控。同样，凯西的母亲辛迪·安东尼（Cindy Anthony）作证她根据凯西的要求对氯仿进行网上搜索后，网民的情绪开始转向针对她，团队便开始"疏远"她。辛格曾为辛普森（O. J. Simpson）案及杰克·科沃基恩（Jack Kevorkian）案件②提供咨询服务，据她所言："社交媒体就是输赢的差别所在。"⁴³

在安东尼案的审理过程中，检察官提供的证据显示，安东尼家里的电脑曾84次访问一家有关氯仿的网站。⁴⁴辩护律师没有请任何专家来推翻这个证据，但他本应那样做的。⁴⁵检察官方面的专家在庭审结束之前再次分析了他所取得的数据，结果只发现一次搜索记录。⁴⁶但是这位专家说，当他联络检察官时，对方并没有作出任何努力来纠正这一记录。

在当事人被定罪以后，社交网络信息引起的问题并不能就此结束。有些情况下，罪犯是否能够继续使用社交网络及如何使用，也成了量刑的一部分。在威廉·梅尔彻特-丁克尔的即时消息被用来指控他胁迫纳迪娅·卡卓吉自杀后，法官禁止他在未经法庭许可的情况下继续使用计算机；其他法官则要求被定罪者加他们为好友。加尔维斯顿青少年法庭的凯瑟琳·蓝安（Kathryn Lanan）法官要求她司法管辖范围内的少年犯在社交网络上和她成为"好

---

① 凯西·安东尼：美国佛罗里达州人，2008年轰动全美的"凯西杀女案"的主要嫌疑人。经过三年司法程序，陪审团裁定针对被告凯西·安东尼谋杀两岁亲生女儿凯利（Caylee）的一级谋杀罪名不成立。案件宣判后迅速引发美国各界强烈反响。——译者注
② 杰克·科沃基恩：美国病理学家，推行安乐死合法化的第一人。因帮助病人安乐死而以"谋杀罪"被起诉，被判二级谋杀罪。——译者注

友"，一旦发现他们的不当行为，即把他们召回法庭。[47]密歇根州的一位法官A. T. 弗兰克（A. T. Frank）会主动查阅缓刑罪犯的社交网站页面，并且在Facebook和Myspace上找到过他们违规照片，包括吸毒时的照片。[48]

刑事辩护律师丹尼斯·里奥丹（Dennis Riordan）则认为这种司法行为让人不安："当然，缓刑监督官有权拜访罪犯的家。但关键是要由他们把结果报告给法官，再由法官来决定是否撤销缓刑把某人直接送进监狱。如果法官加罪犯为好友，他便同时扮演了调查者和法庭两个角色。这样就会造成一些麻烦。"

社交网络在刑事案件中所扮演的角色越来越重要，人们却没有充分考虑这样做的后果。法官把社交网络信息视为铁证，而事实上，它们可能是由隐匿的真正罪犯或另有所图的一些人伪造出来的。就如前述那位现任妻子在Myspace上陷害丈夫的前妻，再或者学生冒充校长创建Myspace账号，制造校长有恋童癖的假象。我们的社交网络宪法所赋予的隐私权应杜绝这样的社交网络搜查，除非有非常正当的理由证明犯罪行为已经发生。当社交网络走进法庭，法官应以公民的公平受审权为本，对信息的获取方式、真伪及与案件的关联度进行思考。除非能为案件提供相当可靠的证据（而非关于被告或受害者生活中会引起偏见的信息），否则社交网络信息不应被法庭采纳。

第十三章

正当程序权

I Know
Who You Are and
I Saw
What You Did

"别再在Facebook上散播对伊朗的谣言了!"这是一条发给伊朗裔美国研究生哈米德（Hamid）的消息,原文是用波斯语写的。在哈米德把Facebook头像换成一张带着血滴的胜利手势图片,以表达他对伊朗反对派的支持后,他还收到一封邮件,里面写着:"我们知道你在洛杉矶的地址。小心,我们会跟在你后面。"发件人署名为"蜘蛛"。哈米德换头像的时候,心想只有好友列表里面那些关系亲近的人可见。但Facebook更改了设置,使得某些个人数据对外公开,包括好友名单及头像资料等。[1]用户个人信息的骤然曝光引起了一场轩然大波。

　　许多在Facebook上批评伊朗的美国用户报告说,伊朗当局质问甚至拘留了他们的亲属。[2]29岁的工科学生库沙（Koosha）在美国参加了集会,并在线发表请愿书,请求释放被拘押在伊朗的一位人权律师。其后他便收到恐吓消息，称会对他居住在德黑兰的亲属不利。不久，他又接到母亲的电话，说父亲被德黑兰的安保人员抓走了。[3]他的父亲现在已被释放，库沙说他现在同父母联系时，都非常谨慎地不去谈论政治了。

在美国，社交网络用户的个人信息被公开以后，他们也面临着一些令人不安的现象。2010年，Google力图建立一家能够与Facebook相抗衡的社交网站。其邮件系统Gmail已经有1760万用户，于是Google已经拥有了为数众多的内置用户，且每一个Gmail用户都有自己的朋友圈——即最常与他们发邮件或聊天的人。[4]当Google Buzz启动以后，Gmail用户收到一则消息，通知他们这项新的服务，并在他们进入邮箱之前提供两个选项："亲，签到Buzz"和"不，进入邮箱"。[5]点击前者的用户会进入一个欢迎页面，上面有一条提示："Google Buzz可以让您随时了解好友的动态。"[6]

Google Buzz在没有给予充分通知的情况下，就把用户的个人信息泄露给其自动列表中的那些人——基本上是你用Gmail联系过的人。[7]系统根据你的主要联系人自动生成的好友列表能为该列表中的其他人所见，[8]这使得你私下里的人脉关系一目了然。其中可能有你申请了限制令的人、你的精神病人、你思忖离婚时联络过的律师或者找上你的招聘猎头等。[9]这些与你频繁联络的人还能看到你在Picasa和Google Reader①上发布的内容。

一位女博主曾饱受前夫的虐待，因为有了Google Buzz，前夫又成功找到了她现在的住址和工作场所，并能看到她和她新男朋友的通信记录；[10]一位企业主发现自己的常用联络人（他的一位客户）的资料竟然变公开了而大惊失色，因为这就等于把重要信息泄露给了竞争对手。

未经充分告知就公开信息会扰乱人们的生活，即便是那些看起来不会造成伤害的信息。2007年，Facebook开展了一个叫做"路灯"（Beacon）的项目，即在Facebook的动态信息中展示人们在关联网站上的购买信息，比如

---

① Picasa是Google的一款免费图片管理工具。Google Reader是Google开发的一款RSS阅读器，用户可以用它阅读博客文章、分享资讯。——编者注

eBay、Overstock、Hotwire、百视达（Blockbuster）等。[11]Facebook 没有充分警示用户，他们网上购物的详细记录是对所有 Facebook 好友公开的。[12]一名男子在网上买了一颗钻戒，这条信息被扩散给了他的 220 名 Facebook 好友和500 名同学——"肖恩·莱恩（Sean Lane）从 overstock.com 上购买了用 14K 白金做成并镶嵌了 0.2 克拉钻石的永恒花朵戒指"。[13]他的妻子不禁疑惑，"这枚戒指是给谁的？"其实这是丈夫送给她的圣诞礼物，但这样一来，原本安排的惊喜就被毁了。[14]后来 Facebook 在民愤中关掉了"路灯"，[15]并与肖恩等用户达成了和解，原告们一致指控 Facebook 在未进行通知和未经允许的情况下泄露了他们的个人信息。[16]

社交网络是在游戏中途改变规则的惯犯，从毫无戒心的用户那里骗取掌控他们信息的机会，最后甚至控制他们的命运。从伊朗到美国，未经警示和同意就公开用户信息，已危害到了人们的自由、安全和人际关系。

我们的社交网络宪法将保障从联网权到隐私权的一系列权益。但如果不制定正当的程序，言论自由权、隐私权和匿名权等实质性的权利就会遭到破坏。应当有一套政策保证人们拥有对信息的控制权，决定谁能看到他们在社交网络上发布的信息。例如在美国宪法下，第五和第十四修正案均赋予人们正当程序权。这就意味着人们对法规享有充分知情权，任何权利的剥夺都需要经过正当法律程序，以及人们可以加强保护，防止某些权利被剥夺。同样，我们的社交网络宪法不仅要赋予公民实质性的权利，还必须确立保护这些权利的合理程序。

正当程序权的第一个重要条款是通知权。我们大家都知道刑事案件中的米兰达警告①，与 Facebook 的隐私控制不同，它没有设下 170 个步骤，也不属于那些长篇大论又晦涩难懂的服务条款，不像 Facebook 的隐私常见问题与解答一样是一篇篇幅达 4.5 万字的文件，而是只包含了一句话："你有权保

---

① 即犯罪嫌疑人保持沉默的权利。——译者注

持沉默。如果你不保持沉默，那么你所说的一切都能够用来在法庭作为控告你的证据。"社交网络也需要一则类似米兰达警告的隐私警告，告诉用户"你有权保护隐私"，并在用户每次增加粉丝的时候向他解释，他在社交网络上留下的信息将可能给他带来不利的后果。这样，人们就能明白信息的扩散意味着他们将可能会失去什么，或陷入什么困境当中。

当前，人们在社交网络上发布消息或者一般情形下使用互联网时，网站都不会充分警示他们可能面临的后果。当然，我们在进入一家网站之前，要首先关闭网页上跳出来的长长的公告，但大部分人都不会去阅读它们，也读不懂它们。一家名为"游戏站"（Gamestation）的游戏公司在其条款中戏谑地写入了下面这一条。

> 公元2010年第4个月的第一天在本网站下单，即代表你同意授予我们一种不可转让的权利——即刻起永远拥有你不朽的灵魂。假如我们同意执行这项权利，你会收到一份由 gamestation.co.uk 发出的书面通知，你必须在接到通知的5（五）个工作日内，交出你不朽的灵魂以及它附带的任何其他权利。[18]

大部分人（88%）都会同意这些条款，这让 Gamestation 觉得人们不会仔细阅读条款。也许数据整合商和社交网络已经拥有了你"不朽的灵魂"，因为你已经被一个数字化程度越来越高、数据悄无声息地被秘密采集的世界所俘虏。

在数据整合领域内，一般不会有任何通知告诉你，你的数据正在被人收集。当你的互联网服务器与数据整合商产生连接使得后者能够拦截你收发的任何数据时，你是不会知道的，也不会有人来征求你的意见。商业拦截器甚至比警察更加强大，因为警察还需要从法官那里获得授权才能监听你的通信内容。

在美国宪法下，人们对于影响到自身的政府政策拥有事先知情权。为与宪法一致，立法者在制定一项法律时，需要明确表述在这项法律下，哪些行为是允许的，哪些是被禁止的。根据美国最高法院的解释："一项禁令或对某种行为提出要求的法规若用语模糊，以至于具备正常智力水平的人必须猜测它的意思，甚至在其适用性上产生异议，那么它就已经违反了法律正当程序的第一要素。"[19]在政策生效之前，先让人们能正确理解它们，这才是关键。

事先通知权也存在于隐私领域。在你同意贷款前，银行需要先为你提供相关信息；在你同意治病前，医生需要先告诉你有关你的疾病、风险、治疗效果、除治疗以外的其他选择等信息。例如，对需要动手术的病人，医院只有在对手术进行必要的说明之后，才准许外科医生动手术；参与药物试验的高胆固醇者也必须首先正确理解服用试验性药物或安慰剂所存在的风险。

但是事先通知原则几乎不存在于社交网络。2006年，Facebook在没有告知用户的情况下就在"动态消息"栏目[20]中显示用户的个人信息（包括有关用户婚恋状况的详细信息）。[21]成千上万的用户对这一变动提出反对，[22]马克·扎克伯格为此发表了一封公开信："这次我们真的搞砸了。在开发'动态消息'和'迷你动态'时，我们的初衷是为你提供一条有关你的社交世界的信息流。但我们没有对新增的功能进行解释，更糟糕的是，没有把对它们的掌控权交给用户。"[23]没有事先解释清楚这些公开个人信息的新功能，没能让用户便捷地掌控自己的信息是否要公开，这些已经成了Facebook的常用"作案手法"。

一些地方法庭已经开始将知情权运用于数字领域。一位消费者起诉计算机服务公司网景（Netscape）通信公司借助一款插件侵犯了用户的隐私，这款可以在网景官网上免费下载的插件，其初衷是方便用户使用互联网。对于这项指控，网景则回应说，用户已经同意了服务条款，但这些条款被隐藏在网站的页脚处，且不需要用户先行确认。法庭驳回了网景的辩驳，称："没有理由认为，仅仅因为有下一页存在，用户就会向下翻页到下一页上。商品是'免费'的，用户应邀下载它们，但没有被明确告知他们将被捆绑在合同条款上，这种交易环境无法与纸质世界中的对等交易进行类比。"[24]法庭认为，如果网页上的许可链接不够突出，那么即使用户点击了该链接，网站也不能将其视为双方已经就合同达成了共识。

这类告知不仅要显眼，同时也要简单易懂。再来看一看"游戏站"的服务条款，人们根本没注意到，他们正在交出自己"不朽的灵魂"。或者想象一下Facebook长达4.5万字的隐私常见问题与解答。明确显示警告标志早已不是一个新概念，多年来，香烟生产公司都需要在其产品上列明卫生总署对吸烟有害健康的警告，这是为了让吸烟者明白吸烟存在的健康风险。2012年9月，美国食品药品监督管理局（FDA）要求这些警告必须配有引人注目的图形，以更加清楚地阐明吸烟的危害性。[25]

第二项重要的正当程序权是你对个人信息及数字化的自己的掌控能力。就如在就医时，病人不仅要在治疗前获得详细的通知，还必须拥有自主决定是否接受治疗的权利。

但在社交网络或互联网的其他地方，总是有人在利用cookie、网络信标、DPI等手段，在完全不让你知情更别说许可的情况下，秘密收集你的数据。几乎每访问一次网站，你的电脑都至少会被安装一种跟踪机制（Dictionary.com之类的网站甚至会安装上百种）。这些机制不仅能观察你的行为过程，还能拿走、存储以及传播你的个人信息，获得它们的公司要么自己使用，要么将这些信息售卖出去。

作为一名用户，你应有权掌控你的信息去向。就目前而言，对网络跟踪说"不"是很难的，尽管不是不可能。首先，你也许不知道你的信息正在被第三方获取；你登录的社交网站也许在没有给予警示的情况下就已经改掉了原初的规则；其次，拒绝被跟踪可能需要经过上百个步骤。如果你把浏览器设置成在每当有数据整合商在你电脑中放入一个cookie时就弹出提示，试图以此来摆脱这些跟踪机制的话，那么你的一整天时间都要花在阻挡cookie上了——并且最后你可能还是要被迫接受它们，因为有些网站只有在你同意了与未知第三方共享信息之后才准许你访问。掌控原则将使社交网络用户能够阻止第三方甚至社交网站本身收集或使用用户信息。

你的控制权正在被执行它所需的复杂过程所削弱。当前的系统是选择退出式的，但据2008年美国消费者联盟（Consumers Union）的一项报告显示，大多数美国人不愿接受这种方式。一项消费者报告的投票调查显示，93%的美国人认为，"互联网公司应在使用个人信息之前不断请求许可"，这反映了一种观念，即社交网络应赋予用户对个人信息更大的掌控能力。在任何数据被收集之前，人们应该有选择的机会。[26]

用户在进入一个独立的网站时，应该可以自主选择可被允许的第三方cookie及其他跟踪技术，就像你可以自主邀请什么样的人到你家里一样，而不是你回到家里，看到一群人已经闯入，你再叫他们一个一个离去。相反，应该由你主动联络那些你希望前来拜访的外人。

在目前的情况下，即便你觉得你终于退出了那些机制，很可能这也是你的错觉。发现Chitika（一家在线广告网站）在收集个人信息方面误导用户后，美国联邦贸易委员会根据正当程序原则介入其中。Chitika在南印度语言泰卢固语中的意思为"弹指间"，这家公司每月会在10万多家网站上投放30亿条广告。[27]其隐私政策如下：

> 用户在通过Chitika访问页面时，会有一个或多个cookie——包含一串字符的小文件——被安装在其电脑中，以专门识别用户的浏览器。Chitika使用cookie的目的是为了通过存储匿名活动数据和跟进用户倾向（如用户的搜索和浏览方式）来提升定向服务质量，用户可以重置浏览器来拒绝这些cookie，或要求网站在安装cookie时出现提示……Chitika支持以及提倡尊重和保护用户隐私的商业行为，您可以通过使用以下按

钮来选择不接受Chitika的cookie。[28]

但是当人们点击鼠标选择不接受后，有效期只有10天。之后，每当用户访问Chitika投放了广告的那10万多家网站时，Chitika就会开始对安装了cookie的用户进行跟踪，并且不会就此发出任何通知。美国联邦贸易委员会命令Chitika销毁之前采集到的所有用户数据，并提供一种至少有5年有效期的退出机制。[29]

除数据整合商以外，社交网络本身也在擅自收集与分享用户信息。Facebook总是在不通知上千万的广大用户的情况下就更改用户的个人信息类型。"我听过Facebook的专家们讨论隐私设置，但他们很快就自己也搞不清了。"电子隐私信息中心（Electronic Privacy Information Center）执行董事马克·罗滕伯格（Marc Rotenberg）在向国会提交的报告中说，"我还听过Facebook创始人马克·扎克伯格描述其公司隐私政策的新变化，结果这时他才意外得知，自己大学时期的一些照片现在已是'所有人'可见。我相信，即便Facebook本身也不能真正理解它的隐私设置是如何运作的。"[30]

正当程序不仅包括对信息与隐私的通知和控制，也包括矫正或删除任何存在于社交网络的个人信息。在美国宪法下，如果政府做出一项对你不利的决定（比如认为你已经不再是残疾人，因此中断了你的某些福利），你在最初阶段有机会去"纠正"政府的结论，并有权出席为解决此问题而组织的听证会。[31]在社交网络世界中却不存在矫正和删除自身信息的保障机制，除非你与第三方信誉服务机构取得联络，但它们的效率也是无法保证的。

例如，Spokeo上列出的个人信息可能是不正确的，但银行、信用卡公司、雇主及其他机构却往往通过网上搜索得到的这些信息来对你进行评估。托马斯·罗宾斯因为Spokeo错误显示自己的年龄、婚姻状况、职业及其他信息，[32]控告该网站违反《公平信用报告法案》。[33]该法案要求消费者调查机构提供一种机制，使个人能够质疑关于自身的文件中的信息的正确性，并改正其中不正确、不完整和具有误导性的信息。[34]联邦法官正在仔细考虑这起案件。

个人还应有权删除自己的数据。在美国宪法下，人们有权在各种情况下重塑自己，比如宣布破产。几乎所有州的法律都允许未成年时期的犯罪记录被封存、销毁或删除。[35]有些州还会为符合资格的成年人提供销毁或封存犯罪记录的机会。[36]

在社交网络领域内，删除信息可以通过"直接权利"——例如允许经过认证的个人用户删除自己在网络上的照片——与计划报废①的结合来实现。维克托·迈尔-舍恩伯格在《删除》一书中提出了一条引人争议的建议：我们应为发布在网络上的图片和信息设置有效期。想想，如果你和前女友狂喝啤酒的画面在两年后蒸发了，你的日子是不是会好过很多？

2011年，众议员威廉姆·斯特劳斯（William Straus）在马萨诸塞州众议院引入02705号法案。[38]根据该法案，个人身份信息不能被第三方数据整合商获得，除非个人勾选过相关选项；对于非个人身份信息，第三方广告网站最多也只能保留24个月。[39]

其他国家也赋予了人们对信息的事先通知、控制和矫正权。欧盟已颁发指令，规定企业实体不得获取交易所需之外的其他信息，并且必须确保信息的正确性和完整性，可识别数据库在数据用途实现之后即应被销毁。[40]欧盟专员薇薇安·雷丁（Viviane Reding）正在准备一项允许人们删除自己在互联网上的信息的议案。"每个人都有被遗忘的权利，"她说，"因为20世纪的惨痛经历，欧洲人自然而然地对公共机构收集和使用个人数据更加敏感。"[41]

为确保社交网络用户能够实现他们的实质性权利，事先通知、自主掌控以及修正删除的能力都是绝对必要的。过去，社交网络的每一项政策变更都会给用户造成严重的后果，如前述那位被拘留的伊朗裔美国人及那位想要摆

---

① 计划报废是工业上的一种策略，有意为产品设计有限的使用寿命，令产品在一定时间后报废。——译者注

脱施暴丈夫的女性。过去的这些行为已明显违反正当程序权，而不断发展却又缺乏管制的技术则会产生更大的威胁。

社交网络收集和控制大量的个人数据。瞬息之间，单单Facebook一家就拥有了10多亿用户的数据。"想象一下，集中10亿人的政治观点、性取向、人际关系、情感状态、个人喜好、小缺点、工作态度等细节信息是什么概念。"理查德·鲍尔（Richard Power）在《首席安全官：安全与风险》（*CSO：Security and Risk*）中写道，"政府、公司、地缘政治联盟或者一个看似无害的世界组织努力收集这些数据时，都会受到激烈的反对。即使它们有可能做到，也是非常困难的。要有律师、资金，甚至也许还要有枪。"[42]

但真实的情况是，我们就这么温顺地像牛羊一样被赶入了Facebook国度，没有好好思考过我们的隐私权和财产权。在任何其他背景下，我们都对自己拍的照片或书写的信息持有商业产权，但在Facebook国度里，公司正在将我们的帖子商品化。

Facebook的政策变更经常违反正当程序的基本原则。尽管《纽伦堡法案》（*Nuremberg Code*）规定了开展研究前"受试者自愿同意的绝对重要性"，[43]Facebook却在没有得到用户同意的情况下对他们进行生物特征识别研究。生物识别数据是关于一个人个性特征的信息，它能依据一个人的特质（例如指纹或眼球扫描）来识别一个人的身份。从Facebook的研究中所获取的这些生物识别数据会根据人脸不同方面的特征进行分类，如根据两眼间的距离或其他脸部特征及结构中的可测量元素。[44]这种研究将生物识别算法运用于公开和私密的Facebook照片中，用于开发人脸识别程序。

在Facebook把它的人脸识别软件介绍给全世界用户时，它已经在未经他们允许的情况下，不声不响地把他们全部纳入了这个程序。[45]如今，每当用户上传一张照片，Facebook的软件就会对它进行扫描，如果识别出这是用户好友的脸，就会生成一个显示其姓名的标签。[46]用户可以通过一系列烦冗的步骤（包括3次切换屏幕，7次点击鼠标）来退出这个软件，以免自己在朋友的照片中被圈出来，但若不主动操作的话，它就会默认激活人脸识别软件。[47]

Facebook的个人偏好选项中没有删除或阻止获取生物识别数据的选项。[48]要删除生物识别数据，你不得不通过网页上一个很难被找到的链接www.facebook.com/help/? page=150456805022645 与 Facebook 取得联系。找到这个页面，你要先点击"账号"，再点击"隐私设置"，然后进入"自定义设置"里的"标签是如何工作的"，再进入"标签推荐"，最后点击"了解跟多"。这样你就进入了一个帮助中心的页面，页面的最后一个链接里含有正确的指令。在你点击"我要如何移除用于标签推荐的摘要信息?"时，会获得一个联系链接。你必须点击"联系我们"，然后发送消息到 Facebook 的照片团队，要求他们帮你移除照片对比信息。

Facebook 在其博客上吹捧这款新软件的优点："现在如果你上传亲戚婚礼上的照片，我们可以对新娘的照片进行分组，并提示她的名字。你不用再输入她的名字64次，只要点击一下'保存'，就可以一下圈出她的所有照片。由于圈出别人变得比以前更加简单，所以当朋友发布照片时，你更可能在第一时间知道。当你被圈出时，我们会通知你，你可以随时为自己解除标记。同往常一样，只有好友才能在照片中互相圈人。"[49]

但Facebook没有提及伴随这种简易的照片标记方法而来的潜在危险。再拿婚礼照片来说，也许你已在当晚早些时候的一张宴会集体照中被圈，而人脸识别软件又在后来的宴会照片62、63和64的背景中把你识别了出来，但这些照片中，你的样子都上不了台面或狼狈不堪，可能正在亲吻伴娘，可能喝多了正在舞池里呕吐，等等。现在，你纵酒狂欢的样子也被圈出来了，这些照片非常高调地出现在了你的Facebook主页上。如果上传这些照片的朋友要在没有人脸识别软件的帮助下把你圈出来，他将必须首先从背景中识别你的脸，然后手动把你圈出来，同时可以刻意避开可能引起的尴尬、夫妻吵架及职场纠纷等问题。

而且，Facebook没有在其隐私政策中指明应用开发商、政府或其他的第三方是否也能获取及使用这些生物识别信息。[50]它不但没有支持用户的知情权和掌控权，还使得用户要想把自己从含有600亿照片的数据库中移除变得极其困难。[51]

2011年8月，德国汉堡数据保护局（Hamburg Data Protection Authority）[52]要求Facebook删除其生物识别数据库中德国公民的信息，认为未经用户同意就存储用户信息是有违欧盟和德国法律的做法。[53]尽管Facebook坚持其人脸识别技术符合欧盟数据保护法，[54]但欧盟数据保护工作组（the Article 29 Working Party）——这是一家就欧盟隐私政策提出建议的机构，对Facebook照片标签功能的默认激活表示了顾虑，很显示，Facebook并未事先征得他们同意。[55]

当社交网络在未给予用户充分的通知和掌控权的情况下就更改政策时，许多个人以及美国电子隐私信息中心这样的政策倡导者就转向美国联邦贸易委员会寻求正义。2010年3月，美国联邦贸易委员会以谷歌在启动Google Buzz的过程中存在不公平和欺骗性商业行为为由，投诉了谷歌。对此，谷歌签署了一份和解协议，承诺执行《法律时报》（Legal Times）博客作家珍娜·格林（Jenna Greene）的所谓"前所未有的隐私计划。"[56]和解条件是要谷歌做到：（1）不歪曲对用户隐私的保护程度；（2）在信息被泄露给第三方时充分告知用户，以及在信息被共享前获得用户的"明确同意"；（3）确立全面的隐私计划来解决谷歌现有的以及新产品和服务中的隐私风险，并定期向美国联邦贸易委员会汇报其隐私计划的建立情况。[57]在一起相关民事诉讼中，谷歌将850万美元用作独立基金支持隐私权益保护组织，平息了消费者对于Google Buzz的投诉。[58]

同样，在针对Facebook"路灯"项目的一起民事诉讼中，Facebook也同意建立950万美元的"和解基金"，[59]这一基金将用于支付律师费和庭审费用，另外4.15万美元给指定原告。其中，肖恩·莱恩获得1.5万美元。[60]剩余的资金由Facebook用于成立一个非营利性的组织——隐私基金会（Privacy

Foundation），旨在为提高"网络隐私、安全及保密"意识的项目提供资金支持。[61]但其中一位原告金杰·麦考尔（Ginger McCall）对此结果表示不满，理由是Facebook可以在相当程度上控制该基金会收取的调解款。[62]金杰说："这无异于引狼入室。"[63]

人脸识别程序也受到了类似的阻力。2011年6月10日，电子隐私信息中心、数字民主中心、消费者监督机构（Consumer Watchdog）和隐私权信息交流中心（Privacy Rights Clearinghouse）向美国联邦贸易委员会提出控诉，迫切要求其调查Facebook对人脸识别软件和生物识别数据的使用，要求Facebook停止在缺少用户主动同意的情况下收集和使用他们的生物识别数据，限制其对第三方透露用户信息。[64]控诉还指出，人脸识别软件已在别处被用于寻找政治异见分子。

2011年，卡内基梅隆大学的研究者们发现，通过结合人脸识别和数据挖掘，他们可以从网络摄像头的照片中推测出一个人社会保险号的前5位数。[65]同样，他们还可以用脸部识别软件将交友网站上10%的匿名照片与社交网络中的真名对应。

美国国土安全部提议美国启用人脸识别软件时遇到了很大的阻力，以至于计划泡汤，但Facebook国的国民们竟被默认纳入了这样一个计划中。电子隐私信息中心控诉道，对人们数据的不断收集已导致了越来越多的身份窃取，也威胁到了人们的基本隐私权，损害了人们享有安全就业、保险和信贷的机会。

在我们的社交网络宪法中，社交网络应提前通知与你有关的任何情况及变更。在你没有主动选择的情况下，隐私条款是不可被更改的。而且，为了提高你的控制权，任何第三方都不被允许在另一个实体网站上采集你的数据（不论是通过cookie、网络信标、DPI还是其他手段）。你不再需要一一选择退出来抵挡第三方cookie，而是整个过程采用选择加入模式。第三方（如数据整合商和行为营销公司）应在网络的其他地方向你提供邀请，由你自主选择是否加入，而非在社交网站或你收藏的网站里窃取你的数据。

社交网络宪法将要求数据整合商们立即改变它们当前的做法。在没有充分公开、没有获得我们明确授权的情况下，是不允许安装 cookie、Flash cookie、网络信标和 DPI 的。我们的实质性权利和正当程序权利使这一结果成为必须。

人们当前的 Facebook 权益随着马克·扎克伯格的奇思异想而动荡不定，美国联邦贸易委员会正在展开一项又一项的调查以跟上 Facebook 不断扩张的公开性所带来的控诉。但这整项事业还缺乏一套管理原则。通过采纳包含了正当程序保护的社交网络宪法，我们能够为个人、组织、网站、社交网络、数据整合商、政府机构提供一套标准，以正确对待 Facebook 国的人民。

第十四章

迈向宪法

I Know
Who You Are and
I Saw
What You Did

Boing-Boing的合作编辑科里·多克托罗自称是一位技术理想家，他在一次TEDx会议①发表演讲时惊人地提出，需要有更强大的方式来保护网络隐私。他呼吁人们运用策略和技术来确保自己和孩子的技术隐私。

多克托罗表示，我们一直在以一种完全错误的方式保护我们的基本价值。当父母用软件或其他措施监视孩子的网络行为时，"就等于在为孩子培养一种思想，让他们以为权威人物监控他人在网络上的一举一动是正当的。这样，在还没有接触到Facebook时，他们就已经整体低估了隐私的价值。这无异于在培养他们接受这样一种"正常"的观念：在非自愿的情况下公开自

---

① TEDx项目由TED推出，所谓TEDx，就是指由那些本地TED粉丝自愿发起，自行组织的小型聚会，让本地的TED粉丝能够聚在一起，共享TED一刻。x是独立组织的TED活动之意，人们通过邀请当地演讲人进行现场演讲，共同观看TED演讲视频，就一些问题进行深入的交流与讨论。——译者注

己的社会精神生活也是可以接受的。"[1]

多克托罗提议进行彻底的改革："让我们把我们的图书馆、学校及其他公共机构变成实践网络隐私保护的最佳场所。让我们教导孩子对他们在网络上的一切活动加密……让我们教孩子在手机、平板电脑或笔记本电脑中安装隐秘性最好的产品，即便它不为一些大公司所欢迎。这样做无法自动阻止Facebook或其竞争者出卖我们的隐私，但这些行为将使隐私保护工具的使用合法化，使得将来有人需要我们的孩子公开信息时，他们自己会提出'你为什么需要知道这些?'我是一位父亲，也是一名教师，我希望在我们所居住的这个世界中，互联网能够继续帮助我们更加有效地一起工作，但不再将我们互相之间的亲密关系商业化，使我们无可挽回地接受这种单向而又苛刻的信息公开化、透明化。"[2]

消费者的需求——或一部社交网络宪法或是其他呼吁关注基本权利的政策——能够推动尊重个人隐私和选择的新科技的发展。谷歌在启动"Google+"项目时已朝这个方向迈出了一步，它提供的是允许用户对不同组别的联系人分别进行共享设置的社交网络服务。例如，用户可以把"熟人"同"朋友"，"雇主"同"派对姑娘"区别开来。他们可以为所发布的每一项内容单独设置可见组别，[3]还可以变换角度，以组别中联系人的角色查阅自己的主页，以确保内容的公开程度确实与设置的一样。[4]"现实生活中，我们有墙和窗户，我和你说话时知道房间里有什么人，而网络世界中的你就像是进入了一个'共享'的大盒子里，你与整个世界分享信息。"谷歌产品管理副总裁布拉德利·霍罗威茨（Bradley Horowitz）说。[5]用户上传照片时，Google+会默认隐藏地理位置信息。[6]它的营销策略就是坚持为用户提供比Facebook更好的隐私保护和掌控能力。至于保护的具体程度，它还是得受到督查，因为谷歌本身已有过失足的前科，如Google Buzz。

《洛杉矶时报》商业专栏作家戴维·拉扎勒斯曾提到，如果保护人们的基本权益（如分享信息之前询问用户意见）成为必须做的事情，诸如Spokeo

这样的大公司可以谋取到的利润将被大大削减。"在这个数字时代，我们所要面对的现实是，做正确的事是无利可图的。"[7]不过随着人们逐步意识到他们发的网络帖子的危害性，对权利保护技术和政策的需求将大大增加。2009年，TRUSTe①的调查中有68.4%的人表示他们"愿意使用阻止广告及追踪码等非网站原生内容的浏览器"；[8]大多数美国人支持在社交网络环境中为基本权利提供保障的政策法规；68%的美国人反对在网络上被"跟踪"；70%支持对那些不经他们同意便收集和使用他们信息的公司处以重金罚款；[9]大多数人（92%）相信，网站和广告公司应在被要求时删除其存储的有关个人的一切信息。[10]人们并没有像马克·扎克伯格所设想的那样慢慢适应基本权益的削弱，相反，2010年皮尤研究中心的调查发现，年轻的成年人与年纪更大的互联网使用者相比，更加在意自己的网络隐私。[11]2011年年末"Google+"成立之后，即使是Facebook也感到了一股压力，它不得不提供更好的隐私保障，如创建独立分组使用户能够同特定小组内的好友分享消息和图片——这样，带有饮酒场面的照片就可以只给死党看，而不被老板看到。

全世界的政策制定者们都开始了在社交网络和数据整合背景下对人们基本权益的保护。"从20世纪80年代中期的德国开始，欧洲人对信息隐私权已经拥有了更广泛的概念，远远超过了由沃伦和布兰代斯所提出的隐私权。"维克托·迈尔-舍恩伯格在《删除》中写道，"如果最初的信息隐私权概念能更加关注个人的许可问题，那么到如今信息隐私就可以被看成个人选择其社会参与度的一项权利。"[12]

欧盟已制定了包含数据收集、存储与扩散的隐私法。[13]在欧洲，当一个人的个人数据被收集时，收集方必须事先告知自己的身份、收集的理由和该数据的用途。以任何方式使用个人数据的单位均需在一份"智能表单"中向对象提交一个数据备份，同时附上数据源的所有可获得信息。[14]如果这些数

---

① TRUSTe是美国加利福尼亚州旧金山的一家公司，其在线隐私封条闻名于世。——译者注

据中有任何不正确或经非法处理之处，用户有权要求他们进行更正、删除或彻底销毁。在不正确的数据流出以后，用户有权要求数据整合商通知所有接收过该数据的第三方。

之前大多数为互联网创建人权法案的尝试，焦点都在挣脱政府监督上。1996年，约翰·佩里·巴洛（John Perry Barlow）写下"网络空间独立宣言"，他对互联网带来的益处的热情是很明显的。他在宣言开头写道："工业世界的政府们，你们这些令人厌烦的铁血巨人，我来自网络空间，那里是思想的新家。我以未来的名义请求属于过去的你们不要再干涉我们的自由。我们不欢迎你们，你们已无权统治我们的聚集地。"

即便今天，杰夫·贾维斯（Jeff Jarvis，纽约市立大学互动新闻节目主任及当红博主）在提议"网络空间人权法案"时重点关注的仍是自由。[15]但是另一些关心互联网管理的评论家们则意识到，网络空间里的人们除了要获得言论自由外，还需要受到保护。2010年，第21届年度计算机、自由和隐私会议（the 21st Annual Computers, Freedom, and Privacy Conference）得出结论："是时候制定一部'社交网络用户人权法案'了"。[16]该法案不仅应当支持言论自由等价值观，而且要通过增强隐私的技术手段来帮用户实现自我保护。不过，这一提议只能通过更改服务条款，适用于用户与社交网络之间。[17]而我们的社交网络宪法可以更广泛地适用于政府机构、社交网络以及其他使用互联网的实体，以及用户群体本身。

我们的社交网络宪法将保障所有的个体都能在不受歧视的前提下享有联网和自由联系的机会。它给予个体对自身基本信息、地理位置、思想情感和肖像等内容的控制权，保障司法系统能够公正合理地执行正义；并且它还会纳入一种保护这些权利的有效机制。

Facebook国的人们将不是社交网络宪法的唯一受益者。事实上，从长远来说，社交网络本身也会从个人权益的保护及保护机制的确立中受益。言论自由是我们这个社会所渴望的，但是如果实现这项权利的代价是失去对孩子的抚养权或失去受到公平审判的机会，那么人们将不再在社交网络上畅所欲言，长此以往，这些网站便将逐渐淡出历史舞台。

也许会有人认为，人们应该能在社交网络为所欲为不受到任何管制，因而反对社交网络宪法。但试想一下，我们能否把他们的这种想法用于那些曾经刚出现的新科技产品，比如汽车？那样的话，如果制造商设计的汽车存在无故加速或汽油箱爆炸等缺陷，你就没有追索权了。如果道路没有规则，甚至没有规定靠哪边行驶，那又该是怎样一幅情景，会发生多少致命的事故！

Facebook 和其他社交网络为个人的成长提供了肥沃的土壤——开发了第二个自己，个体身份得到了更多的发挥。但如果网络的大西部①得不到治理，人们参与社交网络的价值将会受到损害。"如果孩子们担心他们的直率会影响到自己的前途，他们还会愿意在相当于校报的网络空间里直言不讳吗？"维克托·迈尔-舍恩伯格在《删除》中这样问道，"对于一些大公司的贪婪和环境破坏行为，如果我们因为害怕现在得罪了它们而有朝一日会吃亏，那么还会去反对吗？单单将来可能还会与它们打交道这个想法，就会约束我们当好消费者角色的意愿，更别说是公民了。"[18]

社交网络基本权利被剥夺带来的挫败感正开始渗透用户群体、技术设计论坛，甚至世界各地的监管部门。为了在社交网络上实现基本权利，为网络创建一部宪法能够保护人们在网络中享有与线下世界中同等的权益，现在，Facebook 国的人们、政策制定者们和社交网络自身，是时候团结起来，齐心协力创建社交网络宪法了。

① 用美国早期拓荒时代的西部地区比喻现在的社交网络。——译者注

社交网络宪法

为了使互联网成为更完美的空间，为了保护我们的基本权利和自由，为了探寻我们自身、我们的梦想和社会关系，为了保护数字自我的圣洁，为了确保对技术的公平应用，为了减少歧视和不平等，为了推进民主和全民福利，我们Facebook国的人们在此宣布，以下真理是不证自明的。

---

1. 联网权

联网权是个人成长、政治讨论和社会交流所必不可少的。任何政府都不得限制公民的联网权，也不得监视人们在互联网上的信息交流，或将其作为编码或文本存储。

---

2. 言论自由和表达自由

只要言论内容不会激起严重的、紧迫的伤害或给其他个人造成名誉损伤，言论自由和表达自由将不能受到任何限制（且个人拥有使用化名的自由）。应禁止雇主和学校访问雇员或学生的社交网站主页，并利用人们在那里表达或公布的信息对他们采取不利行动。对他人造成迫在眉睫的伤害的情形除外。

---

3. 场所和信息隐私权

人们对社交网站上的个人资料、账号、相关活动以及由此导出的数据所拥有的隐私权是不可侵犯的。隐私权包括信息安全和场所安全的权利。无论是否主动进行隐私设置，或是否对保卫自己的数字身份做出努力，社交网络始终属于隐私场所。

4. 思想、感情和情绪的隐私权

社交网络为个人自我表达和成长提供了场所。一个人的思想、感情和情绪——以及别人对他的性格描述——都不能被社会机构、政府、学校、雇主、保险公司或法庭用作不利于他的证据。

5. 肖像控制权

每个个体对自己在社交网络上的肖像都拥有控制权，包括由数据聚合而产生的肖像。个人肖像在未经本人同意的情况下不得被用于社交网络以外的商业及其他目的，也不能在未经本人许可的情况下被在线用于获取商业或其他利益。

6. 公平受审权

只有在存在正当理由和获得授权的情况下，刑事法庭才能取证于社交网络；只有当不法活动发生于社交网络上（如毁誉、勒索、隐私侵犯或收买陪审员），民事案件才能取证于社交网络。社交网络上的信息只有在与该犯罪行为或民事诉讼直接相关，供证价值大于偏见值，得到合法证明，并符合民事和刑事程序所有规则的前提下，才可被当作证据。在抚养权案例中，社交网络信息只有在能证明孩子已受到过或很可能将要受到伤害时，才能被法庭采用。

7. 受到公正陪审的权利

陪审员应该根据法庭现场所呈现的证据来做决定，而不应参考来自于社交网络、搜索记录等来源的信息及推论。

8. 正当法律程序权和被通知权

个人拥有正当法律程序权，其中包括事先通知和掌控、更正、删除个人网络信息的能力。在没有对个人事先通知的情况下，他的任何消息都不得被搜集和分析。通知中应解释信息的具体用途以及信息搜集与分析的目的。应就同意搜集某一特定信息而可能带来的后果，事先发出警告。不能因为用户不同意信息收集、分析和扩散而拒绝个人访问社交网络。用户应有权知道哪些实体掌握了或正在使用有关自己的哪些信息，且他有权访问这些信息并获得这些信息的备份。

9. 不受歧视的自由

任何人不得因为其社交网络的活动或资料而受到歧视，也不得因基于分组数据的汇总得出的结论而遭受歧视，除非社交网络有证据直接证明该人的违法犯罪或侵权行为。

10. 结社自由

人们拥有在社交网络上结社且保持社团隐秘性的自由。

致 谢

I Know
Who
You Are and
I Saw What
You Did

　　多年来，因为了解计算机安全知识（或者说计算机的不安全性），我一直拒绝在网络上购买任何物品。我不从互联网上订购机票，也不从亚马逊上买书。后来，我的一位研究助手想让我送她一件生日礼物，而这件礼物只能在stupid.com上买到——这是一家专门售卖诸如会飞的闹钟、记录了各种糟糕的宝宝名字的书、拴着绳子的胎儿形状的肥皂以及弗洛伊德拖鞋等奇怪物品的网站。我在那里买了她要的那样东西，然后意识到，尽管我是一名收入体面、受人尊敬的法律专家，但现在，我在数字世界里的形象不过就是一个stupid.com的用户。

　　今天，与网络隔绝的生活已变得不可能。在拉霍亚，我同捷威（Gateway）公司的创立者泰德·威特（Ted Waitt）一起喝了杯咖啡。他坦言，自己反对当人们使用食品杂货连锁店的购物卡时进行的信息搜集。但是即便身为亿万富翁，他还抵抗不了使用这种卡的优惠诱惑。

　　现在，我的很多偏好都被网上的那个"洛丽·安德鲁斯"通过各种方式暴露无遗。从我的Facebook资料到我购书的网站，从我的信用卡购买记录到我搜索招聘岗位的决定，这些事实就像悬浮在空中的石头，随时可能掉下来将我砸伤。有心人一眼就能瞥见我的签售会日程从而找到我，他还可以从免费数据库中知道我不曾公开过的电话号码和我的家庭住址。如果只是购物卡的问题，我选择不去使用就行了，但关键是我根本无法知道——更别说掌控——我的哪些信息可以被他人获得。

在我写这本书的过程中，我一直着迷于我的网络形象的变化。在得克萨斯州对坐在小酒馆里的"虚拟议员"做调查时，我的电脑上跳出了以下广告："时尚高跟鞋，仅售39美元。""新蛋（Newegg）办公：电脑、办公设备、办公用品、软件及更多!"还有，"想加入国土安全部吗?今天就成为边界巡逻特工吧!"

对，这就是我。一个穿着克里斯提·鲁布托（Christian Louboutin，法国高跟鞋设计师——译者注）的高跟鞋、拿着软件当武器的边界警察形象。

想到那些和我结伴在Facebook国度里翻山越岭的律师、法律系学生及研究助理们，他们的数字形象也在无数次被扭曲和误解着，我就感到不寒而栗。在此，我要向珍·阿克（Jen Acker）、萨拉·布伦纳（Sarah Blenner）、莫莉·布朗（Molly Brown）、罗布·恩纳瑟（Rob Ennesser）、阿曼达·弗拉尔曼（Amanda Fraerman）、丹·汉特曼（Dan Hantman）、凯拉·科斯特莱茨基（Kayla Kostelecky）、杰克·迈耶（Jake Meyer）、萨拉·尼尔森（Sarah Nelson）、伊丽莎白·拉基、辛西娅·孙和基思·赛弗森（Keith Syverson）致敬。是他们勇敢地冒着被国土安全部怀疑的危险长驱直入网络搜索领域，在网络上寻找到那些给人们带来过麻烦的照片，对网络骚扰进行调查，搜出人们被数据整合商所收集的数据，寻找、阅读和分析成千上百的案例、法规及有关社交网络和技术前辈们的科学研究。没有他们的帮助，就不会有这本书的问世。谢谢埃米莉·巴尼（Emily Barney）给我提出的建议，谢谢"社交网络法律"研讨会上学生们非常棒的帮助，其中有布兰登·布鲁克斯、塞缪尔·科（Samuel Coe）、亚历克西斯·克劳福德（Alexis Crawford）、阿什利·科莱特尔（Ashley Crettol）、阿莉莎·格雷伯（Alyssa Graber）、米歇尔·格林（Michelle Green）、贾克琳·希尔德布兰德（Jaclyn Hilderbrand）、理查德·考麦克（Richard Komaiko）、耶利米·卢埃林（Jeremiah Lewellen）、雷切尔·默瑟（Rachel Mercer）、伊丽莎白·迈耶、劳伦·奥尔特加（Lauren Ortega）、奥斯卡·里维拉（Oscar Rivera）、加布里埃拉·萨皮亚（Gabriela Sapia）、威廉·萨拉诺（William Saranow）和马克·西尔弗曼（Mark Silverman）。

另外，我对威廉·施蒂宾（William Stubing）和绿墙基金会（Greenwall Foundation）表示诚挚的感谢，感谢他们为我对社交网络健康信息的分析提供资金支持。同时，我深深地感谢我在芝加哥肯特法学院的同事们，他们一些人已是互联网网络法律领域的先锋者。其中要特别感谢的是法学教授理查德·沃纳（Richard Warner）、汉克·佩里特（Hank Perritt）和罗恩·施陶特（Ron Staudt）。他们在网络空间里给了我莫大的帮助，在我进入此领域后，我没有遇到比他们更加慷慨和乐于助人的了。另外，院长哈儿·克伦特（Hal Krent）能在百忙中抽出时间来阅读此书中的一些章节，并给予他充满睿智的意见，也让我感激不尽。由伊利诺伊理工学院心理学家艾伦·米切尔（Ellen Mitchell）领导的40名教授组成的跨学科社交网络小组为我的工作提供了背景，在此一并向他们表示感谢。还有本书所列举的重点案件的那些人们，谢谢他们慷慨地与我分享了他们的故事。其中包括：辛西娅·莫雷诺、肯尼思·奇伦（Kenneth Zeran）及律师埃里克·戈德曼（Eric Goldman）、珍妮弗·林奇（Jennifer Lynch）、劳拉·皮里（Laura Pirri）、丹尼斯·赖尔登（Dennis Riordan）和朱莉·塞缪尔斯（Julie Samuels）。

如果没有最亲的家人朋友在身边带给我愉快和舒适，为我提出宝贵的编辑意见，我的生活将会一事无成——也就不可能完成这本书的写作。因此我要再次感谢克里斯托弗·里普利（Christopher Ripley）、莱萨·安德鲁斯（Lesa Andrews）、费利斯·巴特兰（Felice Batlan）、弗朗西斯·皮祖力

（Francis Pizzulli）、克莱姆·里普利（Clem Ripley）、吉姆·斯塔克（Jim Stark）和达伦·斯蒂芬斯（Darren Stephens）。我还要感谢阿曼达·厄本（Amanda Urban）和埃米莉·卢斯（Emily Loose），谢谢他们相信这个项目的价值，并且总是愿意向我提出最尖锐的问题。

尾 注

I Know
Who
You Are and
I Saw What
You Did

第一章 一个叫Facebook的国家

1. Nicholas Carlson, "Mark Zuckerberg Goes to England, Meets the Prime Minister," June 21, 2010, www.sfgate.com/cgi- bin/article.cgi？f=/g/a/2010/06/21/businessinsider- mark- zuckerberg- goes- to- england-meets-the-prime-minister-2010-6.DTL; Ian Burrell, "Power Profile," Feb. 15,2011, www.gq-magazine.co.uk/comment/articles/2011- 02/15/gq- comment- business- profile- joanna- shields- facebook; Number10Gov, "PM and Facebook Co- Founder Mark Zuckerberg," July8, 2010, www.youtube.com/watch？v= b5Bbzi7s1Ko

2. Number10Gov, "PM and Facebook Co-Founder Mark Zuckerberg."

3. "What is the G8？," G20- G8France2011,www.g20- g8.com/g8- g20/g8/english/what- is- the- g8-/what-is-the-g8-/what-is-the-g8.847.html.

4. Mark Duell, "That's Some Social Network! Facebook CEO Mark Zuckerberg Schmoozes with World Leaders at G8 Internet Session," May 27, 2011,www.dailymail.co.uk/news/article-1391380/G8-summit-2011-Facebook-CEO-Mark-Zuckerberg-schmoozes-world-leaders.html.

5. Michael Scherer, "Obama and Twitter: White House Social- Networking," May 6, 2009, www.time.com/time/politics/article/0,8599,1896482,00.html.

6. Ian Bogost, "Ian Became a Fan of Marshall McLuhan on Facebook and Suggested You Become a Fan Too," in *Facebook and Philosophy: What's on Your Mind*？, ed. D. E. Wittkower（Chicago: Open Court Publishing Company, 2010）, 21-32.

7. Noah Shachtman, "Marines Ban Twitter, MySpace, Facebook," Aug. 3, 2009, www.wired.com/dangerroom/2009/08/marines-ban-twitter-myspace-facebook/.

8. Barbara Ortutay, "Sony Says Stolen PlayStation Credit Data Encrypted," April 28, 2011, http://abcnews.go.com/Technology/wireStory？id=13477769.

9. Amber Corrin, "DOD Rethinking Social-Media Access," Federal Computer Week, Aug. 3, 2009, http://fcw.com/Articles/2009/08/03/DOD-rethinking-social-media-access.aspx; Noah Schactman, "Military May Ban Twitter, Facebook as Security 'Headaches,' " July 30, 2009, www.wired.com/dangerroom/2009/07/military-may-ban-twitter-facebook-as-security-headaches/.

10. "The iPhone Goes to War," The New York Times Bits blog, Dec. 16, 2009, http://bits.blogs.ny-times.com/2009/12/16/the-iphone-goes-to-war/.

11. Tom Kaneshige, "U.S. Military Will Battle Test the iPhone," Dec. 14, 2010, http://advi-ce.cio.com/tom_kaneshige/14722/u_s_military_will_battle_test_the_iphone.

12. Tim Devaney, "Soldiers on Battlefield Turn Apps into Arms," Jan. 24, 2011, www.was-hington-times.com/news/2011/jan/24/soldiers-on-battlefield-turn-apps-into-arms/？page=all#pagebr-eak.

13. Deputy Secretary of Defense, "Directive-Type Memorandum DTM 09-026—Responsible and Effective Use of Internet-based Capabilities," Feb. 25, 2010.

14. Bob Brewin, "Army Confirms Battlefield Smartphones Tests Began in December," Mar-ch 29, 2011,www.nextgov.com/nextgov/ng_20110329_6868.php; Joe Gould and Michael Hof-fman, "Army Sees Smart Phones Playing Important Role," Dec. 12, 2010, www.armytimes.com/news/2010/12/army- smart-phones-for-soldiers-121210w/.

15. Tim Devaney, "Soldiers on Battlefield Turn Apps into Arms," Jan. 24, 2011, www.washington-times.com/news/2011/jan/24/soldiers-on-battlefield-turn-apps-into-arms/? page=all#pagebreak.

16. Department of Homeland Security, "Terrorist Use of Social Networking Sites Facebook Case Study," Dec. 5, 2010, http://publicintelligence.net/ufouoles- dhs- terrorist- use- of- social- networking- face-book-case-study/.

17. 同上。

18. *State v. McGuire*, 16 A.3d 411, 423-424 （N.J. Super. Ct. App. Div. 2011）.

19. Jennifer Dobner, "Got a Cute 'Hostage' Huh: Wanted Man Updates Facebook Status D-uring 16-Hour Stand-off," June 22, 2011, www.smh.com.au/technology/technology-news/got-a-cute-hostage-huh-wanted-man-updates-facebook-status-during-16hour-standoff-20110622-1ge63.html.

20. Jen Doll, "Jason Valdez Facebooks Holding a Woman Hostage in 16- Hour Police Standoff," June 22,2011, http://blogs.villagevoice.com/runninscared/2011/06/jason_valdez_fa.php.

21. David Kirkpatrick, *The Facebook Effect* （New York: Simon & Schuster, 2010）, 205.

22. *NAACP v. Alabama*, 357 U.S. 449, 460 （1958）.

23. 同上。

24. Jim Meyer, "The Officer Who Posted Too Much on MySpace," *The New York Times*, March 10, 2009, at A24, www.nytimes.com/2009/03/11/nyregion/11about.html.

25. Jackie Cohen, "ALERT: Job Screening Agency Archiving All Facebook," June 20, 2011, www.allfacebook.com/alert-job-screening-agency-archiving-all-facebook-2011-06.

26. Paolo Cirio and Alessandro Ludovico, "Face to Facebook," 2011, www.transmediale.de/content/face-facebook.

27. "How We Did It," www.face-to-facebook.net/how.php.

28. Ryan Singel, " 'Dating' Site Imports 250,000 Facebook Profiles, Without Permission," Feb. 3, 2011,www.wired.com/epicenter/2011/02/facebook-dating/.

29. Paolo Cirio and Alessandro Ludovico, "Face to Facebook," 2011, www.transmediale.de/content/face-facebook.

30. U.S. Department of Homeland Security, "Privacy Impact Assessment for the Office of Operations Coordination and Planning: Publicly Available Social Media Monitoring and Sit-uational Awareness Initiative Update," Jan. 6, 2011, www.dhs.gov/xlibrary/assets/privacy/priv-acy_pia_ops_publiclyavailablesocial-media_update.pdf.

31. Jennifer Lynch, "Applying for Citizenship? U.S. Citizenship and Immigration Wants to be Your 'Friend,' " Oct. 12, 2010, www.eff.org/deeplinks/2010/10/applying-citizenship-u-s-citizenshipand.

32. "Social Networking Sites and their Importance to FDNS," U.S. Citizenship and Immigr-ation Services, May 2008,https://www.eff.org/files/filenode/social_network/DHS_CustomsImm- igration_SocialNetworking.pdf.

33. "Investigate your MP's Expenses," http://mps-expenses.guardian.co.uk/.

34. "About BlueServo," www.blueservo.net/about.php; Brandi Grissom, "Border Cameras Produce Little in Two Years," April 20, 2010, www.texastribune.org/texas-mexico-border-news/border-cameras/bor-der-cameras-produce-little-in-two-years/.

35. "About BlueServo," www.blueservo.net/about.php; John Burnett, "A New Way to Patrol the Tex-as Border: Virtually," Feb. 23, 2009, www.npr.org/templates/story/story.php? storyId=101050132.

36. "Virtual Stake Outs-Live Border Cameras," www.blueservo.net/vcw.php.

37. Burnett, "A New Way to Patrol the Texas Border: Virtually."

38. John Sutter, "Guarding the U.S.-Mexico Border, Live from Suburban New York," March 12, 2009,http://articles.cnn.com/2009- 03- 12/tech/border.security.cameras.immigration_1_us- mexico- border-southern-border-illegal-immigration? _s=PM:TECH.

39. "Virtual Border System Ineffective, Out of Cash," July 16, 2009, www.homelandsecurit-ynews-wire.com/virtual-border-system-ineffective-out-cash? page=0,0.

40. Claire Prentice, "Armchair Deputies Enlisted to Patrol US-Mexico Border," Dec. 26, 2009, http://news.bbc.co.uk/2/hi/8412603.stm.

41. Grissom, "Border Cameras Produce Little in Two Years."

42. "Virtual Border System Ineffective, Out of Cash."

43. Prentice, "Armchair Deputies Enlisted to Patrol US-Mexico Border."

44. "Virtual Border System Ineffective, Out of Cash."

45. Prentice, "Armchair Deputies Enlisted to Patrol US-Mexico Border."

46. "About BlueServo," www.blueservo.net/about.php.

47. Matthew Moore, "YouTube 'Cat Torturer' Traced by Web Detectives," Feb. 17, 2009, www.telegraph.co.uk/news/worldnews/northamerica/usa/4678878/YouTube- cat- torturer- traced- by- web- detectives.html.

48. "Kenny Glenn," http://ohinternet.com/Kenny_Glenn.

49. Carl Campanile, "Dem Pol's Son was 'Hacker,'" Sep. 19, 2008, www.nypost.com/p/new-s/politics/item_IJuyiNfQAkPKvZxRXvSEyJ;jsessionid=E00BF6768C23A24BD95F4E906DDD74B7; Bill Poovey, "David Kernell, Palin E-mail Hacker, Sentenced to Year in Custody," Nov. 12, 2010, www.huffingtonpost.com/2010/11/12/david-kernell-palin-email_n_782820.html.

50. Megan Sayers, "Social Media and the Law: Police Explore New Ways to Fight Crime," March 30,2011,http://thenextweb.com/socialmedia/2011/03/30/social-media-and-the-law-police-explore-new-ways-to-fight-crime/.

51. Laura Saunders, "Is 'Friending' in Your Future? Better Pay Your Taxes First," *The Wall Street Journal*, Aug. 27, 2009, at A2, http://online.wsj.com/article/SB125132627009861985.html.

52. Miguel Helft, "Google Uses Web Searches to Track Flu's Spread," *The New York Times*, Nov. 11, 2008, at A1, www.nytimes.com/2008/11/12/technology/internet/12flu.html.

53. Mark Sullivan, "How Will Facebook Make Money? ," June 2010, www.pcworld.com/article/198815/how_will_facebook_make_money.html.

54. 同上。

55. Justin Smith, "10 Powerful Ways to Target Facebook Ads Every Performance Advertiser Should Know," July 27, 2009, www.insidefacebook.com/2009/07/27/10- powerful- ways- to- target- facebook- ads-that-every-performance-advertiser-should-know/.

56. Webmaster BNXS, "Huge Disparity in Facebook's Ads Display and Ads Revenue," Jan. 19, 2011,http://bnxs.com/huge-disparity-in-facebook%E2%80%99s-ads-display-and-ads-revenue/.

57. Sullivan, "How Will Facebook Make Money? ."

58. Deborah Liu, "The Next Step for Facebook Credits," Jan. 24, 2011, http://developers.facebook.com/blog/post/451.

59. Kirkpatrick, *The Facebook Effect*, 232.

60. "About Spokeo," www.spokeo.com/blog/about/; Complaint, Request for Investigation, Injunction, and Other Relief to the Federal Trade Commission from the Center for Democracyand Technology at 2, *In the Matter of Spokeo*（June 30, 2010）.

61. "About Spokeo," www.spokeo.com/blog/about/.

62. *See generally*, www.spokeo.com; David Lazarus, "You Won't Find Spokeo Founder Included on His 'People Search' Site," *Los Angeles Times*, June 8, 2010, at 1, http://articles.latimes.com/2010/jun/08/business/la-fiw-lazarus-20100608.

63. "Spokeo home page," www.spokeo.com.

64. "Plans and Pricing," www.spokeo.com/plans.

65. 同上。

66. "Frequently Asked Questions: What Is a Spokeo Premium Subscription? ," www.spokeo.com/blog/help/.

67. "Plans and Pricing," www.spokeo.com/plans.

68. First Amended Complaint at 16, *Robins v. Spokeo*, No. 10-CV-05306（C.D. Cal. Feb. 16, 2011）.

69. 15 U.S.C. §1681a,（West, Current through PL 112-24）.

70. "Spokeo home page," www.spokeo.com.

71. "About Spokeo," www.spokeo.com/blog/about/; Complaint, Request for Investigation, Inj- unction,and Other Relief to the Federal Trade Commission from the Center for Democrac-y and Technology at 13, *In the Matter of Spokeo*（June 30, 2010）.

72. Complaint at 21-23, *Robins v. Spokeo*, No. 10-CV-05306（C.D. Cal. July 20, 2010）.

73. Order Granting in Part and Denying in Part Defendant's Motion to Dismiss Plaintiff's First Amended Complaint, *Robins v. Spokeo*, No. 10-CV-05306（C.D. Cal. May 11, 2011）.

74. Order Granting in Part and Denying in Part Defendant's Motion to Dismiss Plaintiff's First Amended Complaint, *Robins v. Spokeo*, 10-cv-05306（C.D. Cal. May 11, 2011）.

75. "CR Investigates: Your Privacy for Sale," *Consumer Reports*, October 2006, at 41, www.nofixnopay.info/Your_privacy_for_sale.htm.

76. Deborah Pierce and Linda Ackerman, "Data Aggregators: A study of Data Quality and Responsive-

ness," PrivacyActivism.org, May 19, 2005, www.csun.edu/~dwm3265/IS312/DataA-ggregatorsStudy.pdf.

77. 同上。; "CR Investigates: Your Privacy for Sale."

78. "CR Investigates: Your Privacy for Sale."

79. *People v. Klapper*, 902 N.Y.S.2d 305 （N.Y. Crim. Ct. 2010）.

80. David Lazarus, "Forget Privacy; He Sells Your Data," *Los Angeles Times*, June 8, 2010, at A1, published online as "You Won't Find Spokeo Founder Included on His 'People Search' Sit-e," http://articles.latimes.com/2010/jun/08/business/la-fiw-lazarus-20100608.

81. Josh, "Facebook Disabled My Account," Jan. 3, 2008, http://scobleizer.com/2008/01/03/ive-been-kicked-off-of-facebook/.

82. Face to Facebook Press Release, April 7, 2011, www.ecopolis.org/category/art/.

83. Laura Allsop, "Art 'Hacktivists' Take on Facebook," Feb. 11, 2011, http://edition.cnn.com/2011/WORLD/europe/02/11/artists.facebook.project/index.html? section=cnn_latest.

84. Face to Facebook Press Release, April 7, 2011, www.ecopolis.org/category/art/.

85. Matthew Fraser and Soumitra Dutta, "Barack Obama and the Facebook Election," Nov.19, 2008, www.usnews.com/opinion/articles/2008/11/19/barack- obama- and- the- facebook- election; "Exit Polls: Obama Wins Big Among Young Minority Voters," Nov. 4, 2008, www.usnews.com/opinion/articles/2008/11/19/barack-obama-and-the-facebook-election.

86. Prime Minister David Cameron, "PM Statement on Disorder in England," Aug. 11, 2011, www.number10.gov.uk/news/pm-statement-on-disorder-in-england/.

87. Tom Pettifor, Andrew Gregory and Josh Layton, "UK Riots: Untraceable BlackBerry M-essenger Should Be Suspended, Claims Tottenham MP David Lammy," Aug. 20, 2011, www.mirror.co.uk/news/technology/2011/08/10/uk-riots-tottenham-mp-david-lammy-calls-on-blackberry-to-suspend-network-to-stop-rioters-organising-trouble-115875-23333287/.

88. Josh Halliday, "David Cameron Considers Banning Suspected Rioters from Social Medi- a," Aug. 11,2011, www.guardian.co.uk/media/2011/aug/11/david-cameron-rioters-social-media.

89. 同上。

90. "The Crunchies Awards," UStream （Michael Arrington interviews Mark Zuckerberg）, video from Terrence O'Brien, "Facebook's Mark Zuckerberg Claims Privacy is Dead," Jan. 11, 2010, www.switched.com/2010/01/11/facebooks-mark-zuckerberg-claims-privacy-is-dead/.

91. Kirkpatrick, *The Facebook Effect*, 203.

92. Stephen Gardbaum, "The 'Horizontal Effect' of Constitutional Rights," 102 *Michigan Law Review* 387 （2003）.

第二章　当乔治·奥威尔遇见马克·扎克伯格

1. Federal Trade Commission, "FTC Staff Report: Self-Regulatory Principles for Online Be-havioral Advertising—Behavioral Advertising: Tracking, Targeting, & Technology," 2009 WL 361109 at 4 （February 2009）.

2. Audience Science Press Release, "State of Audience Targeting Industry Study: 50% of A-dvertisers Set to Boost Spending on Audience Targeting in 2011," Jan. 11, 2011, www.audiencescience.com/uk/pressroom/press-releases/2011/state-audience-targeting-industry-study-50-advertisers-set-boost-spen.

3. Internet Advertising Bureau, Internet Advertising Revenue Report, 2010 Full Year Results, April 2011, www.iab.net/insights_research/947883/adrevenuereport.

4. ComScore Press Release, "Americans Received 1 Trillion Display Ads in Q1 2010 as Online Advertising Market Rebounds from 2009 Recession," May 13, 2010, www.comscore.com/Press_Events/Press_Releases/2010/5/Americans_Received_1_Trillion_Display_Ads_in_Q1_2010_as_Online_Advertis -ing_Market_Rebounds_from_2009_Recession.

5. Louise Story, "F.T.C. to Review Online Ads and Privacy," *The New York Times*, Nov. 1, 2007, at C1,www.nytimes.com/2007/11/01/technology/01Privacy.html? ref=technology.

6. Nicholas Carlson, "Facebook Expected to File for MYM100 Billion IPO This Year," June 13, 2011, www.businessinsider.com/facebook- ipo- could- come- in- q1- 2012- after- october- filing- cnbc- reports-2011-6.

7. Stephanie Reese, "Quick Stat: Facebook to Bring in MYM4.05 Billion in Ad Revenues This Year," April 26, 2011, www.emarketer.com/blog/index.php/tag/facebook-ad-revenue/.

8. Cory Doctorow, Talk at TEDx Observer, 2011, http://tedxtalks.ted.com/video/TEDxObserver-Cory-Doctorow.

9. 同上。

10. Complaint at 2, *Valentine v. NebuAd, Inc.*, No.C08-05113 TEH （N.D. Cal. Nov. 10, 2008）; Karl Bode, "Infighting at ISPs over Using NebuAD," May 29, 2008, www.dslreports.com/shownews/Infight-

ing-At-ISPs-Over-Using-NebuAD-94835; *Valentine v. NebuAd, Inc.*, 2011WL 1296111 （N.D.Cal. 2011）.

11. Complaint at 2, *Valentine v. NebuAd, Inc.*, No. C08-05113 TEH （N.D. Cal. Nov. 10, 2008）.

12. John L. McKnight, Curriculum Vita, www.northwestern.edu/ipr/people/jlmvita.pdf.

13. Shirley Sagawa and Eli Segal, *Common Interest, Common Good: Creating Value Through Business and Social Sector Partnerships* （Boston: Harvard Business Press, 2000）, 30.

14. D. Bradford Hunt, "Redlining," The Electronic Encyclopedia of Chicago, www.encyclopedia.chicagohistory.org/pages/1050.html.

15. Marcia Stepanek, "Weblining," April 3, 2000, www.businessweek.com/2000/00_14/b3675027.htm.

16. David Goldman, "These Data Miners Know Everything About You," Dec. 16, 2010, http://money.cnn.com/galleries/2010/technology/1012/gallery.data_miners/index.html.

17. Rowena Mason, "Acxiom: the Company That Knows if you Own a Cat or if You're Right-Handed," April 27, 2009, www.telegraph.co.uk/finance/newsbysector/retailandconsumer/5231752/Acxiom- the-company-that-knows-if-you-own-a-cat-or-if-youre-right-handed.html.

18. Goldman, "These Data Miners Know Everything About You."

19. Ian Ayres, *Super Crunchers* （New York: Bantam Dell 2007）, 134.

20. Complaint at 4, *U.S. v. ChoicePoint*, No. 06-CV-0198 （N.D. Ga. Jan. 30, 2006）.

21. 同上。at 4-6; Stipulated Final Judgment and Order for Civil Penalties, Permanent Injunction, and Other Equitable Relief, *U.S. v. ChoicePoint*, No. 06-CV-0198 （N.D. Ga. Feb. 10, 2006）.

22. Marcia Savage, "LexisNexis Security Breach Worse Than Thought," April 12, 2005, www.scmagazineus.com/lexisnexis-security-breach-worse-than-thought/article/31977/; Toby Ande-rson, "LexisNexis Owner Reed Elsevier Buys ChoicePoint," Feb. 21, 2008, www.usatoday.com/money/industries/2008-02-21-reed-choicepoint_N.htm.

23. Chris Cuomo, Jay Shaylor, Mary McGuirt, and Chris Francescani, " 'GMA' Gets Answe-rs: Some Credit Card Companies Financially Profiling Customers," Jan. 28, 2009, http://abcnews.go.com/GMA/GetsAnswers/Story? id=6747461.

24. Eli Pariser, *The Filter Bubble: What the Internet Is Hiding from You* （New York: Penguin, 2011）, 164.

25. Aleecia M. McDonald and Lorrie F. Cranor, "Americans' Attitudes About Internet Behavioral Advertising Practices," *Proceedings of the 9th Workshop on Privacy in the Electronic Society WPES*, Oct. 4, 2010, 6.

26. "Consumer Reports Poll: Americans Extremely Concerned About Internet Privacy," Sep. 25, 2008, www.consumersunion.org/pub/core_telecom_and_utilities/006189.html.

27. Joseph Turow, Jennifer King, Chris Jay Hoofnagle, Amy Bleakley, and Michael Hennessy, "Contrary to What Marketers Say, Americans Reject Tailored Advertising and Three Ac-tivities That Enable It," September 2009, at 3, www.ftc.gov/os/comments/privacyroundtable/544506-00113.pdf.

28. Julia Angwin and Tom McGinty, "Sites Feed Personal Details to New Tracking Industr-y," *The Wall Street Journal*, July 30, 2010, at A1, http://online.wsj.com/article/SB10001424052748703977004575393173432219064.html.

29. "Tracking The Companies That Track You Online," Dave Davies' interview with Julia Angwin, *Fresh Air*, Aug. 19, 2010, www.npr.org/templates/story/story.php? storyId=129298003; Julia Angwin, "The Web's New Gold Mine: Your Secrets," *The Wall Street Journal*, Jul-y 30, 2010, at W1, http://online.wsj.com/article/SB10001424052748703940904575395073512989404.html.

30. Mike Elgan, "Snooping: It's Not a Crime, It's a Feature," April 16, 2011, www.comput-erworld.com/s/article/print/9215853/Snooping_It_s_not_a_crime_it_s_a_feature.

31. Hal Berghel, "Caustic Cookies," 44 *Communications of the ACM*, at 19-20 （2001）.

32. David M. Kristol, "HTTP Cookies: Standards, Privacy, and Politics," 1 *ACM Transactions on Internet Technology* 151, 154 （2001）, http://arxiv.org/PS_cache/cs/pdf/0105/0105018v1.pdf.

33. 同上。

34. 同上。

35. *In re DoubleClick Inc. Privacy Litigation*, 154 F. Supp. 2d 497 （S.D.N.Y. 2001）.

36. Dan Butler, "More Snooping Around on the Internet," www.thenakedpc.com/articles/v04/13/0413-04.html.

37. "Cookies and Privacy Demonstration," http://cyber.law.harvard.edu/ilaw/Privacy/Demo.html.

38. Network Advertising Initiative, "Web Beacons—Guidelines for Notice and Chaos," www.networkadvertising.org/networks/initiatives.asp.

39. 同上。

40. 同上。

41. Joshua Gomez, Travis Pinnick, and Ashkan Soltani, KnowPrivacy.org Report, U.C. Berkeley

School of Information, June 1, 2009, at 8, http://knowprivacy.org/report/KnowPrivacy_Final_Report.pdf.

42. Richard M. Smith, "The Web Bug FAQ," Nov. 11, 1999, http://w2.eff.org/Privacy/Marketing/? .

43. Network Advertising Initiative, "Web Beacons—Guidelines for Notice and Chaos."

44. Gomez et al., KnowPrivacy.org Report, at 8.

45. 同上。

46. Mike Eckler, "An Introduction to Cookies; How to Manage Them," March 16, 2011, www.practicalecommerce.com/articles/2653-An-Introduction-to-Flash-Cookies-How-to-Manage-Them.

47. John Herman, "What Are Flash Cookies and How Can You Stop Them? ," Sep. 23, 2010, www.popularmechanics.com/technology/how- to/computer- security/what- are- flash- cookies- and- how- can- you- stop-them.

48. Ashkan Soltani, Shannon Canty, Quentin Mayo, Lauren Thomas, and Chris Jay Hoofna-gle, "Flash Cookies and Privacy," Working Paper Series, August 2009, papers.ssrn.com/sol3/papers.cfm? abstract_id= 1446862; "What are Local Shared Objects? ," www.adobe.com/produc-ts/flashplayer/articles/lso/.

49. Soltani et al., "Flash Cookies and Privacy."

50. CaptainPC, "And That's the Way the Cookie Crumbles," Aug. 26, 2010, http://allnurses-central.com/general-blogs/s-way-cookies-500525.html.

51. Eckler, "An Introduction to Cookies; How to Manage Them."

52. Paul Ohm, "The Rise and Fall of Invasive ISP Surveillence," 2009 *University of Illinois Law Review* 1417, 1439 （2009）.

53. *In re DoubleClick Inc. Privacy Litigation*, 154 F. Supp. 2d 497 （S.D.N.Y. 2001）.

54. "What Your Broadband Provider Knows About Your Web Use: Deep Packet Inspectionand Communications Laws and Policies," Statement of Alissa Cooper, Chief Computer Sci-entist,Center for Democracy & Technology, before the House Committee on Energy and Commerce,Subcommittee on Telecommunications and the Internet, July 17, 2008, 7.

55. 同上。

56. A nonprofit public interest organization that promotes "free expression and privacy in c-ommunication technologies." *See*, www.cdt.org/about.

57. "What Your Broadband Provider Knows About Your Web Use," 4.

58. 同上。

59. Jami Makan, "10 Things Facebook Won't Say," Jan. 10, 2011, www.smartmoney.com/spend/technology/10-things-facebook-wont-say-1294414171193/.

60. Emily Steel and Geoffrey A. Fowler, "Facebook in Privacy Breach," *The Wall Street J- ournal*, Oct.18, 2010, at A1, http://online.wsj.com/article/SB10001424052702304772804575558484075236968.html.

61. 同上。

62. 同上。

63. "Web Scraping Tutorial," March 7, 2009, www.codediesel.com/php/web-scraping-in-php-tutorial/. CodeDiesel is a web development journal.

64. Sean O'Reilly, "Nominative Fair Use and Internet Aggregators: Copyright and Trademar-k Challenges Posed by Bots, Web Crawlers and Screen- Scraping Technologies," 19 *Loyola Consumer Law Review* 273 （2007）.

65. "Google Privacy FAQ," www.google.com/intl/en/privacy/faq.html#toc-terms-server-logs.

66. "Bing Privacy Supplement," January 2011, http://privacy.microsoft.com/en-us/bing.mspx.

67. "Google Privacy FAQ."

68. Omer Tene, "What Google Knows: Privacy and Internet Search Engines," 2008 *Utah Law Review* 1433, 1454 （2008）. 69 "Yahoo! Privacy Policy," http://info.yahoo.com/privacy/us/yahoo/details.html.

70. Tene, "What Google Knows: Privacy and Internet Search Engines."

71. Michael Arrington, "AOL Proudly Releases Massive Amounts of Private Data," Aug. 6, 2006, http://techcrunch.com/2006/08/06/aol-proudly-releases-massive-amounts-of-user-search-data/.

72. Abdur Chowdhury, Email sent to SIG-IRList newsletter, Aug. 3, 2006, http://sifaka.cs.uiuc.edu/xsh-en/aol/20060803_SIG-IRListEmail.txt.

73. Declan McCullagh, "AOL's Disturbing Glimpse into Users' Lives," Aug. 7, 2006, http://news.cnet.com/AOLs-disturbing-glimpse-into-users-lives/2100-1030_3-6103098.html#ixzz1M56yaUU2.

74. Michael Barbaro and Tom Zeller, Jr., "A Face Is Exposed for AOL Searcher 4417749," *The New York Times*, Aug. 9, 2006, at A1, www.nytimes.com/2006/08/09/technology/09aol.html? pagewanted=all.

75. 同上。

76. Tene, "What Google Knows: Privacy and Internet Search Engines."

第三章　第二个自己

1. Deborah Copaken Kogan, "How Facebook Saved My Son's Life," July 13, 2011, www.slate.com/id/2297933/.

2. Josh Grossberg, "New Kid Helps Find Kid New Kidney," April 26, 2011, http://today.msnbc.msn.com/id/42770534/ns/today-entertainment/t/new-kid-helps-find-kid-new-kidney/; "Donnie Wahlberg Finds Sick Fan New Kidney Using Twitter," April 27, 2011, www.myfoxboston.com/dpp/news/local/donnie-wahlberg-finds-fan-kidney-using-twitter-20110427#ixzz1SfkAJfJx.;Stacy McCloud, "Music City Beat," July 16, 2011, http://fox17.com/newsroom/features/music-beat/videos/vid_706.shtml.

3. "About Us," www.patientslikeme.com/about.

4. "Patients," www.patientslikeme.com/patients.

5. "Sign up," www.patientslikeme.com/user/signup.

6. Julia Angwin and Steve Stecklow, "'Scrapers' Dig Deep for Data on Web," *The Wall St-reet Journal*, Oct. 12, 2010, at A1, http://online.wsj.com/article/SB10001424052748703358504575544381288117888.html. He was a resident of Sydney, Australia.

7. 同上。据报道，现在尼尔森公司只有在得到允许的情况下才会从需要个人账户登录的网站上获取信息。

8. 同上。

9. "Patients," www.patientslikeme.com/patients/view/112762? patient_page=5.

10. 同上。

11. 45 C.F.R. §§ 160, 164; 42 U.S.C. §§ 300gg-51 et seq.; 29 U.S.C. 1182（b）.

12. Emily Steel and Julia Angwin, "On the Web's Cutting Edge, Anonymity in Name Onl-y," *The Wall Street Journal*, Aug. 4, 2010, at A1, http://online.wsj.com/article/SB10001424052748703294904575385532109190198.html.

13. 同上。

14. Ian Ayres, *Super Crunchers*（New York: Bantam Dell, 2007）, 134.

15. Eli Pariser, *The Filter Bubble: What the Internet Is Hiding from You*（New York: Penguin, 2011）, 7.

16. "My Cluster," www.acxiom.com/Personicx_Cluster.aspx.

17. "Marketing Segmentation," PersonicX Interactive Wheel, www.acxiom.com/products_and_services/Consumer%20Insight%20Products/segmentation/Pages/index.html.

18. "My Cluster," www.acxiom.com/Personicx_Cluster.aspx.

19. Gary A. Hernandez, Katherine J. Eddy, and Joel Muchmore, "Insurance Weblining and Unfair Discrimination in Cyberspace," 54 *Southern Methodist University Law Review* 1953, 1965 （2001）.

20. 同上。at 1968.

21. Steel and Angwin, "On the Web's Cutting Edge, Anonymity in Name Only"; "Privacy," www.xplusone.com/privacy.php.

22. 同上。

23. Marcia Stepanek, "Weblining," April 3, 2000, www.businessweek.com/2000/00_14/b3675027.htm.

24. Marcy Peek, "Passing Beyond Identity on the Internet: Espionage & Counterespionage in the Internet Age," 28 *Vermont Law Review* 91, 105 （2003）.

25. Julia Angwin, "The Web's New Gold Mine: Your Secrets," *The Wall Street Journal*, Ju-ly 30, 2010, at W1, http://online.wsj.com/article/SB10001424052748703940904575395073512989404.html.

26. 同上。

27. Louise Story, "F.T.C. to Review Online Ads and Privacy," *The New York Times*, Nov. 1, 2007, at C1,www.nytimes.com/2007/11/01/technology/01Privacy.html? ref=technology.

28. Angwin, "The Web's New Gold Mine: Your Secrets."

29. 同上。

30. Jim Edwards, "Why Google Took So Long to Pull Ads from Suicide Chat Group," Sep. 27, 2010,www.bnet.com/blog/advertising-business/why-google-took-so-long-to-pull-ads-from-suicide-chat-group/5956.

31. 同上。

32. Jason Lewis, "Google Admits Cashing in on Suicide Pact Chatroom: Internet Giant Sol-d Ads on Web Pages Where Two British Strangers Arranged to Kill Themselves," Sep. 26, 2010, www.dailymail.co.uk/news/article-1315296/Google-admits-cashing-suicide-pact-chatroom-Internet-giant-sold-adsweb-pages-British-strangers-arranged-kill-themselves.html.

33. Ken Spencer Brown, "Google Web Search Is a Game-Changer in Advertising Field," *Investor's Business Daily*, July 16, 2007, at A1.

34. Lewis, "Google Admits Cashing in on Suicide Pact Chatroom."

35. Center for Digital Democracy and the U.S. Public Interest Research Group, "Suppleme-ntal Statement in Support of Complaint and Request for Inquiry and Injunctive Relief Con-cerning Unfair and Deceptive Online Marketing Practices," Nov. 1, 2007, at 29, *citing* "G-oogle, Microsoft Top Nielsen/NetRatings Web Site Lists," *Website Zoom*, Sep. 19, 2007.

36. Faisal Laljee, "Subprime Mortgage Bust Could Create Ad Trouble for Google," Feb. 22, 2007, http://seekingalpha.com/article/27736-subprime-mortgage-bust-could-create-ad-trouble-for-google.

37. 同上。

38. Center for Digital Democracy and the U.S. Public Interest Research Group, "Suppleme-ntal Statement in Support of Complaint and Request for Inquiry and Injunctive Relief Con-cerning Unfair and Deceptive Online Marketing Practices," Nov. 1, 2007, at 29, *citing* M-anny Fernandez, "Study Finds Disparities in Mortgages by Race," Oct. 15, 2007, www.nytimes.com/2007/10/15/nyregion/15subprime.html? _r= 1&ref=realestate&oref=slogin.

39. 同上。, *citing* "Sub Prime in Real Time," Oct. 11, 2007, http://pr-gb.com/index.php? option= com_content&task=view&id=29772&Itemid=9.

40. 同上。, *citing* Fernandez, "Study Finds Disparities in Mortgages by Race."

41. 同上。

42. Jenny Anderson and Heather Timmons, "Why a U.S. Subprime Mortgage Crisis Is FeltAround the World," *The New York Times*, Aug. 31, 2007, at C1, www.nytimes.com/2007/08/31/business/worldbusiness/31derivatives.html, stating that the global financial crisis was "set off by problems with subprime mortgages; *see generally*, William Poole, "Causes and Consequences of the Financial Crisis of 2007-2009," 33 *Harvard Journal of Law and PublicPolicy* 421 （2010）.

43. Katalina M.Bianco, "The Subprime Lending Crisis: Causes and Effects of the MortgageMeltdown," May 2008, http://business.cch.com/bankingfinance/focus/news/Subprime_WP_rev.pdf.

44. 同上。

45. *In re DoubleClick Inc. Privacy Litigation*, 154 F. Supp. 2d 497 （S.D.N.Y. 2001）.

46. Laurie Petersen, "Microsoft MYM6B Deal Caps Watershed Month for Digital," May 21, 2007, www.mediapost.com/publications/index.cfm? fa=Articles.showArticle&art_aid=60652.

47. Stefan Berteau, "Facebook's Misrepresentation of Beacon's Threat to Privacy: Tracking Users Who Opt Out or Are Not Logged In," Nov. 29, 2007, http://community.ca.com/blogs/securityadvisor/archive/2007/11/29/facebook-s-misrepresentation-of-beacon-s-threat-to-privacy-tracking-users-who-opt-out-or-are-not-logged-in.aspx.

48. Complaint at ? 12, *In the Matter of Chitika, Inc.*, 2011 WL 914035 （F.T.C. March 14, 2011）.

49. "Targeting," www.datranmedia.com/aperture/targeting/.

50. "Opt-Out Notice," http://rt.displaymarketplace.com/optout.html.

51. Stephen Shankland, "Adobe Tackling 'Flash Cookie' Privacy Issue," Jan. 13, 2011, http://news.cnet.com/8301-30685_3-20028397-264.html.

52. Lance Whitney, "IE Users Can Now Delete Flash Cookies," May 4, 2011, http://news.cnet.com/8301-10805_3-20059653-75.html.

53. 同上。

54. U.S. Patent Application No. US2010/0010993 A1 （filed March 31, 2009, published Jan14, 2010）.

55. Julia Angwin and Emily Steel, "Web's Hot New Commodity: Privacy," *The Wall StreetJournal*, Feb.28, 2011, at A1, http://online.wsj.com/article/SB10001424052748703529004576160764037920274.html.

56. Rob Frappier, "Changing Our Name, but Not Our Mission," Jan. 12, 2011, www.reputa-tion.com/blog/2011/01/12/changing-our-name-but-not-our-mission/.

57. www.internetreputationmanagement.com; www.reputationhawk.com; http://emarketing.netsmartz.net/internetlaw_online_reputation_management.asp;www.reputationdr.com.

58. Press Release, "Reputation.com Honored as World Economic Forum Technology Pioneer2011," Sep. 1. 2010, www.reputation.com/press_room/reputationdefender-honored-as-world-economicforum-technology-pioneer-2011/.

59. "Frequently Asked Questions," www.reputation.com/faq.

60. 同上。; David Silverberg, "Companies Destroy Data and Tweak Google Search Results to Repair Online Reputations," July 23, 2007, www.digitaljournal.com/article/209811/Companies_Destroy_Data_and_Tweak_Google_Search_Results_to_Repair_Online_Reputations.

61. Maureen Callahan, "Untangling a Web of Lies," Feb. 16, 2007, www.nypost.com/p/ente-rtainment/item_k6T4zNOT1FFDdWjmWVOz8L;jsessionid=84CE063350F7BA1C820E51F55434CEF2.

62. Victoria Murphy Barret, "Anonymity & The Net," Oct. 15, 2007, www.forbes.com/forbes/2007/1015/074.html.

63. Silverberg, "Companies Destroy Data and Tweak Google Search Results to Repair Onli-ne Reputations"; Jessica Bennett, "A Tragedy That Won't Fade Away," April 25, 2009, www.newsweek.com/2009/04/24/a-tragedy-that-won-t-fade-away.html.

64. Callahan, "Untangling a Web of Lies."

65. "Frequently Asked Questions," www.reputation.com/faq.

66. David Lazarus, "Forget Privacy; He Sells Your Data," *Los Angeles Times*, June 8, 2010, at A1, published online as "You Won't Find Spokeo Founder Included on His 'People Search' Site," http://articles.latimes.com/2010/jun/08/business/la-fiw-lazarus-20100608.

67. *In re DoubleClick Inc. Privacy Litigation*, 154 F. Supp. 2d 497, 520 (S.D.N.Y. 2001); *Chance v. Ave.A, Inc.*, 165 F. Supp. 2d 1153, 1158 (W.D. Wash. 2001).

68. 18 U.S.C. § 1030.

69. 18 U.S.C. §§ 2701-11.

70. *In re DoubleClick Inc. Privacy Litigation*, 154 F. Supp. 2d 497, 510 (S.D.N.Y. 2001).

71. 18 U.S.C. §§ 2510-22.

72. *In re DoubleClick Inc. Privacy Litigation*, 154 F. Supp. 2d 497, 518 n. 26 (S.D.N.Y. 2001), *citing Berger v. Cable News Network, Inc.*, 1996 WL 390528 at 3 (D. Mont. 1996) ("［§ 2511（2）(d)］在DoubleClick案中，伯杰诉美国有线电视新闻网案的判例并不适用，因为法庭认为被告制作信息记录并不是出于犯罪或侵权的目的，而是为了制作新闻来获得商业利益。aff'd in part, rev'd in part, 129 F.3d 505 (9th Cir. 1997), vacated and remanded, 526 U.S. 808 (1999), aff'd in relevant part, 188 F.3d 1155 (9th Cir.1999); *see also, Russell v. ABC*, 1995 WL 330920 at 1 (N.D.Ill. 1995) *citing Desnick v. ABC, Inc.*, 44 F.3d 1345, 1353-54 (7th Cir. 1995).

73. *People v. Klapper*, 902 N.Y.S.2d 305 (N.Y. Crim. 2010).

74. 同上。

75. *Miller v. Meyers*, 766 F. Supp. 2d 919 (W.D. Ark. 2011).

76. *O'Brien v. O'Brien*, 899 So. 2d 1133 (Fla. Dist. App. 2005).

77. Jessica Belskis, "Applying the Wiretap Act to Online Communications after *United States v. Councilman*," 2 *Shidler Journal of Law, Commerce and Technology* 18, 24 (2006).

78. *Valentine v. NebuAd*, 2011 WL 1296111 (N.D. Cal. 2011).

79. As of the time this book went to the press, the parties were engaged in settlement negotiations. Proposed Settlement and Release, *Valentine v. NebuAd*, C08-051113 THE (N.D. Cal. Aug. 16, 2011).

80. Wendy Davis, "Case Closed: NebuAd Shuts Down," Online Media Daily, May 18,2009,www.mediapost.com/publications/? fa=Articles.showArticle&art_aid=106277; Steve Stecklow a-nd Paul Sonne, "Shunned Profiling Technology on the Verge of Comeback," Nov. 24,2010,http://online.wsj.com/article/SB10001424052748704243904576630751094784516.html; Letter t-o Hon. Donald S.Clark from J. Brooks Dobbs, "Phorm Inc's Comments on Protecting Co-nsumer Privacy in an Era of Rapid Change," Feb. 18, 2011, www.ftc.gov/os/comments/pri- vacyreportframework/00353- 57888.pdf;Jeremy Kirk, "Kindsight Meshes Security Service wit- h Targeted Ads," Nov. 15, 2010, www.pcworld.com/businesscenter/article/210647/kindsight_meshes_security_service_with_targeted_ads.html.

81. *LaCourt v. Specific Media*, 2011 WL 1661532 (C.D. Cal. 2011).

82. Matthew Lasar, "Google, Facebook: 'Do Not Track' Bill a Threat to California Economy," May 6, 2011, http://arstechnica.com/tech- policy/news/2011/05/google- facebook- fight- california- do- not-track-law.ars.

83. "About the Federal Trade Commission," www.ftc.gov/ftc/about.shtm.

84. 15 U.S.C. § 45 (a) (1).

85. 15 U.S.C. § 53 (b); 15 U.S.C. § 57 (a); 15 U.S.C. § 56 (a); 15 U.S.C. § 57 (b).

86. 15 U.S.C. § 45 (b).

87. 16 C.F.R. § 2.34; 16 C.F.R. § 325; 16 C.F.R § 2.31.

88. 15 U.S.C. § 45 (b); 16 C.F.R. § 3.1; 16 C.F.R. § 3.41.

89. Joshua Gomez, Travis Pinnick, and Ashkan Soltani, KnowPrivacy.org Report, U.C. Berk- eley School of Information, June 1, 2009, at 18, http://knowprivacy.org/report/KnowPrivacy_Final_Report.pdf.

90. Complaint at 3, *Federal Trade Commission v. Echometrix, Inc.*, No. CV-10-5516 (E.D.N.Y. Nov. 30,2010).

91. 同上。

92. 同上。

93. Stipulated Final Order for Permanent Injunction and Other Equitable Relief, *Federal Trade Commission v. Echometrix, Inc.*, No. CV-10-5516 (E.D.N.Y. Nov. 30, 2010).

94. Louise Story, "F.T.C. Takes a Look at Web Marketing," *The New York Times*, Nov. 2, 2007, at C8, published online as "F.T.C. Member Vows Tighter Controls of Online Ads," www.nytimes. com/2007/

11/02/technology/02adco.html.

第四章 科技与基本权益

1. Alfred Lief, *Brandeis: The Personal History of an American Ideal*（Freeport, N.Y.: Books for Libraries Press, 1971; first published 1936），51.

2. James H. Barron, "Warren and Brandeis, The Right to Privacy, 4 *Harv. L. Rev.* 193（1890）: Demystifying a Landmark Citation," 13 *Suffolk University Law Review* 875（1979）.

3. "Wanamakers," *The Lancaster Daily Intelligencer*, Oct. 26, 1888（advertisement）; "A Pho-tographic Novelty," *New York Daily Tribune*, Dec. 12, 1888.

4. "The Kodak Fiend," *Hawaiian Gazette*, Dec. 9, 1890, at 5.

5. Godkin, "The Rights of the Citizen, IV.-To His Own Reputation," 8 *Scribner's Magazine* 58（July 1890）; Barron, "Warren and Brandeis, The Right to Privacy."

6. Samuel D. Warren and Louis D. Brandeis, "The Right to Privacy," 4 *Harvard Law Review* 193（1890）.

7. *Olmstead v. U.S.*, 277 U.S. 438（1928）.

8. *Kyllo v. U.S.*, 533 U.S. 27（2001）.

9. *Kyllo v. U.S.*, 533 U.S. 27, 31（2001）.

10. *Cruzan v. Dir., Missouri Dept. of Health*, 497 U.S. 261, 356（1990）（Stevens, J., dissenting）.

11. *Norman-Bloodsaw v. Lawrence Berkeley Laboratory*, 135 F.3d 1260, 1269（9th Cir. 1998）.

12. Genetic Information Nondiscrimination Act, Pub. L. No. 110-233, 122 Stat. 881（codified in scattered sections of U.S.C. titles 26, 29, and 42）.

13. Michael Dolan, "The Bork Tapes," www.theamericanporch.com/bork5.htm, originally published in *Washington City Paper*, Sep. 25-Oct. 1, 1987.

14. S. Report No. 100-599, at 5-6（1988）, reprinted in 1988 U.S.C.C.A.N. 4342-1, 4342-5, 4342-6.

15. 同上。at 6-7（1988）, reprinted in 1988 U.S.C.C.A.N. 4342-1, 4342-6, 4342-7.

16. 同上。at 7（1988）, reprinted in 1988 U.S.C.C.A.N. 4342-1, 4342-7.

17. 同上。

18. "About Our Community," City of Coalinga, www.coalinga.com/? pg=1.

19. *Moreno v. Hartford Sentinel, Inc.*, 172 Cal App. 4th 1125（Cal. Ct. App. 2009）.

20. Appellant's Opening Brief at 3-4, *Moreno v. Hanford Sentinel, Inc.*, No. F054138（Cal. Ct. App. Aug. 2, 2010）.

21. 同上。

22. "Jury Correct in MySpace Ruling, Fresno County Case Had Far-Reaching First Amend-ment Implications," editorial, *The Fresno Bee*, Sep. 23, 2010, at B4; Pablo Lopez, "Coalin- ga Grad Sues Principal over MySpace Rant," Sep. 19, 2010, www.fresnobee.com/2010/09/19/2084251/jury-to-decide-on-coalinga-grads.html.

23. Linda Holmes, "Your Privacy Rights on MySpace and Facebook May Be Less than Yo-u Think," April 8, 2010, http://public.getlegal.com/articles/online-privacy.

24. *Moreno v. Hartford Sentinel, Inc.*, 172 Cal App. 4th 1125（Cal. Ct. App. 2009）.

25. John Ellis, "Coalinga Grad Loses MySpace Lawsuit," *The Fresno Bee*, Sep. 20, 2010, http://0166244.blogspot.com/2010/09/heres-your.html.

26. 纽约州人民诉克拉珀案（*People v. Klapper*），该案对安装和使用输入记录软件以获取雇员受密码保护邮件的行为是否违反纽约州禁止未经授权使用电脑的法律作出了判决。

27. S. Report No. 100-599, at 7（1988）, reprinted in 1988 U.S.C.C.A.N. 4342-1, 4342-7.

28. *Olmstead v. United States*, 277 U.S. 438, 472-473（1928）（Brandeis, J., dissenting）.

29. Eli Pariser, *The Filter Bubble: What the Internet Is Hiding from You*（New York: Penguin Press, 2011），177-178.

30. 同上。

第五章 联网权

1. E.B. Boyd, "How Social Media Accelerated the Uprising in Egypt," Jan. 31, 2011, www.fastcompany.com/1722492/how-social-media-accelerated-the-uprising-in-egypt.

2. Post by egypt69, "Egypt's 25th of January Revolution," Jan. 23, 2011, www.skyscraperci-ty.com/archive/index.php/t- 1307931.html（linking to www.facebook.com/event.php? eid=115372325200575, though the event page has since been removed）.

3. Will Heaven, "Egypt and Facebook: Time to Update Its Status," *NATO Review*, 2011, www.nato.int/docu/review/2011/Social_Medias/Egypt_Facebook/EN/index.htm.

4. Brian Ross and Matthew Cole, "Egypt: The Face That Launched a Revolution," Feb. 4, 2011, http:

//abcnews.go.com/Blotter/egypt-face-launched-revolution/story？id=12841488&page=1.

5. Ernesto Londono, "Egyptian Man's Death Became Symbol of Callous State," Feb. 9, 2011, www. washingtonpost.com/wp-dyn/content/article/2011/02/08/AR2011020806360.html.

6. Heaven, "Egypt and Facebook: Time to Update Its Status."

7. Jim Michaels, "Tech-savvy Youths Led the Way in Egypt Protests," Feb. 7, 2011, www.usatoday. com/news/world/2011-02-07-egyptyouth07_ST_N.htm.

8. Erik Schonfeld, "The Egyptian Behind #Jan25: 'Twitter Is a Very Important Tool for Pr-otest-ers,' " Feb.16, 2011, http://techcrunch.com/2011/02/16/jan25-twitter-egypt/ (linking to http://twitter.com/ #!/alya1989262/status/26353718601449472).

9. Iyad El-Baghdadi, "Meet Asmaa Mahfouz and the Vlog that Helped Spark the Revolution," Feb. 1,2011, www.youtube.com/watch？v=SgjIgMdsEuk.

10. Emad Mekay, "Arab Women Lead the Charge," Feb. 11, 2011, http://ipsnews.net/news.asp？id-news=54439.

11. Aya A. Khalil, "Thousands Fill the Streets in Egypt Protests (updates)," Feb. 26, 2011,http:// ayakhalil.blogspot.com/2011/02/thousands-fill-streets-in-egypt.html.

12. Noah Shachtman, "How Many People Are in Tahrir Square？Here's How to Tell〔Upda-ted〕," Feb. 1,2011, www.wired.com/dangerroom/2011/02/how-many-people-are-in-tahrir-square-heres-how-to-tell/.

13. Michaels, "Tech-savvy Youths Led the Way in Egypt Protests."

14. James Cowie, Chief Technology Officer of Renesys, "Libya Disconnect," Feb. 18, 2011,updated March 4, 2011, www.renesys.com/blog/2011/02/libyan-disconnect-1.shtml.

15. Bill Woodcock, "Overview of the Egyptian Internet Shutdown," Packet Clearing House Presenta-tion,Feb. 2011, www.pch.net/resources/misc/Egypt-PCH-Overview.pdf.

16. Ryan Singel, "Egypt Shut Down Net with Big Switch, Not Phone Calls," Feb. 10, 2011, www. wired.com/threatlevel/2011/02/egypt-off-switch/.

17. Cowie, "Libya Disconnect."

18. 同上。

19. Michaels, "Tech-savvy Youths Led the Way in Egypt Protests."

20. Diane Macedo, "Egyptians Use Low-tech Gadgets to Get Around Communications Bloc-k," Jan.28, 2011, www.foxnews.com/scitech/2011/01/28/old-technology-helps-egyptians-communicationsblack/.

21. "Modern Protests in Ancient Egypt," Feb. 3, 2011, http://secondedition.wordpress.com/2011/02/ 03/modern-protests-in-ancient-egypt/.

22. Wagner James Au, "Egyptians Worldwide Gather in Second Life to Share Resources, Inf-ormation, Support for Uprising," Jan. 30, 2011, http://nwn.blogs.com/nwn/2011/01/egyptians-in-second-life.html.

23. Cowie, "Libya Disconnect."

24. "The Economic Impact of Shutting Down Internet and Mobile Phone Services in Egypt," Feb. 4, 2011, www.oecd.org/document/19/0,3746,en_2649_33703_47056659_1_1_1,00.html.

25. Richard Hartley-Parkinson, "Meet My Daughter 'Facebook': How One New Egyptian F-ather Is Commemorating the Part the Social Network Played in Revolution," Feb. 21, 2011, www.dailymail.co. uk/news/article-1358876/Baby-named-Facebook-honour-social-network-Egypts-revolution.html.

26. Alexia Tsotsis, "To Celebrate the #Jan25 Revolution, Egyptian Names His Firstborn 'Fa-ce-book,' " Feb. 19, 2011, http://techcrunch.com/2011/02/19/facebook-egypt-newborn/ (translated from Al-Ahram, Feb. 18, 2011, at 2, www.ahram.org.eg/pdf/Zoom_1500/Index.aspx？ID=45364).

27. Jesse Emspak, "Libya Blocks Internet Traffic," International Business Times, March 4, 2011, www.ibtimes.com/articles/118969/20110304/libya-cuts-off-internet-engages-kill-switch.htm.

28. Cowie, "Libya Disconnect."

29. Emspak, "Libya Blocks Internet Traffic."

30. Economist Intelligence Unit Ltd., "Libya: Privatisation Possibilities," March 19, 2007, http:// globaltechforum.eiu.com/index.asp？ layout=rich_story&channelid=4&categoryid=31&title=Libya% 3A+Privatisation+possibilities&doc_id=10336.

31. Emspak, "Libya Blocks Internet Traffic."

32. Cybersecurity and Internet Freedom Act of 2011, S. 413 §§ 101, 249 (a) (3) (A), 112th Cong., 1st Session (2011).

33. See, "Internet Filtering in Egypt," OpenNet Initiative, Aug. 6, 2009, http://opennet.net/research/ profiles/egypt; "Internet Filtering in Libya," OpenNet Initiative, Aug. 6, 2009, http://opennet.net/research/ profiles/libya.

34. Jon Swartz, " 'Kill Switch' Internet Bill Alarms Privacy Experts," Feb. 21, 2011, http://abcnews. go.com/Technology/kill-switch-internet-bill-alarms-privacy-experts/story？id=12922845.

35. Jennifer Valentino-DeVries, "How Egypt Killed the Internet," The Wall Street Journal Digits blog, Jan. 28, 2011, http://blogs.wsj.com/digits/2011/01/28/how-egypt-killed-the-internet/.

36. QuinStreet Inc., "Top 23 U.S. ISPs by Subscriber: Q3 2008," 2008, www.isp-planet.com/research/rankings/usa.html.

37. "Reaching for the Kill Switch," Feb. 10, 2011, www.economist.com/node/18112043.

38. Carolyn Duffy Marsan, "U.S. Plots Major Upgrade to Internet Router Security," Jan.15,2009, www.networkworld.com/news/2009/011509-bgp.html? page=1; Carolyn Duffy Marsan, "Feds to Shore Up Net Security," Jan. 19, 2009, www.pcworld.com/businesscenter/article/157909/feds_to_shore_up_net_security.html.

39. Erik Turnquist, "Government Plans Massive Internet Backbone Security Upgrade," Univ-ersity of Washington Computer Security Research and Course Blog, Jan. 16, 2009, https://cubist.cs.washington.edu/Security/2009/01/16/current-event-government-plans-massive-internet-backbonesecurity-upgrade/.

40. The Associated Press, "Boeing Buying Cybersecurity Firm Narus," July 8, 2010, www.businessweek.com/ap/financialnews/D9GQTHC00.htm; Robert Poe, "The Ultimate Net Monit-oring Tool," May17, 2006, www.wired.com/print/science/discoveries/news/2006/05/70914.

41. John Markoff and Scott Shane, "Documents Show Link Between AT&T and Agency in Eavesdropping Case," *The New York Times*, April 13, 2006, at A17, www.nytimes.com/2006/04/13/us/nationalspecial3/13nsa.html? T=&n=Top/News/Business/Companies/AT&_r=1&pagewanted=all.

42. 同上。

43. "EFF's Case Against AT&T," Electronic Frontier Foundation, www.eff.org/nsa/hepting.

44. The Associated Press, "Boeing Buying Cybersecurity Firm Narus."

45. Worldview, "The YouTube Interview with President Obama, 2011," Jan. 27, 2011, www.youtube.com/watch? v=etaCRMEFRy8&t=18m31s.

46. U.S. Department of State, Bureau of International Information Programs, "Rights of thePeople,Individual Freedom and the Bill of Rights, Chapter 4, Freedom of the Press," www.4uth.gov.ua/usa/english/society/rightsof/press.htm.

47. *McIntyre v. Ohio Elections Commission*, 514 U.S. 334, 341-342 （1995）.

48. 同上。at 342.

49. *Globe Newspaper Co. v. Superior Ct.*, 457 U.S. 596 （1982）.

50. 如塔利诉加利福尼亚州一案（*Talley v. California*）（该案判决结果认为，规定制作者的名字必须印在传单上的城市法令"会限制传播信息的自由,从而也限制了言论自由"）。

51. 如多伊诉2TheMart.com一案（*Doe v. 2TheMart.com*）（第一修正案的保护范围并没有延伸至非实质性的言论，包括称一家公司为骗子、罪犯和诈骗者等）。

52. *See, e.g.*, *McIntyre v. Ohio Elections Commissio*n, 514 U.S. 334, 357 （1995）.

53. 如独立报公司诉布罗迪（*Independent Newspapers, Inc. v. Brodie*）一案（不应该禁止为互联网上的诽谤行为提出合理辩解理由的行为）；关于让美国在线公司出庭作证的案件（*In re Subpoena Duces Tecum to America Online, Inc.*）（不能因为加害者声称享有第一修正案权利这一虚幻的保护就让受害者丧失获得补偿的权利）。

54. Jon Orwant, "Find Out What's in a Word, or Five, with the Google Books Ngram Vie-wer," Inside Google Books blog, Dec. 16, 2010, http://booksearch.blogspot.com/2010/12/find-out-whats-in-wordorfive-with.html.

55. Leonid Taycher, "Books of the World, Stand Up and be Counted! All 129,864,880 of You," Inside Google Books blog, Aug. 5, 2010, http://booksearch.blogspot.com/2010/08/books-of-world-stand-up-and-be-counted.html.

56. Bill Rounds, "How to Make Anonymous Comments on a Website," Jan. 2, 2011, www.howtovanish.com/2011/01/how-to-make-anonymous-comments-on-a-website/.

57. "How to Blog Safely （About Work or Anything Else），" Electronic Frontier Foundation, April 6, 2005,updated May 31, 2005, www.eff.org/wp/blog-safely.

58. "Tor: Overview," www.torproject.org/about/overview.html.en.

59. Hillary Rodham Clinton, "Internet Rights and Wrongs: Choices & Challenges in a Networked World," speech, Feb. 15, 2011, www.state.gov/secretary/rm/2011/02/156619.htm.

60. *Reno v. Am. Civ. Liberties Union*, 521 U.S. 844, 870 （1997）.

61. *Doe v. 2TheMart.com*, 140 F. Supp. 2d 1088, 1091-1092 （W.D. Wash. 2001）.

62. *Doe v. 2TheMart.com*, 140 F. Supp. 2d 1088, 1090 （W.D. Wash. 2001）.

63. *Dendrite Int'l, Inc. v. Doe No. 3*, 775 A.2d 756, 767 （N.J. Super. App. Div. 2001）.

64. U.N. Special Rapporteur, "Promotion and Protection of the Right to Freedom of Opinion and Expression: Rep. of the Special Rapporteur," ? 82, U.N. Doc. A/HRC/17/27 May 16, 2011, www2.ohchr.org/english/bodies/hrcouncil/docs/17session/A.HRC.17.27_en.pdf.

65. Conseil Constitutionnel〔Constitutional Court〕 decision No. 2009-580, June 10, 2009（Fr.），1, 4（quoting Article 11 of the Declaration of the Rights of Man and the Citizen of 1789）（translation www.conseil-constitutionnel.fr/conseil-constitutionnel/root/bank_mm/anglais/2009_580dc.pdf）.

66. Eesti Vabariigi P~iseadus〔Constitution of the Republic of Estonia〕, June 28, 1999, art. 44-45（Est.）（official English translation www.president.ee/en/republic-of-estonia/the-constitution/index.html）.

67. Telekommunikatsiooniseadus〔Telecommunications Act〕（Est.）（translation www.legaltext.ee/text/en/X30063K6.htm）.

68. Jenny Wittauer, "Tiger Leap Project in Estonia: Free Internet Access," School of Journ-alism, Utrecht,The Netherlands, June 18, 2010, www.schoolvoorjournalistiek.com/europeanculture09/? p=1742.

69. "World Press Freedom Index 2010 The Rankings," Reporters Without Borders, Oct. 10, 2010, www.rsf.org/IMG/CLASSEMENT_2011/GB/C_GENERAL_GB.pdf

70. The Constitution of the Arab Republic of Egypt, art. 48, translation www.egypt.gov.eg/english/laws/constitution/default.aspx.

71. U.S. Department of State, Bureau of Democracy, Human Rights, and Labor, "Human Rights Re-port:Egypt," www.state.gov/g/drl/rls/hrrpt/2009/nea/136067.htm.

72. 同上。

73. Frank La Rue, "Report of the Special Rapporteur on the Promotion and Protection of t-he Right to Freedom of Opinion and Expression," ? 2, U.N. Doc. A/HRC/17/27 May 16, 2011, www2.ohchr.org/eng-lish/bodies/hrcouncil/docs/17session/A.HRC.17.27_en.pdf.

74. 同上。at ? 82.

75. G8 Declaration: Renewed Commitment for Freedom and Democracy, G8 Summit of De-auville, France, May 26-27, 2011, www.g20-g8.com/g8-g20/g8/english/live/news/renewed-commitment-forfreedom-and-democracy.1314.html.

76. *New York Times Co. v. Sullivan*, 376 U.S. 254（1964）.

77. Morris D. Forkosch, "Freedom of the Press: Croswell's Case," 33 *Fordham Law Review* 415, 417, 429（1964-1965）.

78. Ron Chernow, *Alexander Hamilton*（New York: Penguin, 2004）, 669.

79. Mike Farrell and Mary Carmen Cupito, *Newspapers: A Complete Guide to the Industry*（New York:Peter Lang, 2010）, 26.

80. Edward Moyer, "Stuxnet Worm Strike Iranian Nuclear Plant," Sep. 27, 2011, www.zdnet.com/news/stuxnet-worm-strike-iranian-nuclear-plant/468939.

81. Jonathan Fildes, "Stuxnet Virus Targets and Spread Revealed," Feb. 15, 2011, www.bbc.co.uk/news/technology-12465688.

82. William J. Broad, "Israeli Test on Worm Called Crucial in Iran Nuclear Delay," *The New York Times*, Jan. 16, 2011, at A1, www.nytimes.com/2011/01/16/world/middleeast/16stuxnet.html.

83. Fildes, "Stuxnet Virus Targets and Spread Revealed."

84. Jonathan Zittrain, "Will the U.S. Get an Internet 'Kill Switch'? ," March 4, 2011, www.tech-nologyreview.com/web/32451/page1/.

85. Before the House Committee on Foreign Affairs, "Recent Developments in Egypt and Lebanon: Implications for U.S. Policy and Allies in the Broader Middle East," Statement ofCongressman Chris Smith,（Feb. 10, 2011）, http://foreignaffairs.house.gov/112/64483.pdf.

86. "Recent Developments in Egypt and Lebanon: Implications for U.S. Policy and Allies in the Broad-er Middle East," Statement of Congressman William Keating Before the House Committee on Foreign Af-fairs, Feb. 10, 2011, http://foreignaffairs.house.gov/112/64483.pdf.

87. Office of Congressman William Keating Press Release, "Social Media is Being Used a-s a Weap-on," Feb. 10, 2011, http://keating.house.gov/index.php? option=com_content&view=article&id=86:keating-social-media-is-being-used-as-a-weapon&catid=1:press-releases&Itemid=13.

88. 同上。

89. "An EUM Bellwether? India/US Arms Deals Face Crunch Over Conditions," Nov. 9, 2010, www.defenseindustrydaily.com/IndiaUS-Arms-Deals-Facing-Crunch-Over-Conditions-05285/.

90. Charles Bremner, "Top French Court Rips Heart Out of Sarkozy Internet Law," June 11, 2009, http://technology.timesonline.co.uk/tol/news/tech_and_web/article6478542.ece.

91. Conseil Constitutionnel〔Constitutional Court〕 decision No. 2009-580, June 10, 2009, Fr., 1, 4, quoting Article 11 of the Declaration of the Rights of Man and the Citizen of 1789, translation www.conseil-constitutionnel.fr/conseil-constitutionnel/root/bank_mm/anglais/2009_580dc.pdf.

92. http://doctoredreviews.com.

93. Thomas Jefferson, "Letter to Edward Carrington," Jan. 16, 1787, in *Thomas Jefferson: Writings*, ed.Merrill D. Peterson（New York: Library of America, 1984）, 880.

94. U.N. Special Rapporteur, "Promotion and Protection of the Right to Freedom of Opinion and Expression: Rep. Of the Special Rapporteur," U.N. Doc. A/HRC/17/27, May 16, 2011, at？82, www2.ohchr. org/english/bodies/hrcouncil/docs/17session/A.HRC.17.27_en.pdf.

95. Lyrissa Barnett Lidsky, "Silencing John Doe: Defamation and Discourse in Cyberspace," 49 *Duke Law Journal* 855, 860（2000）.

96. 同上。

97. Bianca Bosker, "Facebook's Randi Zuckerberg: Anonymity Online 'Has to Go Away,' " July 27,2011, www.huffingtonpost.com/2011/07/27/randi-zuckerberg-anonymity-online_n_910892. html？icid= maing-grid7|main5|dl6|sec3_lnk3|81656.

98. Marshall Kirkpatrick, "Google, Privacy and the Explosion of New Data," Aug. 4, 2010, http://techonomy.typepad.com/blog/2010/08/google-privacy-and-the-new-explosion-of-data.html.

99. Viktor Mayer-Schöberger, *Delete: The Virtue of Forgetting in the Digital Age*（Princeton, NJ: Princeton University Press, 2009）, 141, *citing* William Seltzer and Margo Anderson, "The Dark Side of Numbers: The Role of Population Data Systems in Human Rights Abuses," 68 *Social Research* 481, 486 （2001）.

第六章　言论自由

1. *Emmett v. Kent School District No. 415*, 92 F. Supp. 2d 1088（W.D. Wash. 2000）.

2. "SC Firefighter-Paramedic Fired over Facebook Video Post," Feb. 26, 2010, www.ems1.com/ems-management/articles/765102-SC-firefighter-paramedic-fired-over-Facebook-video-post/.

3. Colleton County Fire-Rescue Termination of Employment Memorandum, Feb. 11, 2010, http://wcsc. images.worldnow.com/images/incoming/pdf/termination.pdf.

4. "After ACLU of Colorado Intervention, High School Student Suspended for Off-Campus Internet Posting Is Back in School," Feb. 21, 2006, www.aclu.org/free-speech/after-aclu-colorado-intervention-high-school-student-suspended-campus-internet-posting-b.

5. *A.B. v. State*, 885 N.E.2d 1223（Ind. 2008）.

6. Missouri, for example.

7. *Beussink v. Woodland R-IV School District*, 30 F. Supp. 2d 1175（E.D. Mo. 1998）.

8. *Layshock v. Hermitage School District*, 593 F.3d 249（3rd Cir. 2010）, aff'd on reh'g en banc, 2011 WL2305970（3rd Cir. 2011）.

9. Mary Helen Miller, "East Stroudsburg U. Suspends Professor for Facebook Posts," Feb. 26, 2010, http://chronicle.com/blogPost/East-Stroudsburg-U-Suspends/21498.

10. Raegan Medgie, "ESU Professor Back in Class," March 31, 2010, www.wnep.com/news/county-bycounty/wnep-mon-esu-professor-back-in-class,0,2905966.story.

11. Dalia Fahmy, "Professor Suspended After Joke About Killing Students on Facebook," March 3, 2010,http://abcnews.go.com/Business/PersonalFinance/facebook-firings-employees-online-vents-twitterpostings-cost/story？id=9986796.

12. Miller, "East Stroudsburg U. Suspends Professor for Facebook Posts."

13. Medgie, "ESU Professor Back in Class."

14. Miller, "East Stroudsburg U. Suspends Professor for Facebook Posts."

15. *Pietrylo v. Hillstone Restaurant Group*, 2008 WL 6085437（D. N.J. 2008）.

16. 同上。

17. *J.S. v. Bethlehem Area School District*, 757 A.2d 412（Pa. Commw. Ct. 2000）.

18. *J.S. v. Blue Mountain School District*, 593 F.3d 286（3rd Cir. 2010）, aff'd in part, rev'd in part and remanded on reh'g en banc（3rd Cir. 2011）.

19. Associated Press, "Federal Judge Halts Suspension of Student Punished over Web Site," Feb. 24, 2000, www.firstamendmentonline.net/%5Cnews.aspx？id=7559.

20. *Emmett v. Kent School District No. 415*, 92 F. Supp. 2d 1088, 1090（W.D. Wash. 2000）.

21. *Tinker v. Des Moines Independent Community School District*, 393 U.S. 503, 509（1969）（该案判决学校不让学生佩戴黑色臂章抗议越南战争的禁令无效）。

22. *Emmett v. Kent School District No. 415*, 92 F. Supp. 2d 1088, 1090（W.D. Wash. 2000）, *citing Tinkerv. Des Moines Independent Community School District*, 393 U.S. 503, 509（1969）.

23. *Emmett v. Kent School District No. 415*, 92 F. Supp. 2d 1088, 1090（W.D. Wash. 2000）.

24. 同上。

25. *Beussink v. Woodland R-IV School District*, 30 F. Supp. 2d 1175, 1180-1182（E.D. Mo. 1998）, *citing Terminiello v. City of Chicago*, 337 U.S. 1, 4（1949）.

26. *Beussink v. Woodland R-IV School District*, 30 F. Supp. 2d 1175, 1182（E.D. Mo. 1998）.

27. *A.B. v. State*, 885 N.E.2d 1223, 1227（Ind. 2008）.

28. *J.S. v. Bethlehem Area School District*, 807 A.2d 847, 865-869（Pa. 2002）.

29. *J.S. v. Bethlehem Area School District*, 757 A.2d 412, 428 n.6（Pa. Commw. Ct. 2000）.

30. *Killion v. Franklin Regional School District*, 136 F. Supp. 2d 446（W.D. Pa. 2001）.

31. *J.S. v. Blue Mountain School District*, 593 F.3d 286（3rd Cir. 2010），aff'd in part, rev'd in part and remanded on reh'g en banc（3rd Cir. 2011）. 32 Kaitlin Madden, "Ten Tweets That Could Get You Fired," April 6, 2011, www.theworkbuzz.com/careers/tweets-could-get-you-fired/.

33. David Kirkpatrick, *The Facebook Effect*（New York: Simon & Schuster, 2010），211

34. Andrew Levy, "Teenage Office Worker Sacked for Moaning on Facebook About Her 'T-otally Boring' Job," Feb. 26, 2009, www.dailymail.co.uk/news/article-1155971/Teenage-office-worker-sacked-moaning-Facebook-totally-boring-job.html.

35. Kirkpatrick, *The Facebook Effect*, 211.

36. Kaitlin Madden, "12 Ways to Get Fired for Facebook," Aug. 9, 2010, www.careerbuild-er.ca/Article/CB-606-Workplace-Issues-12-Ways-to-Get-Fired-for-Facebook/.

37. Wilma B. Liebman, "Decline and Disenchantment: Reflections on the Aging of the National Labor Relations Board," 28 *Berkeley Journal of Employment and Labor Law* 569, 576（2007）（footnotes omitted）.

38. 29 U.S.C. §157.

39. Hatzel Vela, "Colleton County Rescue Worker Loses Job over Facebook Post," March 18, 2010, www.live5news.com/story/12047151/colleton-county-rescue-worker-loses-job-over-facebook-post? redirected=true.

40. Declan McCullagh, "Yes, Insults on Facebook Can Still Get You Fired," Nov. 9, 2010, http://news.cnet.com/8301-13578_3-20022276-38.html#ixzz14tyiCByQ.

41. Steven Greenhouse, "Company Accused of Firing over Facebook Post," *The New York Times*, Nov. 8,2010, at B1, www.nytimes.com/2010/11/09/business/09facebook.html.

42. 同上。

43. 同上。

44. Gordon MacMillan, "BBC and Reuters Turn to Social Media Guidelines After Staff Tw-eet Trouble," April 7, 2011, http://wallblog.co.uk/2011/04/07/bbc-and-reuters-turn-to-social-media-guidelines-after-staff-tweet-trouble/.

45. Steven Greenhouse, "Labor Panel to Press Reuters over Reaction to Twitter Post," *The New York Times*, April 7, 2011, at B3, www.nytimes.com/2011/04/07/business/media/07twitter.html.

46. *Pietrylo v. Hillstone Restaurant Group*, 2008 WL 6085437（D. N.J. 2008）.

47. *Pietrylo v. Hillstone Restaurant Group*, 2009 WL 3128420（D. N.J. 2009）.

48. Bob Cohn, "Dismissed Pierogi Returns to Run Again at PNC Park," June 23, 2010, www.pittsburghlive.com/x/pittsburghtrib/sports/s_687194.html.

49. *Schenck v. United States*, 249 U.S. 47, 52（1919）.

50. "Israeli Military 'Unfriends' Soldier After Facebook Leak," March 4, 2010, http://news.bbc.co.uk/2/hi/8549099.stm.

51. Andie531, "'We Are Cleaning Out a West Bank Village' Facebook Entry Gets Soldier Booted," The Truth Will Set You Free blog, March 4, 2010, http://wakeupfromyourslumber.com/blog/andie531/we-are-cleaning-out-west-bank-village-facebook-entry-gets-soldier-booted.

52. "Quote of the Day," March 3, 2010, www.time.com/time/quotes/0,26174,1969477,00.html.

53. Haaretz Service and Reuters, "IDF Calls Off West Bank Raid Due to Facebook Leak," March 3, 2010, www.haaretz.com/news/idf-calls-off-west-bank-raid-due-to-facebook-leak-1.264065.

54. "Israeli Military 'Unfriends' Soldier After Facebook Leak."

55. *Hammonds v. Aetna Casualty & Surety Co.*, 243 F. Supp. 793, 801（N.D. Ohio 1965）.

56. Madden, "12 Ways to Get Fired for Facebook."

57. Chelsea Conaboy, "For Doctors, So-cial Media a Tricky Case," *The Boston Globe*, April 20, 2011, at 1,www.boston.com/lifest-yle/health/articles/2011/04/20/for_doctors_social_media_a_tricky_case/? page=full.

58. 同上。; Associated Press, "Doctor Busted for Patient Info Spill on Facebook," April 18, 2011, www.msnbc.msn.com/id/42652527/ns/technology_and_science-security/t/doctor-busted-patient-info-spill-facebook/. 58 Complaint, *In re Kristine Ann Peshek*, Hearing Board of the Illinois Attorney Registration and Disciplinary Commission（Aug. 25, 2009），www.iardc.org/09CH0089CM.html.

59. Sarah Bruce, "Nurse Suspended for Op Pics on Facebook," E-Health Insider, Jan. 25, 2010, www.ehi.co.uk/news/ehi/5579.

60. Emil Protalinski, "Parents Suing Facebook over Photo of Murdered Daughter," March 29, 2011, www.zdnet.com/blog/facebook/parents-suing-facebook-over-photo-of-murdereddaughter/1024? tag=man-

tle_skin;content.

61. Associated Press/CBS New York, "Ex-NYC EMT Admits Posting Corpse Photo on Fac- ebook," Dec. 10, 2010, http://newyork.cbslocal.com/2010/12/10/ex- nyc- emt- admits- posting- corpse- photo- on- facebook/.

62. *Tatro v. University of Minnesota*, Case No. A10-1440, 2011 WL 2672220 at 9 （Minn. App. 2011）.

63. Annie Karni, "Web Site Exposes Bad Tippers in Brooklyn," May 8, 2011, www.nypost.com/p/news/local/brooklyn/keep_the_bleepin_change_4jDvBIHLSv7jsMuG4cIYYL; Adrian Ch- en, "Brooklyn Delivery Guy Starts Blog Shaming Bad Tippers," April 29, 2011, http://blo-g.gawker.com/5797195/brooklyn-delivery-guy-starts-blog-shaming-bad-tippers.

64. *Brents v. Morgan*, 299 S.W. 967 （Ky. Ct. App. 1927）.

65. Caitlin Fitzsimmons, "Arkansas School Board Member Resigns over Anti-Gay Facebook Comments," Oct. 30, 2010, www.allfacebook.com/arkansas-school-board-2010-10.

66. 同上。

67. Cynthia Bowers, "In Wisconsin, Thousands Protest Budget Proposal," Feb. 20, 2011, www.cbsnews.com/stories/2011/02/20/sunday/main20034127.shtml.

68. Adam Weinstein, "Indiana Official: 'Use Live Ammunition' Against Wisconsin Protesters," Feb.23, 2011, http://motherjones.com/politics/2011/02/indiana-official-jeff-cox-live-ammunition-against-wisconsin-protesters.

69. 同上。

70. 同上。

71. International Association of Chiefs of Police Center for Social Media, September 2010 survey on law enforcement's use of social media, at 11, www.iacpsocialmedia.org/Portals/1/documents/Survey%20Results%20Document.pdf.

72. Erica Goode, "Police Lesson: Social Network Tools Have Two Edges," *The New York Times*, April 7,2011, at A1, www.nytimes.com/2011/04/07/us/07police.html.

73. Magdalena Sharpe, "Officer Lists Job as 'Human Waste Disposal' on Facebook," Feb. 16, 2011, www.kob.com/article/stories/S1976709.shtml.

74. Goode, "Police Lesson: Social Network Tools Have Two Edges."

75. Albuquerque Police Department General Orders, Addition to the Manual, 1-44 Social M-edia Policy,Rules 1.44.2A and B, www.scribd.com/doc/50958630/Social-Network-Policy-SOP-Sanctions.

76. Jeff Proctor, "Cop in Facebook Scandal Back on Street," *Albuquerque Journal*, May 6, 2011, www.abqjournal.com/cgi-bin/print_it.pl? page=/news/metro/062240306814newsmetro05-06-11.htm.

77. Goode, "Police Lesson: Social Network Tools Have Two Edges."

78. Jim Meyer, "The Officer Who Posted Too Much on MySpace," *The New York Times*, March 11, 2009, at A24, www.nytimes.com/2009/03/11/nyregion/11about.html.

79. 同上。

80. 同上。

81. *Flaherty v. Keystone Oaks School District*, 247 F. Supp. 2d 698, 702 （W.D. Pa. 2003）.

82. ACLU Press Release, "PA School Pays MYM60,000 to Student Who Was Punished for Pri-vate Internet Message," Nov. 18, 2002, www.aclu.org/technology- and- liberty/pa- high- school- pays- 60000- student-who-was-punished-private-internet-message.

83. *Flaherty v. Keystone Oaks School District*, 247 F. Supp. 2d 698, 701 （W.D. Pa. 2003）.

84. 同上。

85. *Endicott Interconnect Technologies, Inc. v. N.L.R.B.*, 453 F.3d 532 （D.C. Cir. 2006）.

86. *Endicott Interconnect Technologies, Inc. v. N.L.R.B.*, 453 F.3d 532, 537 （D.C. Cir. 2006）, *citing Jefferson NLRB v. Electrical Workers Local 1229* （*Jefferson Standard*）, 346 U.S. 464, 471 （1953）.

87. *Endicott Interconnect Technologies, Inc. v. N.L.R.B.*, 453 F.3d 532, 538 （D.C. Cir. 2006）.

88. Rob Quinn, "Domino's Workers Fired for Gross-Out Video," April 15, 2009, www.new-ser.com/story/56201/dominos-workers-fired-for-gross-out-video.html.

89. Stephanie Clifford, "Video Prank at Domino's Taints Brand," *The New York Times*, April 16, 2009, atB1, www.nytimes.com/2009/04/16/business/media/16dominos.html? _r=1&ref=business.

90. Jennifer Lawinski, "Domino's at Center of Disgusting YouTube Video Prank Closes," Sep. 29, 2009,www.slashfood.com/2009/09/29/dominos-at-center-of-disgusting-youtube-video-prank-closes/.

91. Clifford, "Video Prank at Domino's Taints Brand."

92. 同上。

93. Lawinski, "Domino's at Center of Disgusting YouTube Video Prank Closes."

94. *Pickering v. Board of Education of Township High School District 205*, 391 U.S. 563 （1968）.

95. Christopher Jordan, "Social Media at the Workplace in Germany," *Social Networking in the In-*

ternational Workplace, American Bar Association, April 20, 2011, at 9; Walter Born, "Germany," *Advisory: European Employment Law Update*, Covington & Burling LLP, Feb. 1,2011, at 3, www.cov.com/files/Publication/718f2a6b- 8f57- 4f40- a773- f0c971c99f39/Presentat- ion/PublicationAttachment/78f70ce1- 0924- 44c3-8b22-046e0b382e3a/European%20Employment%20Law%20Update.pdf.

96. William McGeveran, "Finnish Employers Cannot Google Applicants," Nov. 15, 2006, http://blogs.law.harvard.edu/infolaw/2006/11/15/finnish-employers-cannot-google-applicants/.

第七章 致命的教唆

1. Justin Piercy, "Missing Student's Family Criticizes Ottawa Police," March 22, 2008, www.thestar.com/article/349669.

2. "Death Online," *The Fifth Estate*, Canadian Broadcasting Corporation, Oct. 9, 2009, www.cbc.ca/fifth/2009- 2010/death_online/; "Nadia's Ottawa 'Hell' Described: Grieving Father S- ays Daughter's Troubles Were Kept from Him," April 21, 2008, www.metronews.ca/ottawa/l-ocal/article/42857.

3. "Missing Teen's Family Offers MYM50,000 Reward," March 16, 2008, www.canada.com/ottawacitizen/news/story.html? id=286d9ad6- 6715- 408f- 8d16- d73a4f2a4719&k=2760; Michele Man- del, "Parents Losing Hope," *The Ottawa Sun*, April 7, 2008, http://cnews.canoe.ca/CNEWS/Canada/2008/04/07/5216056-sun.html.

4. Bob McKeown, "Dangerous Connection," *Dateline NBC*, Aug. 20, 2010, www.msnbc.msn.com/id/38739087/ns/dateline_nbc/.

5. "Death Online."

6. "Kajouji's Video Diary Shows Path to Suicide," Oct. 9, 2009, www.cbc.ca/news/canada/ottawa-story/2009/10/09/ottawa-kajouji-fifth-estate-diary-suicide.html.

7. "Death Online."

8. "Kajouji's Video Diary Shows Path to Suicide."

9. "Death Online."

10. "Kajouji's Video Diary Shows Path to Suicide."

11. "Death Online."

12. McKeown, "Dangerous Connection."

13. 同上。

14. 同上。

15. Statement by Krystal Leonov on "Death Online."

16. "Nadia's Ottawa 'Hell' Described."

17. "Death Online."

18. "Kajouji's Video Diary Shows Path to Suicide." .

19. *Minnesota v. Melchert-Dinkel*, 2011 WL 893506 （Minn. Dist. Ct. 2011）.

20. 同上。

21. 同上。 at Findings of Fact

22. 同上。

23. 同上。

24. 同上。

25. Summons, *Minnesota v. Melchert-Dinkel*, No. 66-CR-10-1193 （Minn. Dist. Ct. April 23, 2010）.

26. McKeown, "Dangerous Connection."

27. Monica Davey, "Online Talk, Suicides and a Thorny Court Case," *The New York Times*, May 14, 2010, at A1.

28. David Brown, "Village Sleuth Unmasks US Internet Predator Behind Suicide 'Pacts,' " March 20,2010, www.timesonline.co.uk/tol/news/uk/crime/article7069144.ece? token=null&offset=0&page=1.

29. 同上。

30. *Minnesota v. Melchert-Dinkel*, 2011 WL 893506 （Minn. Dist. Ct. 2010）.

31. Brown, "Village Sleuth Unmasks US Internet Predator Behind Suicide 'Pacts.' "

32. Statement by Celia Blay on McKeown, "Dangerous Connection."

33. 同上。

34. *Minnesota v. Melchert-Dinkel*, 2011 WL 893506 （Minn. Dist. Ct. 2011）.

35. McKeown, "Dangerous Connection."

36. "In Search of Hope," *The Ottawa Citizen*, April 13, 2008, www.canada.com/ottawacitize-n/news/story.html? id=95ce7f31-d990-4354-a0d6-e3c5558b4847&k=6683.

37. *Minnesota v. Melchert-Dinkel*, 2011 WL 893506 （Minn. Dist. Ct. 2011）.

38. 同上。 at Findings of Fact

39. 同上。

40. 同上。

41. Michele Mandel, "Parents Losing Hope," *The Ottawa Sun*, April 7, 2008,http://cnews.canoe.ca/CNEWS/Canada/2008/04/07/5216056-sun.html.

42. *Minnesota v. Melchert-Dinkel*, 2011 WL 893506（Minn. Dist. Ct. 2011）.

43. Mandel, "Parents Losing Hope."

44. *Minnesota v. Melchert-Dinkel*, 2011 WL 893506 at Findings of Fact（Minn. Dist. Ct. 2011）.

45. 同上。

46. 同上。at Findings of Fact

47. McKeown, "Dangerous Connection."

48. *Minnesota v. Melchert-Dinkel*, 2011 WL 893506 at Findings of Fact（Minn. Dist. Ct. 2011）.

49. 同上。at Findings of Fact

50. Summons, *Minnesota v. Melchert-Dinkel*, Case No. 66-CR-10-1193（Minn. Dist. Ct. April 23, 2010）.

51. *Minnesota v. Melchert-Dinkel*, 2011 WL 893506 at Findings of Fact（Minn. Dist. Ct. 2011）.

52. "Nadia's Ottawa 'Hell' Described."

53. 加拿大刑法典第46章第241条规定"任何协助他人自杀者，或帮助、教唆他人自杀者，不论其自杀行为是否真实发生，都可被提起诉讼并处不超过14年的有期徒刑。"

54. Linda Nguyen, "MPs Back Motion on Suicide Bill; Legislation Clarifies Encouraging S-uicide Online Is Illegal," *The Daily News*（Nanaimo, Canada）, Nov. 19, 2009, at A12, www2.canada.com/nanaimodailynews/news/story.html？id=88ea0861-304d-49fe-8cd5-9564a9e16350.

55. Minn. Stat. Ann. §609.215（West, Westlaw through the 2011 Regular Session）.

56. *Minnesota v. Melchert-Dinkel*, 2011 WL 893506（Minn. Dist. Ct. 2011）.

57. 麦科勒姆诉哥伦比亚广播公司（McCollum v. CBS, Inc.）。演唱歌词时的速率是正常说话时的1.5倍，且原告说并不是"立刻能听懂"。原告方还认为音乐富有冲击力的韵律和半同步的声波会影响听者的心理状态。

58. Kim Murphy, "Suit over Suicide Is Tossed Out: No Proof That Rock Music Lyrics Led to It, Judge Says," *Los Angeles Times*, Aug. 8, 1986, at 3, http://articles.latimes.com/1986-08-08/news/mn-1834_1_suicide-solution.

59. *McCollum v. CBS, Inc.*, 202 Cal. App. 3d 989（Cal. Ct. App. 1988）.

60. 同上。at 1001.

61. 同上。被告方称，《让自杀结束一切》的歌词是关于酗酒的毁灭性后果的。比如这首歌的开头部分的歌词就是"红酒很好威士忌劲儿更足/喝酒之后自杀也变得迟缓/灌瓶酒淹没你的悲伤/它也会卷走你的明天"。

62. 同上。

63. *DeFilippo v. National Broadcasting Co., Inc.*, 446 A.2d 1036（R.I. 1982）.

64. 同上。

65. *Brandenburg v. Ohio*, 395 U.S. 444（1969）.

66. 同上。at 447.

67. 赫斯诉印第安纳州案（Hess v. Indiana）。赫斯因为在反战示威中高喊"我们迟早会夺下这条狗日的大街"被印第安纳州扰乱治安行为法宣判有罪。

68. 同上。

69. 同上。at 109.

70. *Minnesota v. Melchert-Dinkel*, 2011 WL 893506 at 33（Minn. Dist. Ct. 2011）.

71. 同上。at 32.

72. *Snyder v. Phelps, Westboro Baptist Church*, 131 S. Ct. 1207（2011）.

73. 同上。at 1217.

74. *Minnesota v. Melchert-Dinkel*, 2011 WL 893506 at 34（Minn. Dist. Ct. 2011）.

75. Minn. Stat. Ann. §609.215（West, Westlaw through the 2011 Regular Session）.

76. Warrant of Commitment, *Minnesota v. Melchert-Dinkel*, Case No. 66-CR-10-1193（Minn. Dist. Ct.May 4, 2011）.

77. 同上。这就在320天之上又增加了40天的牢狱之灾。梅尔彻特-丁克尔将被缓刑查看15年，并禁止他与"易受伤害的成年人"一起或是在卫生保健领域工作。

78. 同上。这一判决也包括超过18000美元的罚款和29450美元对卡卓吉家人的补偿。

79. *Snyder v. Phelps, Westboro Baptist Church*, 131 S. Ct. 1207, 1229 n.1（2011）.

80. 同上。

81. *People v. Dominguez*, 64 Cal. Rptr. 290（Cal. Ct. App. 1967）.

82. *People v. Pointer*, 199 Cal. Rptr. 357（Cal. Ct. App. 1984）（一名女性因犯危害儿童罪、违反一项儿童监护法规被判决禁止在5年缓刑期间怀孕；缓刑的条件被推翻了）; *State v. Mosburg*, 768

P.2d 313（Kan. Ct. App.1989）（一名犯有危害儿童罪的女性得到了假释，条件是她不能怀孕；该判决被推翻）；*State v. Livingston*, 372 N.E.2d 1335（Ohio Ct. App. 1976）（推翻了如下缓刑条件：犯有虐童罪的被告在5年之内不能怀孕）.

83. Sameer Hinduja and Justin W. Patchin, "Cyberbullying Victimization," Cyberbullying Research Center, 2010, www.cyberbullying.us/2010_charts/cyberbullying_victim_2010.jpg.

84. 同上。

85. "Police: Facebook Site May Have Led to Beating of 12-Year-Old," Nov. 22, 2009, www.cnn.com/2009/US/11/22/california.redhead.attack.facebook/index.html.

86. Bradley Schlegel, "Mother Warns Souderton Area Parents of Dangers of Cyberbullying," April 20, 2011, www.montgomerynews.com/articles/2011/04/20/souderton_independent/news/doc4dacfd60db5303 68715652.txt; Mike Celizic, "MySpace Victim's Mom Disappointed b-y Ruling," July 3, 2009, http://today.msnbc.msn.com/id/31722986/ns/today_people/.

87. Christopher Maag, "A Hoax Turned Fatal Draws Anger but No Charges," *The New York Times*, Nov.28, 2007, at A23, www.nytimes.com/2007/11/28/us/28hoax.html? ref=meganmeier.

88. Brief of *Amici Curiae* Electronic Frontier Foundation in Support of Defendant's Motion to Dismiss Indictment for Failure to State an Offense and For Vagueness at 3, *U.S. v. D-rew*, CR-08-0582-GW（C.D. Cal. Sep. 4, 2008）.

89. *U.S. v. Drew*, 259 F.R.D. 449, 452（C.D. Cal. 2009）.

90. Maag, "A Hoax Turned Fatal Draws Anger but No Charges."

91. Celizic, "MySpace Victim's Mom Disappointed by Ruling."

92. Jennifer Steinhauer, "Verdict in MySpace Suicide Case," *The New York Times*, Nov. 27, 2008, at A25,www.nytimes.com/2008/11/27/us/27myspace.html.

93. *See*, Mo. Ann. Stat. §565.090（West 1999）.

94. Steinhauer, "Verdict in MySpace Suicide Case."

95. Kim Zitter, "Jurors Wanted to Convict Lori Drew of Felonies but Lacked Evidence," Dec. 1, 2008,www.wired.com/threatlevel/2008/12/jurors-wanted-t/.

96. Brian Kozlowski, "Lori Drew Convicted on Three Misdemeanor Counts of Violating MySpace Terms of Service in 'Cyberbullying' Case," JOLT Digest, Dec. 4, 2008, http://jolt.law.harvard.edu/digest/telecommunications/united-states-v-drew-2. JOLT Digest is an online companion to the *Harvard Jo-urnal of Law and Technology*.

97. Zitter, "Jurors Wanted to Convict Lori Drew of Felonies but Lacked Evidence."

98. 同上。

99. *U.S. v. Drew*, 259 F.R.D. 449, 466（C.D. Cal. 2009）.

100. Vera Ranieri, "Conviction in Lori Drew MySpace Case Thrown Out," JOLT Digest, Sep. 4, 2009,http://jolt.law.harvard.edu/digest/9th-circuit/united-states-v-drew-3.

101. Celizic, "MySpace Victim's Mom Disappointed by Ruling."

102. M. F. Hertz and C. David-Ferdon, "Electronic Media and Youth Violence: A CDC Issue Brief for Educators and Caregivers," Centers for Disease Control and Prevention, 2008, www.cdc.gov/ViolencePrevention/pdf/EA-brief-a.pdf.

103. Mo. Ann. Stat. §565.090（West 1999）.

104. Lance Whitney, "Missouri Woman Charged with Cyberbullying," Aug. 19, 2009, http://news.cnet.com/8301-13578_3-10313304-38.html.

105. Steven Pokin, "St. Peters Woman Found Not Guilty in Cyber Harassment Case," *St. Charles Journal*, Feb. 17, 2011, www.stltoday.com/suburban-journals/stcharles/news/article_6dac3355-56dc-505e-922c-9d62b7e1080f.html.

106. Shane Anthony, "Jury Finds Woman Not Guilty in Cyber Harassment Case," Feb. 18, 2011, www.stltoday.com/news/local/stcharles/article_756d7f37-0088-5b47-b64f-0cda15312fbb.html.

107. Pokin, "St. Peters Woman Found Not Guilty in Cyber Harassment Case."

108. Anthony, "Jury Finds Woman Not Guilty in Cyber Harassment Case."

109. Lance Whitney, "Missouri Woman Charged with Cyberbullying," Aug. 19, 2009, http://news.cnet.com/8301-13578_3-10313304-38.html.

110. "Mo. Woman Acquitted of Cyber Harassment," Feb. 18, 2011, www.nbcactionnews.com/dpp/news/state/missouri/mo.-woman-acquitted-of-cyber-harassment.

111. Pokin, "St. Peters Woman Found Not Guilty in Cyber Harassment Case."

112. Robert Meyer and Michel Cukier, "Assessing the Attack Threat Due to IRC Chat," in *Proceedings of the International Conference on Dependable Systems and Networks DSN06*, Philadelphia, Pa., June 25-28, 2006, www.enre.umd.edu/content/rmeyer-assessing.pdf.

113. "Working to Halt Online Abuse: 2010 Cyberstalking Statistics," www.haltabuse.org/reso-urces/

stats/2010Statistics.pdf. 该组织将网络骚扰定义为"针对特定人并对其造成实质性的情感痛苦且没有合法理由的行为，或者是一些会让人发怒、惊恐并在口头上羞辱对方的言语、手势和行为（且违反者已经被要求停止其行为）"。

114. Danielle Keats Citron, "Cyber Civil Rights," 89 *Boston University Law Review* 61, 64（2009）.

115. Danielle Keats Citron, "Civil Rights in Our Information Age," in *The Offensive Internet: Privacy, Speech, and Reputation*, ed. Saul Levmore and Martha C. Nussbaum（Cambridge, Mass.: Harvard University Press, 2010）, 31-49, 36.

116. Cheryl Lindsey Seelhoff, "A Chilling Effect: The Oppression and Silencing of Women Journalists and Bloggers Worldwide," 37 *Off Our Backs* 18, 20（2007）.

117. Alex Pham, "Cyber-bullies' Abuse, Threats Hurl Fear into the Blogosphere," *Los Angeles Times*, March 31, 2007, at C1, http://articles.latimes.com/2007/mar/31/business/fi-internet31.

118. Creating Passionate Users blog, http://headrush.typepad.com/about.html.

119. Pham, "Cyber-bullies' Abuse, Threats Hurl Fear into the Blogosphere."

120. Dylan Tweney, "Kathy Sierra Case: Few Clues, Little Evidence, Much Controversy," April 16, 2007, www.wired.com/techbiz/people/news/2007/04/kathysierra; "Cathy Seipp and K-athy Sierra: Wild in the Blog-o-sphere," Fishbowl LA blog, March 27, 2007, www.mediabistro.com/fishbowlla/cathy-seipp-and-kathy-sierra-wild-in-the-blog-o-sphere_b3903（screen shot of posted picture）.

121. Tweney, "Kathy Sierra Case."

122. Pham, "Cyber-bullies' Abuse, Threats Hurl Fear into the Blogosphere."

123. "Blog Death Threats Spark Debate," March 27, 2007, http://news.bbc.co.uk/go/pr/fr/-/2/hi/technology/6499095.stm.

124. Tweney, "Kathy Sierra Case"; Dan Fost, "Bad Behavior in the Blogosphere: Vitriolic Comments Aimed at Tech Writer Make Some Worry About Downside of Anonymity," *San Francisco Chronicle*, March 29, 2007, at A1, http://articles.sfgate.com/2007-03-29/news/20870853_1_david-sifry-bloggers-free-speech.

125. Kathy Sierra and Chris Locke, "Coordinated Statements on the Recent Events," April 1, 2007, www.rageboy.com/statements-sierra-locke.html.

126. Creating Passionate Users blog, http://headrush.typepad.com.

127. "Kathy Sierra: Author, Blogger, Creating Passionate Users," http://en.oreilly.com/et2008/public/schedule/speaker/2227.

128. Heather Havenstein, "Q&A: Death Threats Force Blogger to Sidelines," March 27, 2007, www.computerworld.com/s/article/9014647/Q_A_Death_Threats_Force_Blogger_to_Sidelines?taxonomyId=16&pageNumber=2.

129. *See, e.g.*, "Kathy Sierra Author, Blogger, Creating Passionate Users," scheduled speech for May 26, 2010, www.gov2expo.com/gov2expo2010/public/schedule/speaker/2227.

130. First Amended Complaint at 7, 20, 21, *Doe I et al. v. Individuals*, No. 307CV00909（D. Conn. Nov. 8, 2007）.

131. 同上。at 20, 21.

132. 同上。at 21.

133. 同上。at 21.

134. 同上。at 20.

135. David Margolick, "Slimed Online: Two Lawyers Fight Cyberbullying," Feb. 11, 2009, www.portfolio.com/news-markets/national-news/portfolio/2009/02/11/Two-Lawyers-Fight-Cyber-Bullying/index.html.

136. First Amended Complaint at？15, *Doe I et al. v. Individuals*, No. 307CV00909（D. Conn. Nov. 8, 2007）（citing 2007 statistics）.

137. 同上。at 12.

138. Margolick, "Slimed Online."

139. Brian Leiter, "Penn Law Student, Anthony Ciolli, Admits to Running Prelaw Discussion Board Awash in Racist, Anti-Semitic, Sexist Abuse," Leiter Reports: A Philosophy Blog, March 11, 2005, http://leiterreports.typepad.com/blog/2005/03/penn_law_studen.html.

140. 同上。

141. First Amended Complaint at 抖 21, 31, *Doe I et al. v. Individuals*, No. 307CV00909（D. Conn. Nov. 8, 2007）.

142. 同上。at 21.

143. Margolick, "Slimed Online."

144. First Amended Complaint at？21, *Doe I et al. v. Individuals*, No. 307CV00909（D. Conn. Nov. 8, 2007）.

145. "Heide Motaghi Iravani Biography," Cleary Gottlieb, www.cgsh.com/hiravani/（this is the website of the New York law firm at which she now works）.

146. First Amended Complaint at？21, *Doe I et al. v. Individuals*, No. 307CV00909（D. Conn. Nov. 8,2007）.

147. 同上。at 45, 46.

148. 同上。at 46.

149. 同上。at 45.

150. 同上。at 15.

151. Margolick, "Slimed Online."

152. First Amended Complaint at？61, *Doe I et al. v. Individuals*, No. 307CV00909（D. Conn. Nov. 8,2007）.

153. 同上。at 18.

154. Margolick, "Slimed Online."

155. First Amended Complaint at？22, *Doe I et al. v. Individuals*, No. 307CV00909（D. Conn. Nov. 8,2007）.

156. 同上。at 35.

157. 同上。at 35.

158. 同上。at 35; Margolick, "Slimed Online."

159. Margolick, "Slimed Online."

160. Complaint, *Doe I et al. v. Ciolli et al.*, No. 307CV00909（D. Conn. June 8, 2007）.

161. Order Denying Defendant's Motion to Quash Subpoena and Motion to Proceed Anonymously, *Doe I et al. v. Individuals*, No. 307CV00909（D. Conn. June 13, 2008）.

162. 同上。

163. 同上。

164. Margolick, "Slimed Online."

165. First Amended Complaint at？22, *Doe I et al. v. Individuals*, No. 307CV00909（D. Conn. Nov. 8,2007）.

166. *See, e.g.*, Notice of Settlement and Request for Dismissal of Action Against Defendant "D," *Doe I et al. v. Individuals*, No. 307CV00909（D. Conn. Sep. 9, 2009）.

167. June 7, 2011, Thread, www.autoadmit.com/thread.php？thread_id=1667558&mc=4&forum_id=2# 18185964; June 6, 2011, Thread, www.autoadmit.com/thread.php？thread_id=1667187&mc=3&forum_id=2.

168. "ALEP's New Postdoctoral Fellow—Brittan Heller," Afghanistan Legal Education Project, Aug. 15,2010, http://alep.stanford.edu/？p=403.

169. Sep. 25, 2010, Thread, www.autoadmit.com/thread.php？thread_id=1433716&mc=3&foru-m_id= 2;Oct. 6, 2010, Thread, www.autoadmit.com/thread.php？thread_id=1443743&mc=1&for-um_id=2.

170. Citron, "Civil Rights in Our Information Age," 39.

171. "Death Online."

172. Kevin Poulsen, "Dangerous Japanese 'Detergent Suicide' Technique Creeps into U.S.," March 13,2009, www.wired.com/threatlevel/2009/03/japanese-deterg/#.

173. "安乐死教会常见问题解答", www.churchofeuthanasia.org/coefaq.html.安乐死教会（The Church of Euthanasia）宣称它"致力于恢复人类与其他地球上的物种之间的平衡"，其座右铭为"拯救地球，自杀为途"，还声称支持各种自愿消减人口的方法。

174. 比如弗雷德里克·P.米勒（Frederic P. Miller）的《自杀完全指南》（*The Complete Manual of Suicide*），www.barnesandnoble.com上写道，该书"对各种自杀方法都进行了清晰的描述和分析"，长达198页，书中大多数内容都可以在网上免费查看，且这本书"不是适用于疾病末期患者的自杀指南"；菲利普·黑格·尼斯基（Philip Haig Nitschke）的《安眠药丸手册》（*The Peaceful Pill Handbook*），www.amazon.com上写道"该书对切实可行的自杀方式进行了通俗易懂的概述...目标读者是那些身患重病的老人和普罗大众"，书中还有一份独特的自杀成功率和痛苦程度的测试，以对不同自杀方法进行对比，此外还附有最新的药品成份标签图；杰奥·斯通（Geo Stone）的《自杀与尝试自杀：方法和后果》（*Suicide and Attempted Suicide:Methods and Consequences*），www.amazon.com描述该书"本质上就是一本自杀指导"。

175. Complaint at, *Ciolli v. Iravani et al.*, No. 2:08-CV-02601（E.D. Pa. March 4, 2008）.

176. First Amended Complaint, *Doe I et al. v. Individuals*, No. 307CV00909（D. Conn. Nov. 8, 2007）.

177. Complaint at, *Ciolli v. Iravani et al.*, No. 2:08-CV-02601（E.D. Pa. March 4, 2008）.

178. Order Dismissing Action with Prejudice, *Ciolli v. Iravani et al.*, No. 2:08-CV-02601（E.D. Pa. Nov.23, 2009）.

179. Amir Efrati, "Law Firm Rescinds Offer to Ex-AutoAdmit Executive," The Wall Street Journal law

blog, May 3, 2007, http://blogs.wsj.com/law/2007/05/03/law-firm-rescinds-offer-to-ex-autoadmit-director/.

180. 同上。

181. *Chicago Lawyers' Committee for Civil Rights Under Law, Inc. v. Craigslist, Inc.*, 519.F.3d 666（7th Cir. 2008）.

182. *Fair Housing Council of San Fernando Valley v. Roommates.com, LLC*, 521 F.3d 1157（9th Cir.2008）.

183. 同上。

184. C. Johnson, "Radio Station Found Liable in Water Intoxication Death Suit," Oct. 30, 2009, www.news10.net/news/story.aspx? storyid=69570.

185. Nancy S. Kim, "Web Site Proprietorship and Online Harassment," 2009 *Utah Law Review* 993, 998（2009）.

186. 同上。at 1020.

187. Sam Bayard, "New Jersey Prosecutors Set Sights on JuicyCampus," Citizen Media La-w Project, March 21, 2008, www.citmedialaw.org/blog/2008/new-jersey-prosecutors-set-sights-juicycampus.

188. Michael Arrington, "What Exactly Did the JuicyCampus Founder Think Would Happe-n？," March 2, 2008, http://techcrunch.com/2008/03/02/what-exactly-did-the-juicycampus-founder-think-would-happen/; Daniel Solove, "JuicyCampus: The Latest Breed of Gossip Websit-e," Dec. 9, 2007, www.concurringopinions.com/archives/2007/12/juicy_campus_th.html.

第八章　场所隐私

1. William Bender, "Parents Meet to Slam Lower Merion Spy-Cam Suit," March 3, 2010, http://articles.philly.com/2010-03-03/news/24956833_1_class-action-status-class-action-parents.

2. L-3 Services, Inc., "Initial LANrev System Findings," *Lower Merion School District Forensics Analysis Part 1*, May 2010, at 7.

3. Ballard Spahr, "Report of Independent Investigation: Regarding Remote Monitoring of Student Laptop Computers by the Lower Merion School District," May 3, 2010, at 35.

4. Joseph Tanfani, "How a Lawsuit over School Laptops Evolved," *The Philadelphia Inquir- er*, March 21,2010, at A01, published online as "How School Web Cam Debacle Evolve-d," http://articles.philly.com/2010-03-21/news/25215619_1_web-cam-computer-files-school-board-member; Brian Sweeney, "The Top 50 School Districts 2008," *Philadelphia Magazine*, Au-g. 28, 2008, www.phillymag.com/articles/the_top_50_school_districts_2008/; 2008 Ranking of 105 School Districts spreadsheet, *Philadelphia Magazine*, www.phillymag.com/files/images/Full_ranking.pdf; Ballard Spahr, "Report of Independent Investigation," at 1.

5. Complaint at 5-6, *Robbins v. Lower Merion School District*, No. 2:10-CV-00665（E.D. Pa. Feb. 16, 2010）.

6. Ballard Spahr, "Report of Independent Investigation," at 1.

7. John P. Martin, "Lower Merion School Board to Consider Webcam Policy," *The Philade-lphia Inquirer*, July 19, 2010, at A01, http://articles.philly.com/2010-07-19/news/24970664_1_webcamlaptops-students.; Chloe Albanesius, "Another Lawsuit Filed over School Webcam Spying," July 30, 2010, www.pcmag.com/article2/0,2817,2367209,00.asp; Larry Magid, "Students'-Eye View of Webcam Spy Case," Feb. 19, 2010, http://news.cnet.com/8301-30977_3-10457077-10347072.html;Complaint at 5, *Robbins v. Lower Merion School District*, No. 2:10-CV-00665（E.D. Pa. Feb. 16,2010）.

8. 同上。

9. Michael Smerconish, "Web Cam Violated Third-Party Rights," April 25, 2010, www.smerconish.com/pages/pages.php? page=98.

10. John P. Martin, "1,000s of Web Cam Images, Suit Says," *The Philadelphia Inquirer*, A-pril 16, 2010,at A01, published online on April 15, 2010, as "Lawyer: Laptops Took Tho- usands of Images," www.philly.com/philly/news/year-in-review/20100415_Lawyer__Laptops_took_thousands_of_photos.html.

11. Ballard Spahr, "Report of Independent Investigation," at 1.

12. Smerconish, "Web Cam Violated Third-Party Rights."

13. Magid, "Students'-Eye View of Webcam Spy Case."

14. Ballard Spahr, "Report of Independent Investigation," at 91.

15. 同上。at 2.

16. John P. Martin, "U.S. Ends Webcam Probe; No Charges," Aug. 17, 2010, http://articles.philly.com/2010-08-17/news/24973417_1_laptops-webcam-reasonable-doubt.

17. Tony Romm, "Specter Introduces Anti-Video Surveillance Bill Following Pa. Laptop Camera Flap," April 16, 2010,http://thehill.com/blogs/hillicon-valley/technology/92667-specter-introduces-anti-video-surveillance-bill-following-pa-laptop-camera-flap.

18. S. 3214, 111th Cong.（2010）.

19. Romm,"Specter Introduces Anti-Video Surveillance Bill Following Pa. Laptop Camera Flap."

20. Complaint, *Robbins v. Lower Merion School District*, No. 2:10-CV-00665（E.D. Pa. Feb. 11, 2010）.

21. 同上。at 27-39.

22. 同上。at 49-55.

23. L-3 Services, Inc.,"Initial LANrev System Findings," at 16.

24. Derrick Nunnally,"Second Suit over Lower Merion Webcam Snooping," *The Philadelp-hia Inquirer*, July 28, 2010, at A01, http://articles.philly.com/2010-07-28/news/24972175_1_webcam-monitoring-system-culinary-school; Complaint at 7, *Hasan v. Lower Merion School District*, No. 2:10-CV-03663（E.D. Pa. July 27, 2010）.

25. Nunnally,"Second Suit over Lower Merion Webcam Snooping."

26. 同上。

27. Complaint at 7, *Hasan v. Lower Merion School District*, No. 2:10-CV-03663（E.D. Pa. July 27, 2010）.

28. Nunnally,"Second Suit over Lower Merion Webcam Snooping."

29. William Bender,"Parents Meet to Slam Lower Merion Spy-Cam Suit," *The Philadelphia Daily News*, March 3, 2010, at 6, http://articles.philly.com/2010-03-03/news/24956833_1_class-action-status-class-action-parents.

30. Brief of Amicus Curiae American Civil Liberties Union of Pennsylvania Support Issuance of Injunction at 2, *Robbins v. Lower Merion School District*, No. 2:10-CV-00665（E.D. Pa. Feb. 22, 2010）.

31. 同上。, *citing U.S. v. Zimmerman*, 277 F.3d 426, 431（3d Cir. 2002）.

32. 同上。, *citing Groh v. Ramirez*, 540 U.S. 551, 559（2004）（citations omitted）.

33. Ballard Spahr,"Report of Independent Investigation," at 5, 57-58.

34. Dan Hardy, Derrick Nunnally, and John Shiffman,"Laptop Camera Snapped Away in One Classroom," *Philadelphia Inquirer*, Feb. 22, 2010, at A01, http://articles.philly.com/2010-02-22/news/25218854_1_school-issued-laptop-photos-apple-macbook.

35. 同上。

36. Ballard Spahr,"Report of Independent Investigation," at 29, *citing* Email from V. DiMedio to Student Intern, Aug. 11, 2008, App. Tab 41.

37. Ballard Spahr,"Report of Independent Investigation," at 28, *citing* Email from Student Intern to M.Perbix, Aug. 11, 2008, App. Tab 42.

38. 同上。at 42.

39. 同上。at 62.

40. Order Granting Injunctive Relief, *Robbins v. Lower Merion School District*, No.2:10-CV-00665（E.D. Pa. May 14, 2010）.

41."Lower Merion School District Settles Webcam Spying Lawsuits For MYM610,000," Oct. 11, 2010,www.huffingtonpost.com/2010/10/11/lower-merion-school-distr_n_758882.html; Order Granting Plaintiff's Petition for Leave to Settle, *Robbins v. Lower Merion School District*, No. 2:10-CV-03663-JD（E.D. Pa. Oct. 14, 2010）. 调解协议中罗宾斯得到175000美元，哈桑得到10000美元，他们的律师马克·霍茨曼因其在案子中的工作得到425000美元。

42. Ed Pilkington,"Tyler Clementi, Student Outed as Gay on Internet, Jumps to His Death," Sep. 30, 2010, www.guardian.co.uk/world/2010/sep/30/tyler-clementi-gay-student-suicide.

43. David Lohr,"Did Tyler Clementi Reach Out for Help Before Suicide? ," Sep. 30, 2010, www.aolnews.com/2010/09/30/did-tyler-clementi-reach-out-for-help-before-suicide/.

44. Emily Friedman,"Victim of Secret Dorm Sex Tape Posts Facebook Goodbye, Jumps to His Death," Sep. 29, 2010, http://abcnews.go.com/US/victim-secret-dorm-sex-tape-commits-suicide/story? id=11758716&page=1.

45. Paul Thompson,"'He Was Spying on Me': Student Who Killed Himself after Secret G-ay Sex Film Made Desperate Cry for Help on Day of His Death," Oct. 1, 2010, www.da-ilymail.co.uk/news/article-1316600/Tyler-Clementi-suicide-Emails-reveal-teenagers-private-torment.html.

46. Friedman,"Victim of Secret Dorm Sex Tape Posts Facebook Goodbye, Jumps to His Death."

47. Pilkington,"Tyler Clementi, Student Outed as Gay on Internet, Jumps to His Death."

48. Friedman,"Victim of Secret Dorm Sex Tape Posts Facebook Goodbye, Jumps to His Death."

49. Nicole Weisensee Egan,"Student Gets Leniency in Rutgers Webcam-Spying Case," May 6, 2011,www.people.com/people/article/0,,20487550,00.html.

50. Kayla Webley,"Former Rutgers Student Dharun Ravi Indicted in Tyler Clementi Suicid-e," April 20, 2011, http://newsfeed.time.com/2011/04/20/former-rutgers-student-dharun-ravi-indicted-in-tyler-

clementi-suicide/.

51. Richard Perez-Pena and Nate Schweber, "Roommate Is Arraigned in Rutgers Suicide C-ase," *The New York Times*, May 23, 2011, at A22, www.nytimes.com/2011/05/24/nyregion/roommate-arraigned-in-rutgers-spy-suicide-case.html.

52. John Schwartz, "As Big PC Brother Watches, Users Encounter Frustration," *The New Y-ork Times*, Sep. 5, 2001, at C6, www.nytimes.com/2001/09/05/business/as-big-pc-brother-watches-users-encoun-ter-frustration.html? src=pm.

53. "A British Spy, a Speedo and Facebook," Public Radio International, July 8, 2009, www.pri.org/science/technology/british-spy-facebook1476.html.

54. "Spy Job: Britain's New MI6 Chief Revealed," June 6, 2009, http://news.sky.com/skyne-ws/Home/UK-News/Britains-UN-Ambassador-Sir-John-Sawers-Is-To-Be-New-Head-Of-MI6-Replacing-Sir-John-Scarlett/Article/200906315309448.

55. Kim LaCapria, "Facebook Places Maybe Nets Robbers MYM100K in Booty in New Hamps-hire," Sep.10, 2010, www.inquisitr.com/84467/facebook-places-robbery/; Casey Chan, "Robb-ers Checked Facebook Status Updates to See When People Weren't Home," Sep. 12, 2010, http://gizmodo.com/5636025/robbers-used-facebook-to-see-when-people-werent-home; Nick Bilton, "Burglars Said to Have Picked Houses Based on Facebook Updates," The New Yo-rk Times Bits blog, Sep. 12, 2010,http://bits.blogs.nytimes.com/2010/09/12/burglars-picked-houses-based-on-facebook-updates/.

56. Kate Murphy, "Web Photos That Reveal Secrets, like Where You Live," *The New York Times*, Aug. 12,2010, at B6, www.nytimes.com/2010/08/12/technology/personaltech/12basics.html.

57. "Facebook to Release Phone Numbers, Addresses to Third-Party Developers," http://trut-hmove-ment.com/? p=2070; Bianca Bosker, "Facebook to Share Users' Home Addresses, Pho-ne Numbers with External Sites," Feb. 28, 2011, www.huffingtonpost.com/2011/02/28/facebook-home-addressesphone-num-bers_n_829459.html.

58. Letter from U.S. Representatives Edward Markey and Joe Barton to Mark Zuckerberg, Feb. 2, 2011.

59. Letter from Marne Levine, Vice President of Global Public Policy, Facebook, to Representatives Markey and Barton, Feb. 23, 2011.

60. Shane Anthony, "Jury Finds Woman Not Guilty in Cyber Harassment Case," Feb. 18, 2011, www.stltoday.com/news/local/stcharles/article_756d7f37-0088-5b47-b64f-0cda15312fbb.html.

第九章　信息隐私

1. "Did the Internet Kill Privacy？，" Feb. 6, 2011, www.cbsnews.com/stories/2011/02/06/sun-day/main7323148.shtml.

2. Jaime Sarrio, "Ex-Teacher Fighting to Get Back into Classroom," *The Atlanta Journal-Constitu-tion*, Nov. 10, 2010, at B4.

3. Carman Peterson, "Principal Receives Threats After News Coverage of Former Teacher's Law-suit," Nov. 18, 2009, http://beta.barrowcountynews.com/archives/5020/.

4. Maureen Downey, "Barrow Teacher Done in By Anonymous 'Parent' E-mail About Her Face-book Page," Atlanta Journal-Constitution blog, Nov. 13, 2009, http://blogs.ajc.com/get-schooled-blog/2009/11/13/barrow-teacher-done-in-by-anonymous-email-with-perfect-punctuation/.

5. 同上。

6. Kristi Reed, "BCS Responds to Teacher Lawsuit," Nov. 12, 2009, www.barrowjournal.com/ar-chives/1970-BCS-responds-to-teacher-lawsuit.html#extended.

7. Kristi Reed, "Hearing Set in Facebook Case," April 24, 2010, www.barrowjournal.com/ar-chives/2775-Hearing-set-in-Facebook-case.html.

8. Kaitlin Madden, "12 Ways to Get Fired for Facebook," Aug. 9, 2010, www.careerbuilder.ca/Arti-cle/CB-606-Workplace-Issues-12-Ways-to-Get-Fired-for-Facebook/.

9. Sarrio, "Ex-Teacher Fighting to Get Back into Classroom." The decision occurred in fall 2010.

10. Downey, "Barrow Teacher Done In by Anonymous 'Parent' E-mail About Her Faceboo-k Page."

11. 同上。

12. 同上。

13. Kaplan Press Release, "At Top Schools, One in Ten College Admissions Officers Visits Applicants 'Social Networking Sites," Sep. 18, 2008, www.kaplan.com/SiteCollectionDocum-ents/Kaplan.com/Press-Releases/2007/Sep.%2018%20-%20CAO%20survey%20results.pdf.

14. 同上。

15. Amanda Ricker, "City Requires Facebook Passwords from Job Applicants," June 18, 2009, www.bozemandailychronicle.com/news/article_a9458e22-498a-5b71-b07d-6628b487f797.html.

16. Matt Gouras, "City Drops Request for Internet Passwords," June 19, 2009, www.msnbc.msn. com/id/31446037/ns/technology_and_science-security/t/city-drops-request-internet-passwords/.

17. Letter from Deborah A. Jeon, Legal Director, ACLU Maryland, to Secretary Gary D. Maynard, Maryland Department of Public Safety and Correctional Services, Jan. 25, 2011, www.aclu-md.org/aPress/Press2011/collinsletterfinal.pdf.

18. Nick Madigan, "Officer Says He Had to Give Facebook Password for Job," *The Balti-more Sun*, at 3A, published online on Feb. 23, 2011, as "Officer Forced to Reveal Facebo-ok Page," http://articles. baltimoresun.com/2011-02-23/news/bs-md-ci-officer-facebook-password-20110223_1_facebook-page-facebook-password-privacy-protections.

19. Meta Pettus, "Man Refuses to Give Facebook Password for Background Check," Feb. 23, 2011, www.wusa9.com/news/local/story.aspx? storyid=137495&catid=158.

20. Madigan, "Officer Says He Had to Give Facebook Password for Job."

21. Monica Hayes, "Md. Corrections No Longer Requiring Social Media Passwords," April 6, 2011, www.nbcwashington.com/news/local/MARYLAND- AGENCY- CHANGES- POLICY- ONFACEBOOK-119361764.html.

22. "ACLU Says Division of Corrections Revised Social Media Policy Remains Coercive nd Violates 'Friends' Privacy Rights," April 18, 2011, www.aclu.org/technology-and-liberty/aclu-says-division-corrections-revised-social-media-policy-remains-coercive-a.

23. Nadia Wynter, " 'Gaydar' Project at MIT Attempts to Predict Sexuality Based on Faceook Profiles," Sep. 22, 2009, www.nydailynews.com/lifestyle/2009/09/22/2009-09-22_gaydar_pr-oject_at_mit_attempts_to_predict_sexuality_based_on_facebook_profiles.html; Carter Jernigan and Behram F.T. Mistree, "Gaydar: Facebook Friendships Expose Sexual Orientation," 14 *First Monday* (online) (2009).

24. Kashmir Hill, "Fitbit Moves Quickly After Users' Sex Stats Exposed," July 5, 2011, http://blogs. forbes.com/kashmirhill/2011/07/05/fitbit-moves-quickly-after-users-sex-stats-exposed/.

25. 同上。

26. Leena Rao, "Sexual Activity Tracked by Fitbit Shows Up in Google Search Results," July 3, 2011,http://techcrunch.com/2011/07/03/sexual-activity-tracked-by-fitbit-shows-up-in-google-search-results/.

27. Ki Mae Heussner, "Teacher Loses Job After Commenting About Students, Parents on F-acebook," Aug. 19, 2010, http://abcnews.go.com/Technology/facebook-firing-teacher-loses-job-commenting-students-parents/story? id=11437248.

28. *Ledbetter v. Wal-Mart Stores, Inc.*, 2009 WL 1067018 (D. Colo. 2009).

29. *Romano v. Steelcase Inc.*, 907 N.Y.S.2d 650 (N.Y. Sup. Ct. 2010); *see also*, "Facebook as Evidence? ," Sep. 27, 2010, www.nbcnewyork.com/news/local/Facebook-as-Evidence-103898924.html.

30. Order Denying in Part Motion to Reconsider Discovery Request, *Beye v. Horizon Blue Cross Blue Shield of New Jersey*, No. 06-05377 (D.N.J. Dec. 14, 2007).

31. *Hexum v. Hexum*, 719 N.W.2d 799, 4 (Wis. Ct. App. 2006).

32. *Carswell v. Carswell*, 2009 WL 3284874 at 5-6 (Conn. Super. Ct. 2009).

33. *Mackelprang v. Fidelity National Title Agency of Nevada, Inc.*, 2007 WL 119149 (D. Nev. 2007).

34. Joanne Kuzma, "Empirical Study of Privacy Issues Among Social Networking Sites," 6 *Journal of International Commercial Law and Technology*, 74, 76, 82 (2011).

35. Joseph Bonneau and S? en Preibusch, "The Privacy Jungle: On the Market for Data Pr-otections in Social Networks," Eighth Workshop on the Economics of Information Security, London, United Kingdom, June 24-25, 2009; Joseph Bonneau and S? en Preibusch, "The Privacy Jungle: On the Market for Data Protections in Social Networks," in *Economics of Information Security and Privacy*, ed. Tyler Moore, David J. Pym, and Christos Ioannidis (New York: Springer, 2010), 121-167.

36. 同上。

37. Eliot Van Buskirk, "Report: Facebook CEO Mark Zuckerberg Doesn't Believe in Privac-y," April 28, 2010, www.wired.com/epicenter/2010/04/report-facebook-ceo-mark-zuckerberg-doesnt-believein-privacy.

38. Ryan Singel, "Facebook's Gone Rogue; It's Time for an Open Alternative," May 7, 2010, www. wired.com/epicenter/2010/05/facebook-rogue/.

39. 同上。2011年8月，Facebook宣布推出新的隐私控制方法，包括为用户提供一种工具，可以对哪些好友可以在Facebook上浏览用户个人发布的信息进行限制。参见 Geoffrey A.Fowler，"What Facebook's New Privacy Settings Mean for You," The Wall Street Journal Digits blog,Aug. 23, 2011, http://blogs.wsj.com/digits/2011/08/23/what-facebook%E2%80%99s-new-privacysettings-mean-for-you/.

40. "Facebook Privacy: A Bewildering Tangle of Options," May 12, 2010, www.nytimes.com/interactive/2010/05/12/business/facebook-privacy.html.

41. 同上。

42. Yen-Pei Huang, Dr. Tiong Goh, and Dr. Chern Li Lew, "Hunting Suicide Notes in Web 2.0—Pre-

liminary Findings," Ninth IEEE Symposium on Multimedia, 2007 Workshop, http://ieeexplore. ieee.org/ stamp/stamp.jsp? arnumber=04476021.

43. 同上。

44. *Olmstead v. United States*, 277 U.S. 438, 478 （1928）（Brandeis, J., dissenting）.

45. Bobbie Johnson, "Privacy No Longer a Social Norm, says Facebook Founder," Jan. 11, 2010, www.guardian.co.uk/technology/2010/jan/11/facebook-privacy.

46. *M.G. v. Time Warner, Inc.*, 89 Cal. App. 4th 623, 632 （Cal. Ct. App. 2001）.

47. National Conference of State Legislatures, "Off-Duty Conduct," May 30, 2008, www.ncsl.org/ default.aspx? tabid=13369.

48. Minn. Stat. Ann. § 181.938; *see also*, 820 Ill. Comp. Stat. Ann. 55/5; Mont. Code Ann. §§ 39-2-313, 39-2-314; Minn. Stat. Ann. § 181.938; N.C. Gen. Stat. § 95-28.2; Nev. Re-v. Stat. Ann. § 613.333.

49. Robert Sprague, "Rethinking Information Privacy in an Age of Online Transparency," 25 *Hofstra Labor and Employment Law Journal* 395 （2009）.

50. Cal. Lab. Code §§ 96 （k）, 98.6; Colo. Rev. Stat. § 24-34-402.5; N.Y. Lab. Code § 201-d; N.D. Cent.Code § 14-02/4-03.

51. 同上。

52. N.Y. Lab. Code § 201-d.

53. *See, City of Ontario v. Quon*, 130 S.Ct. 2619 （2010）.

54. 29 CFR §1635.8 （2010）.

55. Mary Madden and Aaron Smith, "Reputation Management and Social Media," Pew Res-earch Center,May 26, 2010, http://pewinternet.org/~/media//Files/Reports/2010/PIP_Reputatio- n_Management_with_topline.pdf.

56. Charles Fried, "Privacy," 77 *Yale Law Journal* 475, 477 （1968）.

57. Robert C. Post, "The Social Foundations of Privacy: Community and Self in the Common Law Tort," 77 *California Law Review* 957, 1008-1009 （1989）.

58. Jessica Bennett, "A Tragedy That Won't Fade Away," April 25, 2009, www.newsweek.com/2009/ 04/24/a-tragedy-that-won-t-fade-away.html; Greg Hardesty, "High Court Declines to Review CHP Catsouras Photo Case," April 15, 2010, http://articles.ocregister.com/2010-04-15/crime/24648927_1_highcourt-declines-nikki-catsouras-aaron-reich.

59. *Catsouras v. Department of California Highway Patrol*, 181 Cal. App. 4th 856 （Cal. Ct. App. 2010）.

60. Jim Avila, Teri Whitcraft, and Scott Michels, "A Family's Nightmare: Accident Photos of Their Beautiful Daughter Released," Nov. 16, 2007, http://abcnews.go.com/TheLaw/story? id=3872556&page=1.

61. *Catsouras v. Department of California Highway Patrol*, 181 Cal. App. 4th 856, 865, 866 （Cal. Ct. App.2010）.

62. 同上。

63. Bennett, "A Tragedy That Won't Fade Away." 里奇的代理律师，乔恩·施吕特（Jon Schlueter）称邮件中的图片是"前车之鉴"，认为"任何看到这些图片的年轻人都会更加谨慎地驾驶，至少能不莽撞些——这也是一种公共性的服务。"

64. Greg Hardesty, "Judge Dismisses Suit over CHP Photo Leak," March 21, 2008, http://articles. ocregister.com/2008-03-21/cities/24742374_1_chp-aaron-reich-dispatchers/2.

65. *Catsouras v. Department of California Highway Patrol*, 181 Cal. App. 4th 856, 863 （Cal. Ct. App. 2010）.

66. 同上。at 865.

67. Jessica Bennett, "At Long Last, a Small Justice," Feb. 5, 2010, www.newsweek.com/2010/02/04/ at-long-last-a-small-justice.html.

68. Victoria Murphy Barret, "Anonymity & the Net," Oct. 15, 2007, www.forbes.com/forbes/2007/ 1015/074.html.

69. Bennett, "At Long Last, a Small Justice."

70. Bennett, "A Tragedy That Won't Fade Away."

71. Barret, "Anonymity & the Net."

72. Avila et al., "A Family's Nightmare."

73. Barret, "Anonymity & the Net."

74. 同上。

75. Avila et al., "A Family's Nightmare."

76. 同上。

77. *Catsouras v. Department of California Highway Patrol*, 181 Cal. App. 4th 856 （Cal. Ct. App. 2010）.

78. 同上。; *see also*, Avila et al., "A Family's Nightmare."

79. *Catsouras v. Department of California Highway Patrol*, 181 Cal. App. 4th 856, 863, 864, 866 (Cal. Ct.App. 2010）.

80. Bennett, "At Long Last, a Small Justice."

81. *Catsouras v. Department of California Highway Patrol*, 181 Cal. App. 4th 856, 864 （Cal. Ct. App.2010）.

82. 同上。at 875.

第十章 提供参考还是信息过量？社交网络与子女抚养权争夺

1. *In re N.L.D.*, 2011 WL 2139122 at 4 （Tex. Ct. App. 2011）.

2. "Big Surge in Social Networking Evidence Says Survey of Nation's Top Divorce Lawye-rs," American Academy of Matrimonial Lawyers, Feb. 10, 2010, www.aaml.org/about-the-academy/press/press-releases/e-discovery/big-surge-social-networking-evidence-says-survey-.

3. Nadine Brozan, "Divorce Lawyers' New Friend: Social Networks," *The New York Times*, May 13, 2011, at ST17, www.nytimes.com/2011/05/15/fashion/weddings/divorce- lawyers- new- friend- social- networks.html.

4. 同上。

5. *Olson v. Olson*, 2010 WL 4517444 at 2 （Conn. Super. Ct. 2010）.

6. Meghan Barr, "On Facebook, Wife Learns of Husband's 2nd Wedding," Aug. 5, 2010, www.huffingtonpost.com/2010/08/05/on-facebook-wife-learns-o_n_671556.html.

7. Sarina Fazan, "Facebook Unravels an Alleged Double Life of Prominent Tampa Business Man," Aug.6, 2010, www.abcactionnews.com/dpp/news/region_tampa/facebook- unravels- an- alleged- double- life-of-prominent-tampa-business-man.

8. Edecio Martinez, "Lynn France Learns of Husband John France's 2nd Wedding . . . on Facebook," Aug. 5, 2010, www.cbsnews.com/8301-504083_162-20012786-504083.html.

9. Liz Brody, "Divorce, Courtesy Facebook. 5 Things You've Got to Know," July 25,2010, http://shine.yahoo.com/channel/sex/divorce-courtesy-facebook-5-things-youve-got-to-know-2132630.

10. Erica Naone, "How Divorce Lawyers Use Social Networks," July 1, 2011, www.techno-logyreview.com/web/37943/? mod=chfeatured&a=f.

11. Caroline Black, "Baby with Bong Facebook Photo Arrested; Fla. Mom Rachel Stieringer Faces Drug Charges," Aug. 17, 2010, www.cbsnews.com/8301-504083_162-20013878-504083.html.

12. *Skinner v. Oklahoma*, 316 U.S. 535, 541 （1942）.

13. *Stanley v. Illinois*, 405 U.S. 645, 651 （1976）.

14. *Wisconsin v. Yoder*, 406 U.S. 205 （1972）.

15. *Prince v. Massachusetts*, 321 U.S. 158, 166 （1944）.

16. *Meyer v. Nebraska*, 262 U.S. 390, 402 （1923）.

17. *Byrne v. Byrne*, 168 Misc.2d 321, 322 （1996）.

18. *In re T.T.*, 228 S.W.3d 312, 322-23 （Tex. Ct. App. 2007）.

19. Steven Seidenberg, "Seduced: For Lawyers, the Appeal of Social Media Is Obvious. It's Also Dangerous," *American Bar Association Journal*, Feb. 1, 2011, www.abajournal.com/m- agazine/article/seduced_for_lawyers_the_appeal_of_social_media_is_obvious_dangerous/, quoti-ng an instance mentioned by Linda Lea Viken, a family law specialist who heads the Vi-ken Law Firm in Rapid City, S.D.

20. *Cedric D. v. Staciai W.*, 2007 WL 5515319 at 4 （Ariz. Ct. App. 2007）.

21. Seidenberg, "Seduced."

22. Vesna Jaksic, "Litigation Clues Are Found on Facebook," *National Law Journal*, Oct. 15, 2007, at 1.

23. Sharon D. Nelson and John W. Simek, "Adultery in the Electronic Era: Spyware, Avatars, and Cybersex," 11 *Journal of Internet Law* 1, 2 （2008）.

24. *Brown v. Crum*, 30 So. 3d 1254 （Miss. Ct. App. 2010）.

25. *Smith v. Smith*, 2009 WL 195939 （Ark. Ct. App. 2009）.

26. *Lipps v. Lipps*, 2010 WL 1379803 at 1 （Ark. Ct. App. 2010）.

27. 同上。at 1.

28. *High v. High*, 697 S.E.2d 690 （S.C. Ct. App. 2010）.

29. *Pazdera v. Pazdera*, 794 N.W.2d 926 （Wis. Ct. App. 2010）.

30. *Gainey v. Edington*, 24 So. 3d 333, 337 （Miss. Ct. App. 2009）.

31. *In re Paternity of P.R.*, 940 N.E.2d 346, 347 （Ind. Ct. App. 2010）.

32. *O'Brien v. O'Brien*, 899 So. 2d 1133, 1134 （Fla. Dist. Ct. App. 2005）.

33. *Gurevich v. Gurevich*, 24 Misc. 3d 808 （N.Y. Sup. Ct. 2009）.

34. *Miller v. Meyers*, 766 F. Supp. 2d 919 （W.D. Ark. 2011）.

35. "Charges Dropped in Facebook Spy vs. Spy Case," June 9, 1011, www.thesmokinggun.com/documents/funny/facebook-spy-vs-spy-case-126493.

36. 同上。

37. Alyson Shontell, "Woman Poses as a Sexy Teen on Facebook, Tricks Her Husband andLearns He's Trying to Kill Her," June 9, 2011, www.businessinsider.com/angel-david-voelkert-divorce-facebook-jessica-studebaker-murder-2011-6.

38. 同上。

39. "Charges Dropped in Facebook Spy vs. Spy Case."

第十一章 社交网络与司法体系

1. Leila Atassi, "Cuyahoga County Judge Shirley Strickland Saffold Files MYM50 Million Law-suit Against The Plain Dealer and Others," April 8, 2010, http://blog.cleveland.com/metro/2010/04/cuyahoga_county_judge_shirley.html.

2. Marci Stone, "Police: Two More Bodies Found at Anthony Sowell's Home in Cleveland," Nov.3, 2009, www.examiner.com/headlines-in-salt-lake-city/police-two-more-bodies-found-at-anthony-sowell-s-home-cleveland.

3. Pierre Thomas, "10 Bodies in Sex Offender's Home: System Is Broken," Nov. 4, 2009, http://abcnews.go.com/WN/anthony-sowell-murder-case-highlights-broken-sex-offender/story? id=8999276; Soraya Roberts, "Anthony Sowell Rape and Murder Case Goes International," Nov. 9, 2009, http://articles.nydailynews.com/2009-11-09/news/17940661_1_camp-pendleton-anthony-sowell-bodies; Marci Stone, "Police: 10 Bodies Have Been Found in Anthony Sowell's Home and a Skull Bucket," Nov. 3, 2009, www.examiner.com/headlines-in-salt-lake-city/police-10-bodies-have-been-found-anthonysowell-s-home-and-a-skull-bucket.

4. Helen Kennedy, "Suspected Ohio Serial Killer Anthony Sowell's Victim, Tanja Doss, Described Her Night of Terror," Nov. 5, 2009, http://articles.nydailynews.com/2009-11-05/news/17939011_1_anthony-sowell-cops-bodies.

5. "Police Question Sowell in December After Rape Claim," Nov. 14, 2009, www.toledoblade.com/State/2009/11/14/Police-questioned-Sowell-in-December-after-rape-claim.html.

6. Thomas, "10 Bodies in Sex Offender's Home: System Is Broken."

7. 同上。

8. "Pedestrian Hit by RTA Bus Dies," March 27, 2009, www.wkyc.com/news/local/story.aspx? story-id=110049.

9. Brennan McCord and Eamon McNiff, "Judge Saffold Files MYM50M Suit Against Cleveland Newspaper over Online Comments," April 7, 2010, http://abcnews.go.com/TheLaw/cleveland-judge-denies-making-online-comments/story? id=10304420&page=1（quotations omitted）.

10. Atassi, "Cuyahoga County Judge Shirley Strickland Saffold Files MYM50 Million Lawsuit Against The Plain Dealer and Others"; James F. McCarty, "Lawyer for Anthony Sowell toAsk Judge Shirley Strickland Saffold to Step Down over Internet Comments," March 26, 2010, http://blog.cleveland.com/metro/2010/03/lawyer_for_anthony_sowell_to_a.html.

11. McCord and McNiff, "Judge Saffold Files MYM50M Suit Against Cleveland Newspaper over Online Comments."

12. McCarty, "Lawyer for Anthony Sowell to Ask Judge Shirley Strickland Saffold to Step Down over Internet Comments."

13. McCord and McNiff, "Judge Saffold Files MYM50M Suit Against Cleveland Newspaper over Online Comments."

14. "Heidi Klum Will Take Seal's Name," Oct. 6, 2009, www.popeater.com/2009/10/06/heidi-klum-name-change/.

15. James F. McCarty, "Anonymous Online Comments are Linked to the Personal Email A-ccount of Cuyahoga County Common Pleas Judge Shirley Strickland Saffold," March 26, 2010, http://blog.cleveland.com/metro/2010/03/post_258.html.

16. 同上。

17. McCord and McNiff, "Judge Saffold Files MYM50M Suit Against Cleveland Newspaper over Online Comments."

18. McCarty, "Anonymous Online Comments are Linked to the Personal Email Account of Cuyahoga County Common Pleas Judge Shirley Strickland Saffold."

19. 同上。

20. "Saffolds Dismiss Lawsuit Against Plain Dealer, Settle with Advance Internet," Dec. 31, 2010, http://blog.cleveland.com/metro/2010/12/saffolds_dismiss_lawsuit_again.html.

21. Atassi, "Cuyahoga County Judge Shirley Strickland Saffold Files MYM50 Million Lawsuit

Against The Plain Dealer and Others."

22. Sowell was found guilty on July 22, 2011. "Anthony Sowell, 'The Cleveland Strangle- r,' Found Guilty of Murder," July 22, 2011, www.huffingtonpost.com/2011/07/21/anthony- sowell- guilty_n_ 905786.html#s314099; Leila Atassi and Stan Donaldson, "GUILTY Reaction: Sowell Verdict a Relief to Victims' Families," *Cleveland Plain Dealer*, July 23, 2011, at A1, http://webmedia.newseum.org/newseum-multimedia/tpt/2011-07-23/pdf/OH_CPD.pdf.

23. Karen Farkas, "Judge Shirley Strickland Saffold Is Removed from the Anthony Sowell Murder Trial," April 22, 2010, http://blog.cleveland.com/metro/2010/04/judge_shirley_strickland_saffo_2.html.

24. 同上。

25. Katheryn Hayes Tucker, "Judge Steps Down Following Questions About Facebook Rela-tionship with Defendant," Florida Business Review （online）, Jan. 8, 2010; Gena Slaughterand John G. Brown-ing, "Social Networking Dos and Don'ts for Lawyers and Judges," 73 *Texas Bar Journal* 192,194 （2010）.

26. Stephani Gurr, "Habersham Judge Resigns Following Misconduct Allegations," Dec. 31, 2009, www.gainesvilletimes.com/archives/27787; resignation and photo of him with laptop in Blake Spurney, "Chief Judge Bucky Woods Resigns," Dec. 31, 2009, www.thenortheastgeorgian.com/articles/2010/01/03/news/top_stories/02topstory.txt.

27. Tucker, "Judge Steps Down."

28. 同上。

29. 同上。

30. 同上。

31. Conference of Court Public Information Officers （CCPIO）, "New Media and the Courts: The Current Status and a Look at the Future," Aug. 26, 2010, www.ccpio.org/documents/newmediaproject/New-Media-and-the-Courts-Report.pdf, 8.

32. American Bar Association, *ABA's 2010 Legal Technology Survey Report*.

33. Debra Cassens Weiss, "Blogging Assistant PD Accused of Revealing Secrets of Little-D-isguised Clients," Sep. 10, 2009, www.abajournal.com/news/article/blogging_assistant_pd_accused_of_reveal-ing_secrets_of_little-disguised_clie/.

34. *In re Kristine Ann Peshek, Hearing Board of the Illinois Attorney Registration and Disciplinary Commission* （Aug. 25, 2009）, www.iardc.org/09CH0089CM.html.

35. 同上。

36. 同上。

37. *In re Kristine Ann Peshek, Hearing Board of the Illinois Attorney Registration and Disciplinary Commission* （Aug. 25, 2009）, www.iardc.org/09CH0089CM.html.

38. Robert J. Ambrogi, "Lawyer Faces Discipline over Blog Post," Sep. 11, 2009, http://leg-alblog-watch.typepad.com/legal_blog_watch/2009/09/lawyer- faces- discipline- over- blog-posts.html; *In re: Kristine Ann Peshek*, M.R.23794 （Ill. 2010）, www.iardc.org/rd_database/disc_decisi-ons_detail.asp.

39. Urmee Khan, "Juror Dismissed from a Trial After Using Facebook to Help Make a De-cision," Nov.24, 2008, www.telegraph.co.uk/news/newstopics/lawreports/3510926/Juror-dismissed-from-a-trial-after-using-Facebook-to-help-make-a-decision.html.

40. 同上。

41. Paul Elias, "Courts Finally Catching Up to Texting Jurors," *The Seattle Times*, March 6, 2010, http://seattletimes.nwsource.com/html/nationworld/2011274084_apustextingjurors.html.

42. Ginny LaRoe, "Barry Bonds Trial May Test Tweeting Jurors," Feb. 16, 2011, www.dail-ybusi-nessreview.com/PubArticleDBR.jsp? id=1202482052281&hbxlogin=1.

43. Erin McClam, "Stewart Uses Web to Garner Support; Marthatalks.com Tells Her Side," *Toronto Star*, Jan. 13, 2004.

44. Brian Grow, "Juror Could Face Charges for Online Research," Jan. 19, 2011, www.reut-ers.com/article/2011/01/19/us-internet-juror-idUSTRE70I5KD20110119.

45. 同上。

46. *Wardlaw v. State*, 971 A.2d 331 （Md. Ct. Spec. App. 2009）. 巴尔的摩巡回法院陪审团宣判扎辛·沃德洛（Zarzine Wardlaw）对其17岁的女儿米歇尔（Michelle）犯有二级强奸罪，三级和四级性侵犯罪，三项二级暴力攻击罪，两项儿童性虐待罪和两项乱伦罪。

47. 同上。

48. *Sharpless v. Sim*, 209 S.W.3d 825, 828 （Tex. Ct. App. 2006）.

49. *Tapanes v. State*, 43 So. 3d 159 （Fla. App. 4th Dist. 2010）.

50. 同上。

51. *U.S. v. Bonds*, No. 07-CR-00732 （9th Cir. 2011）, Preliminary Jury Instructions, 6.

52. Brian Grow, "As Jurors Go Online, U.S. Trials Go off Track," Dec. 8, 2010, www.reuters.com/article/2010/12/08/internet-jurors-idUSN0816547120101208.

53. 同上。

54. David Chartier, "Juror's Twitter Posts Cited in Motion for Mistrial," March 15, 2009, http://arstechnica.com/web/news/2009/03/jurors-twitter-posts-cited-in-motion-for-mistrial.ars.

55. 同上。

56. 同上。

57. Grow, "As Jurors Go Online, U.S. Trials Go off Track."

58. 同上。

59. American College of Trial Lawyers, "Jury Instructions Cautioning Against Use of the I-nternet and Social Networking," September 2010, www.actl.com/AM/Template.cfm? Section=Home&template=/CM/ContentDisplay.cfm&ContentID=5213.

60. 同上。

61. LaRoe, "Barry Bonds Trial May Test Tweeting Jurors."

62. Grow, "As Jurors Go Online, U.S. Trials Go off Track."

63. Stephanie Francis Ward, "Tweeting Jurors to Face Jail Time With New California Law," Aug. 8, 2011,www.abajournal.com/news/article/tweeting_jurors_to_face_jail_time_with_new_california_law/.

第十二章 公平受审权

1. "Top 10 People Caught on Facebook," undated, www.time.com/time/specials/packages/article/0,28804,1943680_1943678_1943557,00.html; Edward Marshall, "Burglar Leaves his F-acebook Page on Victim's Computer," Sep. 16, 2009, www.journal-news.net/page/content.de-tail/id/525232.html.

2. Carl Campanile, "Dem Pol's Son was 'Hacker,'" Sep. 19, 2008, www.nypost.com/p/news/politics/item_IJuyiNfQAkPKvZxRXvSEyJ; jsessionid=E00BF6768C23A24BD95F4E906DDD74B7;Bill Poovey, "David Kernell, Palin E-mail Hacker, Sentenced to Year in Custody," Nov. 12, 2010, www.huffingtonpost.com/2010/11/12/david-kernell-palin-email_n_782820.html.

3. 他还发布了一些邮箱账户的截图。他起初被判处入狱一年，但是法官后来改判为一期过渡教习所。U.S. v. Kernell, 742 F. Supp. 2d 904 （E.D. Tenn. 2010）;Poovey, "David Kernell, Palin Email Hacker, Sentenced to Year in Custody."

4. Robert Quigley, "How the Social Web Snared Yale Murder Suspect Raymond Clark," Sep. 17, 2009,www.mediaite.com/online/how-the-web-of-social-media-snared-yale-murder-suspect-raymond-clark/.

5. Los Angeles Police Department, "How Gangs Are Identified," www.lapdonline.org/get_inf-ormed/content_basic_view/23468.

6. State v. Trusty, 776 N.W.2d 287 （Wis. Ct. App. 2009）.

7. IACP, Center for Social Media Survey Results, September 2010, at 3, www.iacpsocialmedia.org/Portals/1/documents/Survey%20Results%20Document.pdf.

8. 同上。at 9.

9. "Petrick Googled 'Neck,' 'Snap,' Among Other Words, Prosecutor Says," Nov. 13, 2005, updated Dec.10, 2006, www.wral.com/news/local/story/121729/.

10. U.S. v. Taylor, 956 F.2d 572, 590 （6th Cir. 1992）（Martin, J., dissenting）.

11. Kary L. Moss, "Substance Abuse During Pregnancy," 13 Harvard Women's Law Journal 278, 294 （1990）.

12. Erika L. Johnson, "'A Menace to Society': The Use of Criminal Profiles and Its Effect on Black Males," 38 Howard Law Journal 629, 641 （1995）.

13. Jake Griffin, "Teen Drinkers Spotted on Web," Daily Herald （Arlington Heights, Ill.）, Jan. 12, 2008,at 1.

14. Trench Reynolds, "Conviction in MySpace Weapons Posting," April 5, 2006, http://trenc-hreynolds.me/? s=father+arrested+for+son+posing+with+gun.

15. Caroline Black, "'Baby with Bong' Facebook Photo Arrest; Fla. Mom Rachel Stieringer Faces Drug Charges," Aug. 17, 2010, www.cbsnews.com/8301-504083_162-20013878-504083.html.

16. "Baby Bong Photo on Facebook Lands Mother in Jail," Aug. 18, 2010, www.pakpoint.net/baby-bong-photo-on-facebook-lands-mother-in-jail/16099/. She has since entered a four-month pretrial intervention program; "Mom of Bong Baby in Pretrial Intervention," Feb. 16, 2011, www.news4jax.com/news/27037785/detail.html.

17. "Pair Accused of Catching, Eating Iguana," Sun Sentinel, Feb. 9, 2009, at 12A.

18. 同上。

19. "Ulrich Mühe" （obituary）, July 27, 2007, www.telegraph.co.uk/news/obituaries/1558608/Ulrich-Muhe.html.

20. 同上。

21. *State v. Greer*, 2009 WL 2574160（Ohio Ct. App. 2009）.

22. Daniel Findlay, "Tag! Now You're Really 'It' What Photographs on Social Networking Sites Mean for the Fourth Amendment," 10 *North Carolina Journal of Law and Technology* 171（2009）；Associated Press, "Facebook Evidence Sends Unrepentant Partier to Prison," July 21, 2008, www.foxnews.com/printer_friendly_story/0,3566,386241,00.html.

23. Associated Press, "Facebook Evidence Sends Unrepentant Partier to Prison."

24. 同上。

25. *Williamson v. State*, 2011 WL 311743（Ark. Ct. App. 2011）.

26. *People v. Beckley*, 185 Cal. App. 4th 509（Cal. Ct. App. 2010）.

27. *In re K.W.*, 666 S.E.2d 490, 494（N.C. App. 2008）.

28. *U.S. v. Jackson*, 208 F.3d 633（7th Cir. 2000）.

29. *State v. Bell*, 882 N.E.2d 502, 508（Ohio Com. Pl. 2008）.

30. "DA: MySpace Used in Jury Tampering," Aug. 26, 2009, www.kcra.com/r/20571181/det-ail.html.

31. "DA: Woodland Woman Tracked Juror on MySpace, Pleaded for Boyfriend's Acquittal," Aug. 26, 2009, www.news10.net/news/local/story.aspx？storyid=65888.

32. "DA: MySpace Used in Jury Tampering."

33. "DA: Woodland Woman Tracked Juror on MySpace, Pleaded for Boyfriend's Acquittal."

34. 同上。

35. "Local Low-Life Convicted for Domestic Violence, Victim Accused of Jury Tamperin- g," Aug. 27,2009, http://woodlandrecord.com/local- lowlife- convicted- for- domestic- violence- victim- accusedof- jury- tamp-p831-1.htm.

36. 同上。

37. *Griffin v. State*, 995 A.2d 791（Md. Ct. Spec. App. 2010）.

38. 同上。

39. 同上。, *citing Lorraine v. Markel Am. Ins. Co.*, 241 F.R.D. 534, 569（D. Md. 2007）.

40. *People v. Heeter*, 2010 WL 2992070（Cal. Ct. App. 2010）, unpublished/noncitable（Aug. 2, 2010）, review denied（Nov. 17, 2010）.

41. 同上。

42. Bethany Krajelis, "Social Media Consulting Becomes Part of Trial Strategy," July 28, 2011, www.akronlegalnews.com/editorial/1050; Sylvia Hsieh, "On Murder and Social Media: Casey Anthony's Jury Consultant Speaks," July 5, 2011, http://lawyersusaonline.com/blog/2011/07/05/on-murder-and-social-media-casey-anthony%E2%80%99s-jury-consultant-speaks/; Wal-ter Pacheco, "Casey Anthony: How Social Media Tweaked Defense Strategy," July 13, 2011, http://articles.orlandosentinel.com/2011-07-13/business/os- casey- anthony- social- media- strateg20110713_1_media- sites- casey- anthony- cindy- anthony; Julie Kay, "Did Social Media Make Casey Anthony's Case？," July 12, 2011,www.law.com/jsp/lawtechnologynews/PubArticleLTN.jsp？id=1202500225278&Did_Social_Media_Make_Casey_Anthonys_Case.

43. Hsieh, "On Murder and Social Media."

44. WESHTV, "Expert: Chloroform Page Accessed 84 Times," June 8, 2011, www.youtube.com/watch？v=s5GvkDRWRLM.

45. WESHTV, "Day 24: Defense Witness Backfires, Baez Sanctioned," June 21, 2011, www.you-tube.com/watch？v=vpapMdDvn7E.

46. Lizette Alvarez, "Software Designer Reports Error in Anthony Trial," *The New York Times*, July 19, 2011, at A14,www.nytimes.com/2011/07/19/us/19casey.html？_r=1&scp=1&sq=casey%20anthony%20Bradley%20computer%20expert&st=cse.

47. Judge Gena Slaughter and John G. Browning, "Social Networking Do's and Don'ts for Lawyers and Judges," 73 *Texas Bar Journal* 192, 194（2010）.

48. 同上。 at 194.

第十三章　正当程序权

1. Electronic Privacy Information Center's Complaint to the Federal Trade Commission at 22, *In the Matter of Facebook, Inc. and the Facial Identification of Users*（June 10, 2011）；"Facebook Asks More than 350 Million Users Around the World to Personalize Their Privacy," Dec. 9, 2009, www.facebook.com/press/releases.php？p=133917.

2. Complaint, Request for Investigation, Injunction, and Other Relief, before the Federal Trade Commission, *In the Matter of Facebook, Inc.*（Dec. 17, 2009）http://epic.org/privacy/inrefacebook/EPIC-FacebookComplaint.pdf, *citing* Farnaz Fassihi, "Iranian Crackdown Goes Global," Dec. 3,2009, http://online.wsj.com/article/SB125978649644673331.html.

3. 同上。*citing* Fassihi, "Iranian Crackdown Goes Global."

4. Miguel Helft and Brad Stone, "With Buzz, Google Plunges into Social Networking," *Th-e New York Times*, Feb. 10, 2010, at B3, www.nytimes.com/2010/02/10/technology/internet/10social.html.

5. Complaint by the Federal Trade Commission at？8, *In the Matter of Google Inc.*（2010）.

6. 同上。at 9.

7. 同上。at 7, 9.

8. 同上。at 9.

9. 同上。at 10.

10. Byron Acohido, "FTC Slaps Google with Audits over Buzz," March 31, 2011, www.us-atoday.com/tech/news/2011-03-30-google-ftc-settlement.htm？csp=34tech; Robin Wauters, "Go-ogle Buzz Privacy Issues Have Real Life Implications," Feb. 12, 2010, http://techcrunch.com/2010/02/12/google-buzz-privacy/.

11. Complaint, *Lane v. Facebook, Inc.*, 2008 WL 3886402（N.D. Cal. Aug. 12, 2008）.

12. 同上。

13. Ellen Nakashima, "After Spoiling Holiday Surprises, Facebook Changes Ad Feature," *T-he Washington Post*, Nov. 30, 2007, at A01, published online as "Feeling Betrayed, Faceb-ook Users Force Site to Honor Their Privacy," www.washingtonpost.com/wp-dyn/content/arti-cle/2007/11/29/AR2007112902503.html.

14. 同上。

15. Jon Brodkin, "Facebook Halts Beacon, Gives MYM9.5M to Settle Lawsuit," Dec. 2009, www.pcworld.com/article/184029/facebook_halts_beacon_gives_95m_to_settle_lawsuit.html.

16. Settlement Agreement at 8, *Lane v. Facebook, Inc.*,No. 08-CV-3845 RS（N.D. Cal. Sep.17, 2009）;Plaintiff's Notice of Motion and Motion for Preliminary Approval of Class Actio-n Settlement Agree-ment at 8, *Lane v. Facebook, Inc.*, 2009 WL 3169921（N.D. Cal. Sep.18, 2009）.

17. "Facebook Privacy: A Bewildering Tangle of Options," May 12, 2010, www.nytimes.com/interac-tive/2010/05/12/business/facebook-privacy.html.

18. "7,500 Online Shoppers Unknowingly Sold Their Souls," April 15, 2010, www.foxnews.com/sci-tech/2010/04/15/online-shoppers-unknowingly-sold-souls/？test=latestnews.

19. *Connally v. General Const. Co.*, 269 U.S. 385, 392（U.S. 1926）.

20. Electronic Privacy Information Center's Complaint to the Federal Trade Commission at 21, *In the Matter of Facebook, Inc. and the Facial Identification of Users*（June 10, 2011）.

21. 同上。at 21.

22. 同上。at 21, *citing* Justin Smith, "Scared Students Protest Facebook's Social Dashboard,Grap-pling with Rules of Attention Economy," Sep. 6, 2006, www.insidefacebook.com/2006/09/06/scaredstuents-protest-facebooks-social-dashboard-grappling-with-rules-of-attention-economy/.

23. 同上。*citing* Mark Zuckerberg, "An Open Letter from Mark Zuckerberg," Sep. 8, 2006, http://blog.facebook.com/blog.php？post=2208562130.

24. *Specht v. Netscape Communications Corp.*, 306 F.3d 17, 32（2d Cir. 2002）.

25. Required Warnings for Cigarette Packages and Advertisements, 76 Fed. Reg. 36628（June 22, 2011）(to be codified at 21 C.F.R. pt. 1141）.

26. "Consumer Reports Poll: Americans Extremely Concerned About Internet Privacy," Sep. 25, 2008, http://consumersunion.org/pub/core_telecom_and_utilities/006189.html.

27. "About us," http://chitika.com/blog/about-us/.

28. Complaint at？9, *In the Matter of Chitika, Inc.*, 2011 WL 914035（F.T.C. March 14, 2011）, www.ftc.gov/os/caselist/1023087/110314chitikasmpt.pdf.

29. Decision and Order, *In the Matter of Chitika, Inc.*, 2011 WL 2487158（F.T.C. June 7, 2011）, www.ftc.gov/os/caselist/1023087/110314chitikasmpt.pdf.www.ftc.gov/os/caselist/1023087/110617chitikado.pdf.

30. "Online Privacy, Social Networking and Crime Victimization: Hearing Before the Subcomm. on Crime, Terrorism and Homeland Sec. of the H. Comm. on the Judiciary," statement of Marc Rotenberg, Ex-ecutive Director, Electronic Privacy Information Center, 111th Cong. 5, 2010.

31. *Mathews v. Eldridge*, 424 U.S. 319（1976）.

32. First Amended Complaint at？31, *Robins v. Spokeo*, No. 10-CV-05306（C.D. Cal. Feb. 16, 2011）.

33. 同上。

34. 15 U.S.C. §1681j（a）(1)（C）（West, current through PL 112-24）.

35. Linda A. Szymanski, "Sealing/Expungement/Destruction of Juvenile Court Records: Records That Can Be Sealed or Inspected," 11 *National Center for Juvenile Justice Snapshot*（2006）, www.ncjj.org/PDF/Snapshots/2006/vol11_no11_recordsunsealedinspected.pdf.

36. George Blum, Romualdo P. Eclavea, Alan J. Jacobs, John Kimpflen, Jack K. Levin, Caralyn M. Ross, Jeffrey J. Shampo, Eric C. Surette, Amy G. Gore, Glenda K. Harnad, John R. Kennel, and Mary Babb Morris, "Circumstances Under Which Expungement Can Be Ordered," 21A *American Jurisprudence, Second Edition* §1222（2011）.

37. Viktor Mayer-Schöberger, *Delete: The Virtue of Forgetting in the Digital Age*（Princeton, N.J.: Princeton University Press, 2009）, 171.

38. Mass. H. 02705, 187th Gen. Ct.（2011）.

39. Mass. H. 02705, 187th Gen. Ct. §7（2011）.

40. European Union Directive 95/46/EC, Section I, Article 6.

41. Joel Stein, "Your Data, Yourself," *Time Magazine*, March 21, 2011, at 40, published online on March 10, 2011, as "Data Mining: How Companies Now Know Everything About You," www.time.com/time/magazine/article/0,9171,2058205-1,00.html.

42. Richard Power, "Face Recognition and Social Media Meet in the Shadows," CSO Secu-rity and Risk,Aug. 1, 2011, www.csoonline.com/article/686959/face-recognition-and-social-media-meet-in-the-shadows.

43. The Nuremberg Code of Ethics in Medical Research.

44. Maija Palmer, "Hamburg Rules Against Facebook Facial Recognition," *Financial Times*, Aug. 3, 2011, at 12.

45. Beth Wellington, "What Facebook Fails to Recognise," June 14, 2011, www.guardian.co.uk/commentisfree/cifamerica/2011/jun/14/facebook-facial-recognition-software .

46. Nick Bilton, "Facebook Changes Privacy Settings to Enable Facial Recognition," The New York Times Bits blog, June 7, 2011, http://bits.blogs.nytimes.com/2011/06/07/facebook-changes-privacy-settings-to-enable-facial-recognition/? hp.

47. 同上。

48. Electronic Privacy Information Center's Complaint to the Federal Trade Commission at 12, *In the Matter of Facebook, Inc. and the Facial Identification of Users*（June 10, 2011）.

49. Justin Mitchell, "Making Photo Tagging Easier," June 9, 2011, www.facebook.com/blog.php?post=467145887130.

50. Electronic Privacy Information Center's Complaint to the Federal Trade Commission at 17, *In the Matter of Facebook, Inc. and the Facial Identification of Users*（June 10, 2011）.

51. 同上。at 1.

52. The Hamburg Data Protection Authority is responsible for supervising compliance with data protection laws in one of Germany's 16 states. *See*, "Data Protection Authorities in Germany," www.ldi.nrw.de/LDI_EnglishCorner/mainmenu_AboutLDI/index.php.

53. "Facebook Violates German Law, Hamburg Data Protection Official Says," Aug. 2, 2011, www.dw-world.de/dw/article/0,,15290120,00.html.

54. Maija Palmer, "Hamburg Rejects Facebook Facial Recognition," Aug. 2, 2011, www.ft.com/cms/s/0/14007238-bd29-11e0-9d5d-00144feabdc0.html#ixzz1TzhMD4ha.

55. Stephanie Bodoni, "Facebook to Be Probed in EU for Facial Recognition in Photos," June 8, 2011,www.businessweek.com/news/2011-06-08/facebook-to-be-probed-in-eu-for-facial-recognition-in-photos.html.

56. Jenna Greene, "Google Settles FTC Charges, Agrees to Boost Privacy Protections," March 30, 2011, http://legaltimes.typepad.com/blt/2011/03/google-settles-ftc-charges-agrees-to-boost-privacy-protections-.html.

57. Agreement Containing Consent Order, *In the Matter of Google Inc.*, 2011 WL 1321658（F.T.C. March 30, 2011）.

58. Byron Acohido, "FTC Slaps Google with Audits over Buzz," March 31, 2011, http://ab-cnews.go.com/Technology/ftc-slaps-google-audits-buzz/story? id=13262319.

59. Settlement Agreement at 8, *Lane v. Facebook, Inc.*, No. 08-CV-3845 RS（N.D. Cal. Sep. 17, 2009）.

60. www.beaconclasssettlement.com/FAQs.htm#FAQ3.

61. Settlement Agreement at 11, *Lane v. Facebook, Inc.*, No. 08-CV-3845 RS（N.D. Cal. Sep. 17, 2009）.

62. Reply Brief for Appellant Ginger McCall, *Lane v. Facebook, Inc.*, No. 10-16398（9th Cir. Jan. 18, 2011）.

63. Wendy Davis, "Facebook's Beacon Settlement Appealed by Privacy Advocate," June 24, 2010, www.mediapost.com/publications/? fa=Articles.showArticle&art_aid=130897.

64. Electronic Privacy Information Center's Complaint to the Federal Trade Commission, *In the Matter*

of Facebook, Inc. and the Facial Identification of Users （June 10, 2011）.

65. "Face Recognition: Anonymous No More," *The Economist*, July 30, 2011, at 51, www.economist.com/node/21524829.

第十四章　迈向宪法

1. Cory Doctorow, Talk at TEDx Observer, 2011, http://tedxtalks.ted.com/video/TEDxObserver-Cory-Doctorow.

2. 同上。

3. M.G. Siegler, "Google+ Project: It's Social, It's Bold, It's Fun, and It Looks Good—Now for the Hard Part," June 28, 2011, http://techcrunch.com/2011/06/28/google-plus/.

4. Claire Cain Miller, "Google（Plus）Looks a Lot like Facebook," June 29, 2011, www.tim-es-union.com/business/article/Google-Plus-looks-a-lot-like-Facebook-1444698.php#ixzz1RLyU9z5F.

5. Claire Cain Miller, "Another Try by Google to Take on Facebook," *The New York Times*, June 28, 2011, at B1, www.nytimes.com/2011/06/29/technology/29google.html?_r=2&pagewanted=1.

6. Declan McCullagh, "Google+ Steers Clear of Privacy Missteps," June 29, 2011, http://news.cnet.com/8301-31921_3-20075281-281/google-steers-clear-of-privacy-missteps/#ixzz1RGNxdx5r.

7. David Lazarus, "Forget Privacy; He Sells Your Data," *Los Angeles Times*, June 8, 2010, at 1, http://articles.latimes.com/2010/jun/08/business/la-fiw-lazarus-20100608.

8. "2009 Study: Consumer Attitudes About Behavioral Targeting," 2009, www.truste.com/pdf/TRUSTe_TNS_2009_BT_Study_Summary.pdf.

9. Joseph Turow, Jennifer King, Chris Jay Hoofnagle, Amy Bleakley, and Michael Hennessy, "Contrary to What Marketers Say, Americans Reject Tailored Advertising and Three Acti-vities That Enable It," Federal Trade Commission, September 2009, at 24, www.ftc.gov/os/comments/privacyroundtable/544506-00113.pdf.

10. 同上。

11. Martha Irvine, "Who Develops Social Networking Conscience? Youth, Not Elders," May 31, 2010,http://wraltechwire.com/business/tech_wire/news/blogpost/7697690/.

12. Viktor Mayer-Schöberger, *Delete: The Virtue of Forgetting in the Digital Age* （Princeton, N.J.: Princeton University Press, 2009）, 137.

13. Directive 95/46/EC of the European Parliament and of the Council, Oct. 24, 1995, 11.

14. "Data Protection in the European Union," last updated Feb. 24, 2011, at 9, http://ec.europa.eu/justice/policies/privacy/guide/index_en.htm.

15. Jeff Jarvis, "A Bill of Rights in Cyberspace," March 27, 2010, www.buzzmachine.com/2010/03/27/abill-of-rights-in-cyberspace/.

16. "It's Time for a Social Network Users' Bill of Rights," Computers, Freedom, and Privacy blog, June 6,2010, http://cfp.org/wordpress/?p=341.

17. The Computers, Freedom, and Privacy Conference proposed this Bill of Rights:

Honesty: Honor your privacy policy and terms of service.

Clarity: Make sure that policies, terms of service, and settings are easy to find and understand.

Freedom of speech: Do not delete or modify my data without a clear policy and justification.

Empowerment: Support assistive technologies and universal accessibility.

Self-protection: Support privacy-enhancing technologies.

Data minimization: Minimize the information I am required to provide and share with others.

Control: Let me control my data, and don't facilitate sharing it unless I agree first.

Predictability: Obtain my prior consent before significantly changing who can see my data.

Data portability: Make it easy for me to obtain a copy of my data.

Protection: Treat my data as securely as your own confidential data unless I choose to share it, and notify me if it is compromised.

Right to know: Show me how you are using my data and allow me to see who and what has access to it.

Right to self-define: Let me create more than one identity and use pseudonyms. Do not link them without my permission.

Right to appeal: Allow me to appeal punitive actions.

Right to withdraw: Allow me to delete my account and remove my data.

18. Viktor Mayer-Schöberger, *Delete: The Virtue of Forgetting in the Digital Age* （Princeton, N.J.: Princeton University Press, 2009）, 111.